中国低碳发展丛书

"十二五"国家重点图书出版规划项目

主编/解振华　杜祥琬

低碳建筑和低碳城市

DITAN JIANZHU HE DITAN CHENGSHI

彭琛　江亿　秦佑国　等/著

中国环境出版集团·北京

图书在版编目（CIP）数据

低碳建筑和低碳城市/彭琛等著. —北京：中国环境出版
集团，2018.3（2021.5 重印）
（中国低碳发展丛书）
ISBN 978-7-5111-3543-8

Ⅰ. ①低… Ⅱ. ①彭… Ⅲ. ①建筑设计－节能设计－
研究－中国 ②低碳经济－城市建设－研究－中国
Ⅳ. ①TU201.5 ②F299.2

中国版本图书馆 CIP 数据核字（2018）第 045202 号

出 版 人	武德凯	
责任编辑	张秋辰　丁莞歆　周　煜	
责任校对	任　丽	
封面设计	彭　杉	

出版发行　**中国环境出版集团**
　　　　　（100062 北京市东城区广渠门内大街 16 号）
　　　　　网　　址：http://www.cesp.com.cn
　　　　　电子邮箱：bjgl@cesp.com.cn
　　　　　联系电话：010-67112765（编辑管理部）
　　　　　　　　　　010-67147349（第四分社）
　　　　　发行热线：010-67125803，010-67113405（传真）
印　　刷　北京建宏印刷有限公司
经　　销　各地新华书店
版　　次　2018 年 3 月第 1 版
印　　次　2021 年 5 月第 2 次印刷
开　　本　787×960　1/16
印　　张　17.75
字　　数　300 千字
定　　价　68.00 元

《中国低碳发展丛书》编委会

主　编：解振华　杜祥琬

编　委：（按姓氏笔划排序）

丁一汇　田成川　刘功臣　齐　晔　江　亿

苏　伟　何建坤　林而达　周大地　温宗国

总　序

　　党的十八大报告提出，要"着力推进绿色发展、循环发展、低碳发展，形成节约资源和保护环境的空间格局、产业结构、生产方式、生活方式，从源头上扭转生态环境恶化趋势，为人民创造良好生产生活环境，为全球生态安全作出贡献"。2015 年 4 月 25 日《中共中央　国务院关于加快推进生态文明建设的意见》发布，再次明确了"绿色发展、循环发展、低碳发展"的发展路径。实际上，低碳发展与绿色发展、循环发展有着本质上的相通性和工作方向上的一致性。低碳发展既是应对气候变化的战略，也是全球可持续发展的必由之路，对我国更有着紧迫的现实意义和长远的战略意义。

　　在我国，社会各界对"绿色发展""循环发展"的理解比较清晰，相对而言，对"低碳发展"的认识仍有待提高。在"低碳发展"已成为全球发展大势、党和国家高度重视低碳发展的今天，有必要普及和传播有关知识，凝聚共识，强化行动，让我们的国家在这场绿色、低碳的国际比赛中力争走在世界的前列，也为人类的文明进步作出更大的贡献。

　　在这样的背景下，中国环境出版社策划并出版了《中国低碳发展丛书》，得到了相关政府部门和专家学者的支持和响应。

　　本丛书定位为高级科普丛书，读者对象是各级公务员、企业负责人、科技和教育工作者、大学生、研究生及对低碳知识感兴趣的公众，他们是我国低碳发展道路的创造者和实践者，希望本丛书能对他们有所助益。

本丛书由有关领域的著名专家、学者组成编委会并主持丛书及各分册的设计与撰写。丛书的结构包括低碳发展总论、气候变化科学知识、低碳产业、低碳交通、低碳建筑、低碳城市、低碳农林业、低碳能源、低碳发展的国际借鉴等相关内容，力求全套丛书具有科学性、系统性、新颖性、可读性。

本丛书的问世是绿色发展、低碳发展客观需求呼唤的产物，是众多专家、学者和中国环境出版社编辑辛勤付出的结果。由于时间仓促、作者水平有限，书中难免有不足和差错，诚望读者批评指正。

杜祥琬

2015 年 12 月

序　言

低碳，是人类持续发展的基本保障。

人们的生产生活消耗了煤、石油、天然气等化石能源，产生的碳排放是引起温室效应的重要原因。自工业革命以来，在生产力大幅提高的同时，化石能源的消耗量不断增加，因化石能源的使用产生的碳排放打破了地球生态系统与大气二氧化碳交换的平衡，不断升高的二氧化碳浓度使地球大气的平均温度也在升高，由此引起的冰川融化、海平面上升、粮食减产、物种濒危等一系列问题威胁着人类的生存发展。

根据《巴黎协定》，参与其中的近 200 个国家或地区将积极加强应对气候变化的行动，力争把全球平均气温的升高幅度控制在较工业化前水平的 2℃之内。为此，到 2050 年全球碳排放应该控制在 150 亿 t 以内。2016年，中国排放二氧化碳约 100 亿 t，而到 2050 年能够排放的量应限制在 30亿～35 亿 t 以下。这就意味着，在保持一定发展速度的情况下，要对能源结构进行大幅变革才能保证全球能耗需求增长和二氧化碳总量控制的双重要求。

从发达国家的发展历史来看，工业时代初期是煤炭时代，煤炭占总能源的 80% 以上。美国在 1920 年左右率先开始煤改油，煤炭占比逐年下降。"二战"之后，各国开始进入从"煤炭时代"向"油气时代"转型的阶段，大部分国家花了近 20 年的时间进行转型。在气候变化问题引起广泛关注后，许多发达国家相继制定能源发展规划，开始了从油气向可再生能源和低碳能源的转型，比如丹麦计划到 2050 年全部使用可再生能源，实现零碳。

目前，我国的煤炭占总能源的比例为 60%～70%，也就是说中国还处在煤炭时代，煤炭是主要能源。如果我们参照发达国家的历史，先从燃煤向油气转型，再从油气向低碳能源转型，从未来的目标时间倒推看是不可行的，油气能源基础设施的投入也将成为重复建设和投资。我们是否能够从燃煤直接向低碳转型呢？

从另一角度看，发展低碳能源可以把我国缺气少油这些不利条件反过来变成促进我国大力发展可再生能源的一个有利条件。在我国能源资源的条件下，将煤炭为主的能源供应结构再保持一段时间，先完成城镇化和"美丽中国"的高能耗基础设施（房、路、桥、大坝、能源系统）建设。实际上，目前我国的基础设施建设已经基本完成，处于收尾阶段。基础设施建设完成后，高能耗产业（钢铁、建材）的市场需求会迅速下降，由此就可以比较顺利地大规模开始向可再生和低碳能源结构转型，而不必再重复地发展油气能源系统。

能源结构转型不仅是供给侧的革命，也需要消费侧的响应。作为能源消费的三大部门（工业、建筑和交通）之一，随着城镇化的发展和生活水平的提高，建筑用能需求呈现不断增长的趋势。由于建筑用能的使用主体分散且数量大、负荷强度随昼夜和季节周期性变化、使用者行为方式对负荷影响大、建筑服务水平与能耗呈现非线性关系等特点，建筑用能消费革命需要工程技术、市场机制和舆论宣传等各方面共同作用。需要强调的是，建筑服务水平与能耗呈现非线性关系，也意味着如果不进行能耗总量控制，在提高服务水平的主观需求和经济利益刺激下，建筑能耗的增长幅度很有可能超出能源资源的承载能力，势必使碳排放控制难以实现。

本书从建筑碳排放的内容和现状出发，基于生产和消费领域的用能需求差别提出将建筑碳排放分为建设和运行两个部分。建设阶段碳排放主要与建设、拆除速度，以及建造材料和方式有关，从低碳发展的角度应该避免"大拆大建"，根据实际居住需求及未来公共服务和商业的发展模式合理控制各类建筑面积和发展速度，降低建筑材料折算到使用期的年平均碳排放量；建筑运行阶段碳排放由建筑能耗和用能结构决定，根据公共建筑、北方城镇供暖、城镇住宅和农村住宅等不同建筑用能特点，在基于现状和发展趋势对能耗实施科学控制规划的同时，积极发展与建筑用能结合的低碳能源利用相关技术，在保障用能需求的同时最大限度地减少运行阶段用能的碳排放。

从能源使用与碳排放的关系来看，排放权与发展权是相关联的。在应对气候变化威胁的过程中，控制排放量又体现了一个现代国家的责任。由此来看，低碳转型是为国家争取持续发展空间、为全人类争取持续发展未来的必由之路。

本书是中国工程院杜祥琬院士组织编撰的"中国低碳发展丛书"中的建筑部分，建筑低碳发展是我国低碳发展的重要构成，随着城镇化的发展，其重要性也越发凸显。本书是在清华大学建筑低碳节能领域多年研究的基础上，由彭琛与江亿、秦佑国、林波荣、杨旭东合作完成的。书中大量引用了国内外文献，有许多数据和相关信息随着时间的推移还将不断更新完善，希望有更多有识之士能够关注到建筑低碳发展中来。

目录

第一章 建筑碳排放的定义与现状

碳排放问题引起广泛重视，是因为科学家发现二氧化碳等温室气体排放量的增长影响全球气候，也影响人类整体未来的可持续发展。

人类的生产生活，以及自然界绝大多数生物活动都会产生二氧化碳排放。各国政府和民间组织正在积极推进低碳发展、努力减少碳排放，那么，什么是低碳？怎样有效地减少碳排放？未来低碳发展应实现怎样的目标呢？

建筑碳排放是人类活动碳排放的重要组成，减少并控制建筑碳排放是未来可持续发展的重要保障。为什么这么说呢？

这里首先介绍本书讨论的建筑碳排放的定义，阐述其在碳减排工作中的重要性，进而介绍我国建筑碳排放的现状，以及我国的碳排放情况和国外的比较。为人们了解建筑碳排放情况提供一些基础的信息。

第一节 什么是建筑碳排放

一、基本定义

本书讨论的建筑碳排放，指的是从建筑建设到投入运行使用，直至拆除的过程中，由于材料使用、设备设施运行、施工运输等过程中原料的化学反应，直接或间接使用化石能源所产生的碳排放。其中，建筑的建造、维修和拆除过程，碳排放主要由工程施工、材料生产和处置以及运输等环节造成，如果把建筑物看成一个产品，这些碳排放更接近产品生产过程的碳排放；建筑运行使用过程中，碳排放主要由各种终端用能造成，这个过程类似于产品消费过程的碳排放。这样区分来看，除了产生碳排放的原因不同，两个阶段节能减排的主要路径和影响因素也不相同。

建筑碳排放的内容可以归纳为表 1-1：

表 1-1　建筑碳排放的内容

类型	建造、维修和拆除过程 （生产过程碳排放）	运行使用过程 （消费过程碳排放）
直接碳排放	①建材（建造和维修过程）生产原料化学反应，化石燃料燃烧； ②建材运输时运输工具燃料消耗； ③建造施工中机械设备燃料消耗； ④拆除施工中机械设备燃料消耗； ⑤拆除后运输垃圾的燃料消耗	①采暖、空调和生活热水用化石燃料； ②炊事及其他用化石燃料
间接碳排放	①建材生产过程中对电力、热力的使用； ②建造施工中机械设备用电； ③拆除过程中机械设备用电	①采暖、空调和生活热水用电； ②照明、插座用电； ③电梯、给排水等辅助设施用电； ④建筑功能（炊事、冷藏、数据中心设备）用电

由表 1-1 可见，建筑碳排放主要与化石能源的直接或间接使用相关。从时间尺度来看，建筑建造和拆除过程通常以季度或者年计，建筑运行使用过程通常是数十年，一些建筑甚至使用超过百年。从内容来看，建造和拆除过程的碳排放主要包括建材生产、运输和施工的排放，通过设计选择低碳材料、优化工艺流程、提高施工效率，可以减少碳排放；运行使用过程的碳排放属于消费过程碳排放，需充分考虑建筑使用者的"消费需求"，将建筑的使用方式和提高系统运行效率综合考虑。本书后面的章节将进一步详细讨论各个环节的低碳发展。

二、建筑碳排放的组成举例

上文给出了建筑碳排放的基本定义，那么建筑碳排放的过程是怎样的？包含哪些具体的内容呢？根据何小赛的研究，下面以北京某高层住宅楼（采用框架结构，共 18 层，每层 16 户，建筑面积 2.88 万 m²）为例，对各个阶段的碳排放情况进行讨论分析，便于读者更好地理解什么是建筑碳排放。

（一）建筑建造、维修和拆除过程

建筑建造、维修和拆除过程的碳排放需要考虑建造和维修所用建筑材料的生产、运输、施工安装，以及拆除时施工、材料回收所造成的碳排放。

（1）建造所需的建材生产：建设、维修时使用的材料主要包括钢筋、水泥、砖块、玻璃和铝金属等，其中以水泥、钢筋为主要成分，其生产过程会产生碳排放。该住宅建筑的水泥用量为 240.2 kg/m^2，钢材用量为 63.6 kg/m^2，水泥的碳排放系数为 740.6 $kgCO_2/t$、钢筋的碳排放系数为 2.5 tCO_2/t。通过计算，得出这两种材料的碳排放量见表 1-2。

表 1-2　某住宅楼使用的水泥和钢材生产碳排放量

建材	用量强度/（kg/m²）	总量/t	排放因子/（kgCO₂/t）	碳排放量/tCO₂
水泥	240.2	6 917.7	740.6	5 123.3
钢材	63.6	1 831.7	2 500	4 579.2

注：①根据《建筑碳排放计量标准》（CECS 374—2014），取 2.5 tCO₂eq/t；②需要说明的是，同一种材料由于生产工艺不同、生产的流程差别，其产生的碳排放强度也有差别，表中取值参考了《建筑碳排放计算标准（征求意见稿）》。

（2）建材运输：将钢筋、水泥等建材从工厂通过专用的车辆运输到建筑工地，或拆除建筑物后废弃或处置材料的运输，车辆在运输过程中需要消耗汽油，产生碳排放。根据熊宝玉对建材运输距离的研究，对上述两种材料的运输碳排放进行计算分析，见表 1-3。相比于建材生产，建材运输的碳排放较少。

表 1-3　某住宅楼建造使用的水泥和钢材运输碳排放量

建材	运输重量/t	运输距离/km	运输方式	排放因子/[kgCO₂/（10⁴t·km）]	运输碳排放量/tCO₂
水泥	6 917.7	65.57	公路柴油	1 983	89.9
钢材	1 831.7	122.72	公路柴油	1 983	44.6

（3）工程施工：在建筑建造或拆除过程中，土方机械（如挖掘机、推土机等）及起重、桩工和压实机械等在施工作业过程中的燃料或电力消耗产生碳排放。熊宝玉分析了某 13.4 万 m^2 的住宅项目，施工总的碳排放量为 167.5 tCO_2，单位面

积施工碳排放为 1.25 kg/m^2，以此推算，本项目的施工碳排放约为 36 tCO$_2$。

（4）建筑维修维护：建筑在运行使用过程中，一些建筑部品（如保温墙、门窗）损坏或达到使用寿命，需要进行维修更换，其主要的碳排放来自这些部品材料的生产过程，施工安装的碳排放较少。相对于建筑建设过程中的建材消耗，这部分碳排放量很小，也比较难以统计，这里不做计算。

（5）拆除处理：拆除时的施工过程，以及由此产生的建筑垃圾处理，会产生碳排放；在拆除过程中，对一部分建筑材料回收利用，通过一定的加工再投入新的建筑中，实际也减少了建材生产的碳排放。参考上述案例，拆除时的碳排放为 253.7 tCO$_2$（含垃圾运输、拆除施工和垃圾处理），单位面积拆除的碳排放约为 1.90 kg/m^2，以此推算，本项目的碳排放约为 54.6 tCO$_2$。

（二）建筑运行使用过程

还是以上述案例为例，建筑运行使用过程中的碳排放主要由居民生活中的各种用能产生，主要包括以下几个方面：

（1）采暖、空调和通风用能导致的碳排放，这些能源使用主要用于营造合适的室内环境，保证人们生活空间的舒适健康，能源使用类型包括电力、热力，主要为间接碳排放。对于使用燃气壁挂炉采暖的家庭，燃气燃烧产生的碳排放是直接碳排放。

（2）各类家电（电视、冰箱、洗衣机和电脑等）、照明用电对应的碳排放属于间接碳排放，是居民用于休闲、储存、清洁方面的排放。

（3）生活热水和炊事用能的碳排放，包括电饭煲、电高压锅、电热水器等电器用电和燃气灶或燃气热水器用燃气直接或间接产生的碳排放。

（4）公共服务用电的碳排放，主要包括电梯、路灯和公共区域照明，自来水、灌溉用水、中水和污水等处理的水泵产生的间接碳排放。

以上各项用能强度，根据清华大学的研究，各终端用能项能耗如表 1-4 所示：

表 1-4　某住宅楼运行使用过程中每年的碳排放量

终端用能项	用能强度	年能耗总量	该楼碳排放量/tCO$_2$
空调（电）	3.5 kWh/（m^2·a）	10.08 万 kWh	98.2
热水（电）	400 kWh/（户·a）	11.52 万 kWh	112.2
家电（电）	500 kWh/（户·a）	14.4 万 kWh	140.3

续表

终端用能项	用能强度	年能耗总量	该楼碳排放量/tCO$_2$
家用照明（电）	6 kWh/（m^2·a）	17.28 万 kWh	168.3
炊事（天然气）	200 kg 标准煤/（户·a）	57.6 t 标准煤	94.7
采暖（煤）	14.0 kg 标准煤/（m^2·a）	403.2 t 标准煤	1 161.7
公共照明及电梯	100 kWh/d	3.65 万 kWh	35.6
合计			1 810.9

注：电的碳排放因子取 0.974 t/MWh，天然气的碳排放因子取 56.1 t/TJ，煤的碳排放因子取 98.3 t/TJ。

值得说明的是，以下几种情况也产生了碳排放，但不计入建筑碳排放中：

①人们的呼吸活动，这些排放属于生物圈中的碳排放过程，呼吸过程的碳排放来源于摄取的食物，从食物链追溯到植物，植物又固定了大气中的二氧化碳，可以认为这个循环过程总的碳排放为零；

②纸张、家电、灯具和其他材料或设备设施生产过程的碳排放，已经计入工业生产环节，其生产过程与建筑无关，不计入建筑碳排放中。如果把这些在建筑中使用的材料或设备在生产中的碳排放算上，那么人类活动中的碳排放也基本都跟建筑相关了。

根据前面的计算，假设该栋住宅楼的使用寿命为 50 年，那么在建造、维修和拆除以及运行使用过程中的碳排放则如表 1-5 所示。由此可见，建筑运行使用过程中的碳排放是建筑碳排放的主要构成，约占 90%；建材生产的碳排放是建筑建造、维修和拆除过程中碳排放的主要构成，占该过程的 90%以上（示例中达到97%以上）。为减少建筑碳排放，应重视建筑碳排放的特点，节省建筑运行能耗，提高绿色建材比例。

表 1-5　某住宅楼生命周期各个过程的碳排放及其比例

过程	内容	碳排放量/t	比例/%
建造、维修和拆除过程	建材生产	9 702.5	9.66
	建材运输	134.5	0.13
	工程施工	36	0.04
	拆除处理	54.6	0.05
运行使用过程（50 年）	采暖、空调等	90 544.9	90.12
建筑碳排放总量/t		100 472.5	
单位面积指标/（t/m^2）		3.49	

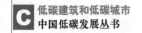

第二节　我国建筑碳排放如何计算

一、建筑碳排放的计算

从上面的定义来看，建筑建造和拆除过程的碳排放是一次性的，通过对材料、建造或拆除施工过程及材料运输等的分析，各项计算参数基本可以一次性获得；建筑运行过程中的碳排放则是以年为周期，由于人们的使用方式、气候条件、建筑功能的变化等原因，每年的能源消耗量都可能有所变化，即每年的碳排放量都可能有不同。因此，这两个阶段碳排放量的计算方法也是不同的。

（一）建筑建造、维修和拆除过程

如表 1-1 所示，这个过程中的碳排放主要包括建材生产、建造和拆除时运输、施工等环节的排放。

1. 建筑材料生产过程的碳排放

建筑材料的生产过程（包括原材料开采、加工、运输过程）的碳排放包括直接碳排放和间接碳排放两个部分。直接碳排放指建筑材料生产工艺过程中原料的化学反应所产生的碳排放、化石燃料燃烧造成的碳排放，间接碳排放指生产过程中由于电力、热力的使用所产生的碳排放。

在《建筑碳排放计算标准（征求意见稿）》中给出了建筑材料碳排放因子，表 1-6 列出了其中水泥、钢材、混凝土和保温材料的碳排放因子。

表 1-6　几种建筑材料的碳排放因子

建筑材料类别	建筑材料碳排放因子	
	数值	单位
普通硅酸盐水泥（中国市场平均）	740.6	kg CO_2eq/t
C30 混凝土	321.3	kg CO_2eq/m^3
C50 混凝土	399.9	kg CO_2eq/m^3
平板玻璃	1 071	kg CO_2eq/t
混凝土砖（240 mm×115 mm×90 mm）	334.8	kg CO_2eq/m^3

续表

建筑材料类别	建筑材料碳排放因子	
	数值	单位
页岩空心砖（240 mm×115 mm×53 mm）	0.294 5	kg CO$_2$eq/块
页岩实心砖（240 mm×115 mm×53 mm）	0.420 8	kg CO$_2$eq/块
黏土空心砖（240 mm×115 mm×53 mm）	0.362	kg CO$_2$eq/块
黏土实心砖（240 mm×115 mm×53 mm）	0.482 6	kg CO$_2$eq/块
普通聚苯乙烯	4.487	kg CO$_2$eq/kg
线性低密度聚乙烯	1.973	kg CO$_2$eq/kg
聚氯乙烯（市场平均）	6.964	kg CO$_2$eq/kg
炼钢用铁合金混合	9 372	kg CO$_2$eq/ t
转炉碳钢	2 321	kg CO$_2$eq/t
电炉碳钢	1 849	kg CO$_2$eq/t
热轧碳钢小型型钢	2 593	kg CO$_2$eq/t
热轧碳钢中型型钢	2 655	kg CO$_2$eq/t
热轧碳钢大型轨梁（方圆坯管坯）	2 603	kg CO$_2$eq/t
热轧碳钢大型轨梁（重轨普通型钢）	2 649	kg CO$_2$eq/t
热轧碳钢中厚板	2 684	kg CO$_2$eq/t
热轧碳钢 H 钢	2 609	kg CO$_2$eq/t
热轧碳钢宽带钢	2 573	kg CO$_2$eq/t
热轧碳钢钢筋	2 617	kg CO$_2$eq/t
热轧碳钢高线材	2 617	kg CO$_2$eq/t
热轧碳钢棒材	2 617	kg CO$_2$eq/t
螺旋埋弧焊管	2 816	kg CO$_2$eq/t
大口径埋弧焊直缝钢管	2 702	kg CO$_2$eq/t
焊接直缝钢管	2 814	kg CO$_2$eq/t
热轧碳钢无缝钢管	3 480	kg CO$_2$eq/t
冷轧冷拔碳钢无缝钢管	4 030	kg CO$_2$eq/t
EPS 板	5.64	kg CO$_2$eq/kg
岩棉板	2.37	kg CO$_2$eq/kg
硬泡聚氨酯板	5.22	kg CO$_2$eq/kg

注：引自《建筑碳排放计算标准（征求意见稿）》。表中 CO$_2$eq 定义为二氧化碳当量，表示在辐射强度上与某种温室气体质量相当的二氧化碳的量，用于比较不同温室气体对温室效应影响的度量单位，下文为表达简洁，不再加"eq"。

一座建筑的建筑材料生产过程的碳排放量，可依据各种建筑材料的用量及其碳排放因子进行计算，见式（1-1）。

$$C_m = \sum_{i=1}^{n} m_i \times k_{mi} / S \qquad (1\text{-}1)$$

式中：C_m——单位建筑面积建筑材料生产过程的碳排放量，$kgCO_2/m^2$；

k_{mi}——第 i 种建筑材料的生产碳排放因子，$kgCO_2/$单位建材用量；

m_i——第 i 种建筑材料的用量；

S——建筑面积，m^2。

对于不同的建筑形式，各类主要的建材用量不同，谷立静根据调查数据对砖混结构、框架框剪结构、剪力墙结构、钢结构和小砌块砌体结构建筑所用的水泥、钢材、砼和墙材的用量进行了归纳分析，对居住建筑和公共建筑的用量计算分别见表 1-7 和表 1-8：

表 1-7 居住建筑单位建筑面积主材消耗量

	建材	单位	砖混结构	框架、框剪结构	剪力墙结构	钢结构	小砌块砌体结构
8度区	水泥	t/100m²	9.84	19.57	20.86	15.9	9.72
	钢	t/100m²	2.6	6.85	7.3	6.9	3.3
	砼	t/100m²	22.1	37.1	39.9	0	23.2
	墙材	m³/100m²	26.2	9.3	5	8.85	21.85
	碳排放量	t/100m²	30.5	48.1	49.7	32.0	31.1
7度区	水泥	t/100m²	9.84	17.59	20.86	15.9	9.72
	钢	t/100m²	2.6	6.15	7.3	6.9	3.3
	砼	t/100m²	22.1	35.6	39.9	0	23.2
	墙材	m³/100m²	26.2	9.3	5	8.85	21.85
	碳排放量	t/100m²	30.5	44.3	49.7	32.0	31.1

表 1-8 公共建筑单位建筑面积主材消耗量

	建材	单位	砖混结构	框架、框剪结构	剪力墙结构	钢结构	小砌块砌体结构
8度区	水泥	t/100m²	9.84	25.97	28.16	15.9	9.72
	钢	t/100m²	2.6	8.7	9.6	8.35	3.3

建材		单位	砖混结构	框架、框剪结构	剪力墙结构	钢结构	小砌块砌体结构
8度区	砼	t/100m²	22.1	37.1	39.9	0	23.2
	墙材	m³/100m²	26.2	9.3	5	8.85	21.85
	碳排放量	t/100m²	30.5	57.5	60.9	35.6	31.1
7度区	水泥	t/100m²	9.84	23.49	28.16	15.9	9.72
	钢	t/100m²	2.6	7.5	8.3	8.35	3.3
	砼	t/100m²	22.1	35.6	39.9	0	23.2
	墙材	m³/100m²	26.2	9.3	5	8.85	21.85
	碳排放量	t/100m²	30.5	52.1	57.6	35.6	31.1

注：其中水泥的碳排放系数取值为 740.6 kgCO₂/t，钢的取值为 2 500 kgCO₂/t，砼的取值为 360 kgCO₂/t，墙材的取值为 334.8 kgCO₂/m³。

2. 建筑材料运输过程的碳排放

建筑材料运输过程的碳排放量指建筑材料从生产地运送到施工现场过程中的碳排放，该阶段的碳排放主要来自运输工具的能源消耗。

一座建筑的建筑材料运输过程的碳排放根据不同建材的运输距离、交通工具、燃料类型和建筑材料运量来进行计算，见式（1-2）。

$$C_t = \sum_{i=1}^{n} m_i \times l_i \times k_{tj} / S \qquad (1-2)$$

式中：C_t——建筑材料运输过程的碳排放量，$kgCO_2/m^2$；

m_i——第 i 种建筑材料的总用量，t；

l_i——第 i 种建筑材料的运输距离，km；

k_{tj}——第 j 类运输方式单位重量运输距离的碳排放因子，$kgCO_2/(t \cdot km)$；

S——建筑面积，m^2。

关于不同建材的运输距离和不同运输途径的碳排放量，张又升给出了相关的数据可供参考，见表 1-9 和表 1-10：

表 1-9　建筑材料的平均运输距离

建材名称	平均运输距离/km	建材名称	平均运输距离/km
砂石	28.99	水泥	65.57
钢材	122.72	玻璃	98.84

建材名称	平均运输距离/km	建材名称	平均运输距离/km
木材	59.01	涂料	103.81
胶合板	86.16	陶瓷建材	106.38
铝制门窗	128.08	预制混凝土	65.38
砖及墙体材料	57.75	其他非金属家具	51.37
各种水泥制品	65.38	其他非金属矿物建材	57.75

表 1-10　不同运输方式的碳排放因子

运输方式	CO_2 排放因子 / [kgCO₂/（万 t·km）]
公路运输（汽油）	2 004
公路运输（柴油）	1 983
铁路运输	91.3
水路运输	183
航空运输	10 907

3. 建造、维修施工过程的碳排放

建筑施工过程是指建筑材料和部品运送到施工场地以后在现场的建造和安装过程，建造施工碳排放量主要来自各种施工机械设备的用电、燃料消耗。计算方法见式（1-3）：

$$C_c = \sum_{i=1}^{n} E_i \times k_i / S \qquad (1-3)$$

式中：C_c——建筑施工过程碳排放量，$kgCO_2/m^2$；

E_i——第 i 种能源的消耗量；

k_i——第 i 种能源的碳排放因子，$kgCO_2/$单位能源消耗量；

S——建筑面积，m^2。

4. 建筑拆除施工过程的碳排放

建筑拆除过程指拆除废弃建筑的现场施工及场地整理。建筑拆除过程的碳排放量主要包括各种机械设备的电、燃料等能源消耗所产生的碳排放量。计算方法见式(1-4)：

$$C_d = \sum_{i=1}^{n} E_i \times k_i / S \qquad (1-4)$$

式中：C_d——建筑拆除过程的碳排放量，$kgCO_2/m^2$；

E_i——第 i 种能源的消耗量；

k_i——第 i 种能源的碳排放因子，$kgCO_2$/单位能源消耗量；

S——建筑面积，m^2。

此外，在建筑拆除过程中，提高建筑材料的回收比例能够减少再次新建建筑时需要生产这些建材的碳排放。有研究指出，随着绿色建材的推广，越来越多的建筑垃圾被回收利用作为各种新型建材的原材料，其中常见的可回收利用的建材包括各种金属、玻璃、塑料、砖瓦和陶瓷等，各种材料可回收率见表 1-11。当前每年拆除形成的建筑垃圾约 4 亿 t，提高这其中的建材回收利用率，将减少一定量的建筑碳排放。

表 1-11　主要建材的回收率

材料种类	回收率
砖、瓦、陶瓷、石膏、混凝土	0.55
木材	0.20
玻璃	0.70
金属	0.75
塑料	0.10
焦油、沥青制品	0.75
混合拆迁废料	0.00

（二）建筑运行使用过程

建筑运行过程的碳排放量主要来自运行过程中化石燃料直接燃烧造成的直接碳排放和用电、用热形成的间接碳排放。建筑运行用能范围通常包括：

①采暖通风空调和生活热水用能，含建筑采暖、空调、通风以及生活热水用能；

②照明和插座用能，含建筑照明、室内家用和办公电气设备的用能；

③建筑服务设备用能，含建筑电梯、给排水等辅助设施用能；

④建筑功能用能,含烹饪、冷藏、数据中心设备及其他特殊功能性设备用能。

建筑运行过程中的碳排放量可以按照以上各类建筑终端用能项分别计算,也可以将各类终端用能中不同的能源消耗量统计起来,再进行碳排放量计算,见式(1-5)。

$$C_e = \sum_1^m \sum_{i=1}^n [E_i \times k_i] / S \qquad (1-5)$$

式中: m——建筑运行的总年数;

C_e——建筑运行中能源消耗的碳排放量,$kgCO_2/m^2$;

E_i——第 i 种能源的年消耗量;

k_i——第 i 种能源的碳排放因子;

S——建筑面积,m^2。

需要特别指出的是,考虑到我国南北地区冬季采暖方式的差别、城乡建筑形式和生活方式的差别,以及居住建筑和公共建筑人员活动及用能设备的差别,我国建筑用能分为北方城镇采暖用能、城镇住宅用能(不包括北方地区的采暖)、公共建筑用能(不包括北方地区的采暖)以及农村住宅用能四类。

(1)北方城镇采暖用能:以集中供暖系统为主,包括热源、输配系统和末端用热几部分,集中供热的热源通常不在末端建筑中,而是有专门的锅炉房或热力站,通过管网将热送至建筑中。热源的效率、输配过程的损失和调节方式,以及建筑的热负荷需求,都将影响采暖用能和碳排放量。

(2)城镇住宅用能(不包括北方地区的采暖):由千万户老百姓家中的空调、照明、生活热水、炊事和家电等用能及住宅楼附属照明、电梯设施构成。居民的生活方式和设备设施的类型是影响该项用能的重要因素。由于不同家庭作息规律、设备设施功率、使用时间和不同终端使用需求不同,住宅节能低碳发展需要密切考虑人们的生活方式。

(3)公共建筑用能(不包括北方地区的采暖):包括酒店、商场、办公、医院、学校和交通枢纽等各类公共建筑的用能,这些建筑中的终端用能需求同样包括空调、照明、生活热水、炊事和各类用电设备等。建筑的功能、使用强度以及所采用的系统形式,再加上公共建筑中机电设备设施管理的方式,都将影响公共建筑节能和低碳的发展。

(4)农村住宅用能:相对于城镇住宅而言,由于我国城乡能源供应结构、居民生产生活方式以及建筑形式等多方面的差异，农村住宅的节能和低碳技术路径与城镇住宅有所不同。农村地区有大量的生物质能源（零碳排放），同时优越的自然环境和充裕的可再生能源利用条件都将有助于农村地区的低碳节能发展。

这样分类有助于客观认识我国建筑运行能耗，有助于针对不同用能的主体、建筑物及其相应的设备设施系统，提出相应的节能低碳发展技术路径。在后面的章节中将分别针对这几类用能的节能低碳展开讨论。

（三）两个过程的排放量关系

建筑碳排放主要包括建筑建造阶段和建筑运行阶段的碳排放，其他过程的碳排放所占比例相对较小。而建造阶段碳排放和运行阶段碳排放所占的比例变化范围较大，受建筑类型、所处气候区、当地的能源构成、建材行业生产水平、建筑寿命等众多因素的影响。表 1-12 是一些相关研究中具体案例的建材生产碳排放所占比例的统计。

表 1-12　建造过程碳排放所占比例研究

文献来源	国家	建筑类型	建筑寿命/年	建材生产碳排放比例/%
Ortiz-Rodriguez（2010）	西班牙	住宅	50	28
	哥伦比亚	住宅	50	8
Blengini GA（2010）	意大利	低能耗住宅	70	58
		标准住宅	70	23
Bribian IZ（2009）	西班牙	住宅	50	41
Gustavsson L（2010）	瑞典	公寓	50	48
Huberman N（2008）	以色列	学生公寓	50	69
Zhuguo Li（2006）	日本	仓库-钢结构	35	11
		仓库-框架结构	35	26
Rossello-Batle B（2010）	西班牙	酒店	50	13

图 1-1 和图 1-2 是对国内一些建筑案例碳排放进行计算的结果，按照建筑运行 50 年计算，这些建筑是近几年新建的高档住宅和公共建筑，这些建筑平均运行能耗强度约为我国当前建筑平均运行能耗强度的两倍，包括 12 个住宅建筑案例和 27 个公共建筑案例，建筑寿命按照 50 年计算。

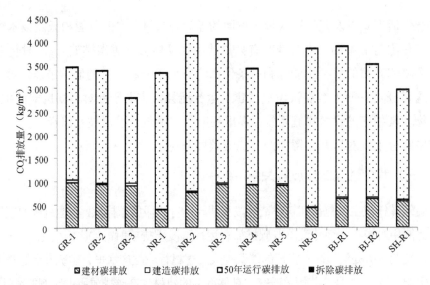

图 1-1　国内住宅建筑案例全寿命期二氧化碳排放分布情况

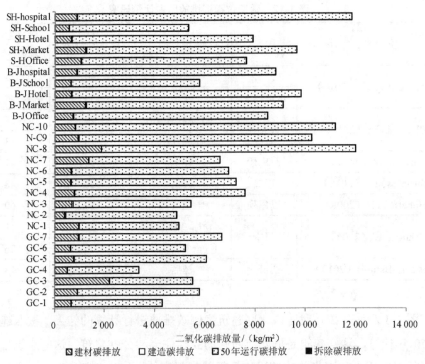

图 1-2　国内公共建筑案例全寿命期二氧化碳排放分布情况

从各个案例全寿命期碳排放的分布和组成情况来看，不同案例之间的能耗和碳排放水平都存在不同程度的差异，其中公共建筑各案例之间的差异相对于住宅建筑更加明显。住宅建筑案例的全寿命期碳排放总量的范围是 2 500～4 000 kg/m²，排放量最高的住宅建筑约是排放量最低的住宅建筑的 1.5 倍。而公共建筑案例的全寿命期碳排放总量的分布范围为 3 300～12 000 kg/m²，最大值和最小值相差了近 3 倍。

二、我国建筑碳排放

国家层面的年建筑碳排放是该年度国内的新建建筑建造、维修和拆除，以及既有建筑运行的碳排放之和，与建筑运行能耗、新建建筑量和拆除量有关。

当前国家统计部门尚未公布建筑的总体碳排放和能源消耗的相关数据。清华大学对国家建筑运行能耗进行了研究，从统计年鉴和调查数据得出了全国建筑运行能耗的整体情况。根据前面的分析，建筑材料生产和建筑运行是建筑碳排放和能源消耗的两个主要环节，建筑材料的消耗量大致通过新建面积和建材生产的数据可以估计出。下面结合现有数据，对我国建筑碳排放进行分析测算。

（一）建筑运行的碳排放

分析建筑运行的碳排放，要了解建筑运行能耗。建筑运行能耗指的是民用建筑的运行能耗，即在住宅、办公、学校、商场、宾馆、文体设施和交通枢纽等非工业建筑内，为居住者或使用者提供供暖、空调、通风、照明、生活热水、各类电器和炊事等为满足建筑功能要求而使用的能源。

清华大学建筑节能研究中心研究指出，考虑到我国南北地区冬季供暖方式的差别、城乡建筑形式和生活方式的差别以及居住建筑和公共建筑人员活动及用能设备的差别，将我国的建筑用能分为北方城镇供暖用能、城镇住宅用能（不包括北方地区的供暖）、公共建筑用能（不包括北方地区的供暖）以及农村住宅用能四类。从中国建筑能耗模式（China Building Energy Model，CBEM）的计算结果来看，2015 年建筑用能达到 8.64 亿 t 标准煤（主要包括电、煤、天然气和热力等能源类型），约占全国能源消费总量的 20%，另外，农村居民生物质能耗 1 亿 t 标准煤；建筑运行的碳排放达到 19.64 亿 t。2001—2015 年，我国建筑运行的碳排放如图 1-3 所示。

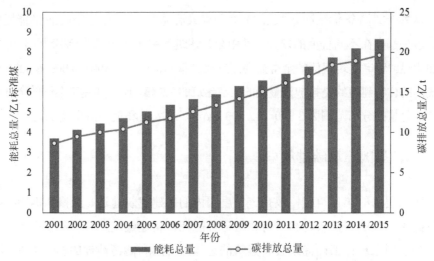

图 1-3　我国建筑运行能耗和碳排放总量（2001—2015 年）

由图 1-3 可以看出，2001—2015 年，建筑运行能耗总量增加了 4.92 亿 t 标准煤，建筑碳排放总量增加了 11.0 亿 t 标准煤。

（二）建筑材料的碳排放

根据前面碳排放的计算分析，建造、维修和拆除过程中的碳排放主要来源于建筑材料生产过程的碳排放。我国当前主要的高耗能建筑材料包括水泥、钢材和玻璃，获得这几类材料的碳排放可以大致获得我国建筑材料消耗的碳排放。

《中国建筑业统计年鉴 2002》中给出了建筑业消耗的钢铁和水泥，其中有大部分用于房屋建造（年鉴中未给出这个比例）。对于具体建筑物的钢材和水泥消耗量，可以通过设计与施工方案获得，由于建筑物构造方式繁多，国家房屋建筑消耗的钢材和水泥量只能通过测算得到。

方法一：分析《中国建筑业统计年鉴 2002》（之后的年鉴中未公布此项数据）公布的建筑业各子行业钢材和水泥消耗比例（图 1-4），2001 年，房屋建设消耗的钢材和水泥分别占建筑业消耗的 70% 和 73%，其次是铁路、公路、隧道、桥梁消耗。考虑到近年来，铁路、地铁和公路等交通设施大量投入建设，建筑业中房屋建设消耗的钢材和水泥的比例有所下降，而由于房屋建造同样保持高速增长的趋势，房屋建筑钢材和水泥的消耗量应在建筑业总消耗量的 60% 以上。

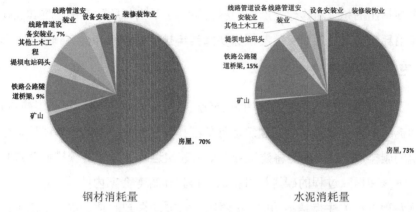

图 1-4　2001 年建筑业各子行业钢材和水泥消耗量

方法二：2001 年新建房屋建筑面积为 9.8 亿 m²，消耗了 0.78 亿 t 钢材和 4.14 亿 t 水泥，即从宏观参数折算，每平方米建筑约消耗 75 kg 钢材和 40 kg 水泥，考虑近年来我国施工质量的提高，单位面积的钢材和水泥消耗量均有所提高，因此该测算值与当前实际相比偏小。

以 2011 年为例，两种方法测算的钢材消耗量在 2.4 亿～4.0 亿 t，水泥消耗量在 12.6 亿～17.1 亿 t。综合两种方法结果取其均值，根据韩颖和徐荣等的研究得到 2001—2015 年新建建筑建材碳排放如图 1-5 所示。由图可以看出，由于近年来我国建筑新建量大，建筑材料碳排放逐年攀升，到 2015 年我国房屋建设用钢铁和水泥的碳排放已达到 23.3 亿 t。

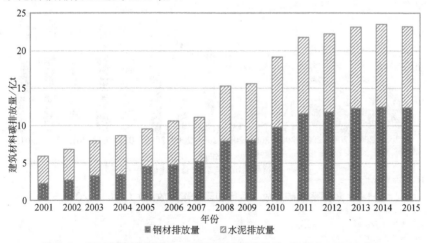

图 1-5　我国房屋用钢铁和水泥建筑材料碳排放（2001—2015 年）

需要指出的是，新建建筑所用的材料不一定是当年所生产的，将其碳排放按照当年消耗建材量进行统计，与国家实际当年排放量的统计会有一定的差异。

（三）总的碳排放

对于建筑碳排放量的分析，有两种统计方法：一种是将当年全国建筑建造、维修和拆除的碳排放量与全国建筑运行的碳排放量相加，得到当年统计范围内所有建筑的碳排放；另一种是将建筑寿命期内建筑运行数十年的碳排放总量与建筑建设、维修和拆除过程的碳排放量相加，得到建筑寿命期内的碳排放。

这两种方法关注点是不同的：按照第一种方法得到的是一定区域范围内由于建筑建设和运行产生的碳排放总量，属于已发生的实际消耗量，可用于对历史过程和发展趋势的分析，归纳总结建筑碳排放的特点、问题和减排经验，为后续政策规划、市场引导和技术推广提供依据；第二种方法则侧重于建筑各个阶段的碳排放指标，适用于对建筑各个阶段低碳技术和路径的研究。

根据前面的计算，按照第一种方法得出我国建筑碳排放量（含建筑运行和建材）如图 1-6 所示，由于拆除面积较难统计且拆除过程的碳排放占建筑碳排放的比例较小，这里暂不计入。

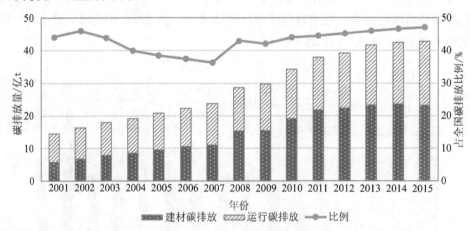

图 1-6　我国建筑碳排放（运行和建材碳排放量）（2001—2015 年）

第三节　中外建筑碳排放量对比

中外建筑碳排放量的对比，需要考虑能源消耗与碳排放的关系，以及建造过程和运行过程的不同情况。

首先，从能源消耗和碳排放关系来看，建筑碳排放包含直接排放和间接排放两部分。直接排放与本国的能源结构以及建筑通常所使用的化石能源类型有关；间接排放与电力和热力生产的一次能源结构以及生产效率有关。因此，各国建筑的直接排放和间接排放的构成比例不同，建筑碳排放关系与能源消耗关系的比较有差异，还包括能源供应结构和能源生产效率的差异。在进行不同国家碳排放对比时，除了各类型能源消耗量外，还需要重点考虑消耗的能源类型和间接碳排放的排放因子。

其次，比较建筑建造、维修和拆除过程，以及建筑运行过程的碳排放，前者属于生产过程排放，后者属于消费过程排放，主要的影响因素和减排路径不同，因而需考虑不同国家的差异性。从建设角度看，我国新建建筑规模巨大，建设速度也非常快，建设过程碳排放量巨大；同时，城镇化快速发展过程中也拆除了大量老旧建筑，拆除部分的排放相比于世界绝大部分国家也是相当可观的。从运行角度来看，我国总的建筑存量面积较大，单位面积和人均建筑能耗大大低于发达国家水平，建筑运行能耗总量仅次于美国。

下面分别从碳排放因子，建造、维修和拆除阶段，以及建筑运行阶段的碳排放进行比较。

一、碳排放因子与能源结构

建筑建设和运行过程中，电力是主要的能源类型，也是间接排放的主要来源。建设过程中，电力被用于施工现场一些动力设备和电工作业；运行过程中，电力被用于空调、通风、照明、各类电器等各个环节。建筑用电的碳排放和用电量与电力碳排放因子有关。

在进行不同国家建筑碳排放对比时，可以先对其间接碳排放因子关系进行分析。图1-7为不同国家的电力构成情况，从图中可以看到，不同国家之间的电力构成存在明显差异。如法国核能发电所占总的电力比例达到 77%，挪威、巴西、加拿大水力发电非常发达，水力发电占电力的比例分别达到了 96%、62%、57%，南非、中国、印度等超过 70%的电力来自燃煤发电，美国、英国、日本、意大利、比利时等国家以煤和天然气发电为主，且天然气的比例也达到 30%左右。电力生产采用不同的一次能源，煤、石油和天然气等一次能源的碳排放系数有着显著差别，而不同的发电方式系统的能源转换效率也不同，因而，各国生产单位电力的碳排放因子差异巨大，从而导致了不同国家电力的碳排放因子差异巨大，由此会对建筑碳排放产生很大的影响。

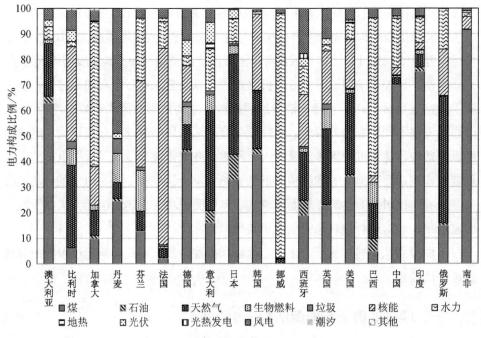

图 1-7　2015 年不同国家电力构成比较

（资料来源：http://www.iea.org/statistics/.）

由于我国的电力生产能源结构以煤为主，因而电力的碳排放因子较高，消耗同样多的电力，碳排放是法国的近八倍，是意大利、德国和日本的两倍。与美国、澳大利亚相比，我国电力碳排放因子较低。尽管同样使用煤发电，发电效率方面的进步是可以减少由于能源使用造成的碳排放的。

二、两个过程的比较

从存量来看，无论是建筑面积还是人口规模，世界上只有少数几个国家与我国体量相当。由于这样的差异，我们可以选择单位面积或者人均指标作为不同国家之间建筑碳排放的对比指标。

（一）建筑运行过程

比较建筑运行的碳排放差异，可以先对比能耗强度差异。调查目前各国公布的宏观能耗数据，各国建筑能耗总量（圆圈大小表示）以及单位面积能耗强度（纵坐标）和人均能耗强度（横坐标）如图 1-8 所示。2010 年，我国人均建筑能耗约为 0.46 t 标准煤，同年美国达到了 4.57 t 标准煤，是我国人均建筑能耗强度的近 10 倍。跟世界主要发达国家相比，我国建筑运行人均能耗处于较低的水平。这并不是说我们应该鼓励增加能耗，恰恰相反，由于我国资源条件的约束，而且人口规模庞大，只有通过加强能源消耗控制、优化建筑能源消耗结构来减少碳排放量，才是对世界承担大国责任的选择。

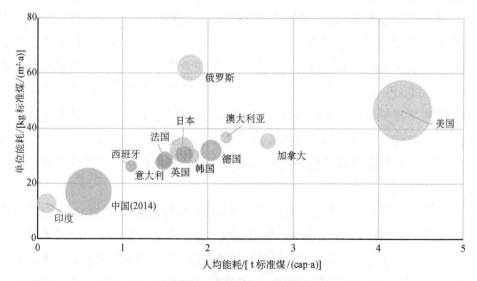

图 1-8　各国建筑运行能耗强度比较（2012 年）

（数据来源：IEA，World Energy Outlook 2014；EIA，Annual Energy Outlook 2014；IEEJ，
Handbook of Energy and economic statistics in Japan 2014）

注：圆圈大小代表能耗总量。

考虑上面所讨论的，由于能源结构和发电效率的差异，我国人均建筑运行碳排放是美国的 1/7，是英国、法国、德国、意大利四国人均水平的约 1/3。无论是从能源角度看还是从碳排放角度看，发达国家应该更加重视节能低碳，承担更多的对世界持续发展的责任。

（二）建筑建造、维修和拆除过程

从前面的讨论来看，我国建材生产的碳排放是这个过程中的主要排放部分，这是由于工程中大量使用混凝土、钢材和玻璃等高能耗、高排放的建筑材料。常用的建筑材料包括黏土砖、木材、混凝土、石块和钢材等。木材和石块属于生产能耗较低、碳排放较低的建筑材料，混凝土生产的能耗和污染较大。

比较来看，日本新建建筑大量使用木材，单位面积建材生产的能耗和碳排放较少，日本建筑用木材大量从外国进口，其运输能耗较高；美国新建建筑中也有一大批使用木材或聚合板的。从现有的欧洲建筑来看，石材和木材也是其常见的建筑材料，新建建筑也大量采用混凝土和钢材；此外，东南亚、非洲和拉美国家，木质结构的房屋也比较常见。

我国新建建筑大量使用钢筋和混凝土，其主要原因在于我国新建建筑绝大部分都是高层或超高层建筑，原有技术下木材、黏土砖和石块等材料难以实现高层结构的安全性、稳定性，与此同时，混凝土价格较为便宜，钢筋混凝土建筑施工周期较短，能够快速大量地建新房屋，比较符合我国当前城镇化建设发展的需要。在欧洲、日本城镇化发展成熟，新建房屋量较少且常见的也是多层建筑；美国地广人稀，居住建筑以别墅或多层为主。相比较而言，这些国家新建建筑中，对钢筋混凝土结构的要求相对较少，采用木材、钢材或石材建筑的比例相对较高。

值得指出的是，由于建筑形式的不同，实际单位建筑面积的耗材量也是有较大差异的。对比两栋 12 层和 3 层住宅建筑，假定单层面积相同，12 层建筑相比于 3 层建筑少了 3 个屋顶面积，同时建设地基的好材料也相对较少。日本、欧美国家以多层建筑为主，建筑的体形系数较大，墙体和屋顶材料在建筑材料中的比例较大，同类型建筑单位建筑面积建筑材料消耗量较大。

小结

本章从建筑碳排放的定义出发，通过数据分析和现象调研，对我国当前建筑碳排放的现状进行讨论，并与一些国家的建筑碳排放情况进行比较。总的来看，主要有以下几点结论：

（1）从能源消耗与碳排放关系来看，建筑碳排放包括直接排放和间接排放，前者来源为化石能源，后者主要指电力和热力消耗；从用途和过程看，包括建造、维修和拆除过程的排放以及建筑运行过程的排放，前者属于生产过程的排放，后者属于消费过程的排放。

（2）近年来，由于我国新建建筑量较大，建筑材料碳排放量巨大，与建筑运行碳排放量接近，建筑碳排放约占我国碳排放的1/2。随着新建建筑量的逐年减少，每年用于新建建筑的建筑材料碳排放总量将减少；然而，建筑运行碳排放随着用能需求的增加，还有较大增长的可能。

（3）与发达国家相比，我国人均建筑能耗远远低于发达国家。由于我国大量采用钢筋混凝土结构，新建建筑建材能耗较大，相比于以木材或者石材为主要建材的地方，我国单位建筑面积建材的碳排放较高。积极发展绿色建筑和绿色建材，对降低建造过程的碳排放有着重要的意义。

（4）根据建筑运行和建筑建造过程中碳排放来源和特点的差异，探索针对性的节能发展路径，是未来我国建筑低碳发展工作的重点。

第二章　建筑与低碳发展历史

建筑是人类发展到一定阶段后才出现的，人类的一切建筑活动都是为了满足人的生产和生活需要。从最早为了躲避自然环境对自身的伤害，用树枝、石头等天然材料建造的原始小屋，到现代化的高楼大厦，人类几千年的建筑活动无不受到环境条件和科学技术发展的影响；同时，随着人们对人与自然的关系、建筑与人的关系、建筑与环境之间关系的认识的不断调整与深化，人们对建筑在人类社会中的地位、建筑发展模式的认识也在不断地提高。

第一节　建筑与碳排放的发展历史

一、建筑的起源与进化

建筑存在的根本原因是在自然环境不能保证令人满意的条件下，人类通过创造一个微环境来满足自身的安全与健康以及生活、生产过程的需要，因此，从建筑出现开始，"建筑"和"环境"这两个概念就是不可分割的。考古学家发现，人类活动的发展是从低纬度地区向高纬度地区扩展的：人类发源于热带雨林，在这个区域，人类仅需要简单的构筑物遮蔽就可以生存；随着建筑的出现，人类的活动得以逐渐向中纬度拓展，而同时对气候适应的需求又进一步推动了人类建筑及其他技术文明的发展，这也就是为什么世界上比较古老的文明，如古埃及、古巴比伦、古印度和古中国，都位于南北纬 20°～40°，即所谓中低纬度文明带（图2-1）；在更高纬度地区，人类通过建筑适应气候也更加困难，因此人类遗址的出现时间也就更晚一些；而在科技高度发达的今天，人类活动足迹几乎能够遍布全球。从这个角度讲，人类与大自然（特别是恶劣的气候条件）的不断抗争是建筑起源与不断进化的推动力，相反，建筑是人类文明发展的见证与记载。故在功能上，建筑是人类作为生物体适应气候而生存的生理需要；在形式上，是人类启蒙文化的反映。

图 2-1　世界上比较古老的文明都位于南北纬 20°～40°

在人类的早期活动中，树居和岩洞居是最早的两种居住方式。树居出现在热带雨林、热带草原等湿热地区，人类通过栖息在树上避免外界的侵害，这是人类祖先南方古猿生活方式的延续。岩洞居则主要出现在温带，人类住所过渡到冬暖夏凉的岩洞居，以适合该地区年温差和日温差都较大的特点。随着历史的发展，树居和岩洞居发展成为巢居和穴居，成为人类建筑的雏形。巢居（图 2-2）增加了"构木为巢"的人类创造过程，反映了人类改造自然的努力。穴居方式（图 2-3）可获得相对稳定的室内热环境，顶部的天窗既可采光又可排烟，适应气候的能力更强。而巢居和穴居又在漫长的历史过程中逐渐发展，演变为不同的建筑类型，见图 2-4。

图 2-2　巢居

图 2-3　河南偃师汤泉沟穴居遗址

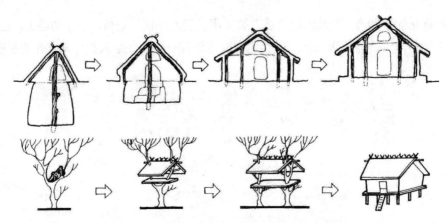

图 2-4　从巢居和穴居发展为真正意义上的建筑

随着人类文明的进步，人们对建筑的要求也不断提高。时至今日，人们希望建筑物能满足的要求包括以下几个方面：

①安全性，能够抵御飓风、暴雨、地震等各种自然灾害所引起的危害或人为的侵害；

②功能性，满足居住、办公、营业、生产等不同类型建筑的使用功能；

③舒适性，保证居住者在建筑内的健康和舒适；

④美观性，要有亲和感，反映当时人们的文化追求。

除了以上这些普遍性的要求外，不同类型的建筑又有不同的要求侧重，如住宅、影剧院、商场、办公楼等建筑对健康、舒适的要求比较高；生物实验室、制药厂、集成电路车间、演播室等则有严格保证工艺过程的环境要求；还有一些建筑是既要保证工艺要求又要保证舒适性要求的，如舞台、体育赛场、手术室等，以及各种有人员的生产场所。

二、前工业时代的建筑与碳排放

由于室外气候随机多变，而人对环境的感觉与反应又存在显著的个体差异，且会随很多外部环境和主观因素而变。因此，人类对建筑环境规律的探索从未停止，是建筑发展与进化的一条主线。

在现代人工环境技术尚未出现的时代，人类虽然无法主动创造受控的室内环境，却在长期的建筑活动中结合各自生活所在地的资源、自然地理和气候条件等，就地取材、因地制宜，积累了很多巧妙有效的设计经验，再结合部分主动式采暖措施，使前工业时代的人类不仅能够在建筑中创造满足生活需求的室内环境，还使建筑无论在建造阶段还是运行阶段，都消耗很少的能源，产生极少的碳排放。

例如，生活在北极圈的阿拉斯加州原住民——爱斯基摩人利用当地的冰块和雪盖起了圆顶雪屋，将兽皮衬在雪屋内表面，再加上鲸油灯采暖，使室内温度可达到 15℃，能够满足人们的生活需要（图 2-5）。而在气温日较差很大的干热地区，例如，巴格达地区，传统建筑的墙厚达到 340～450 mm，屋面厚度达到 460 mm，利用土坯热惯性，在室外日夜温差达到 24℃（16～40℃）时，仍然能够维持室内温度的波动不到 6℃（22～28℃）（图 2-6）。这些建筑均是就地取材，大量使用自然材料，建材碳排放极少；运行阶段使用的能源也是可再生的天然能源。

图 2-5　爱斯基摩人的圆顶雪屋及其建造过程

图 2-6　中东地区典型的土坯建筑

在我国也有许多类似的例子。如在华北北部地区，由于冬季干冷、夏季湿热，为了能在冬季保暖防寒、夏季遮阳防热防雨及春季防风沙，就出现了大屋顶的"四合院"（图2-7），并在建筑内部结合了火炕、火盆等有效的局部采暖措施，补充建筑物本身对室内环境营造的不足。而在我国的西北、华北黄土高原地区，由于土质坚实、干燥、壁立不倒，地下水位低等特殊的地理条件，人们就创造出了"窑洞"来适合当地的冬季寒冷晴燥、夏季有暴雨、春季多风沙、秋高气爽、气温年较差较大的特点（图2-8）。生活在西双版纳的傣族人民，为了防雨、防湿和防热以取得较干爽阴凉的居住条件，创造出了颇具特色的架竹木楼"干阑"建筑（图2-9）。云南布依族的石屋以石块砌墙，以石瓦盖顶，就地取材，造价低廉，冬暖夏凉，不怕火灾，隔音性能好（图2-10）。福建土楼材料多取自当地，石为墙、木为构架、青瓦为盖，建筑物呈内向型布局，夏遮酷日，冬御寒风，建筑前面往往有池塘，前低后高、排水便利，且可作养殖、灌溉之用（图2-11）。

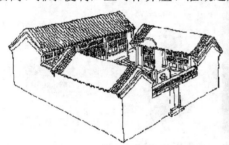 

图 2-7　我国北方地区的四合院建筑

图 2-8　我国西北地区的窑洞建筑（沿崖式和天井式）

图 2-9　我国湿热地区的干阑式建筑

图 2-10　云南布依族的石屋

图 2-11　福建的土楼建筑

综上所述，在技术文明尚不发达的前工业时代，人类已经积累了大量有效的设计经验，能够结合环境特点，在用能水平很低的情况下巧妙地创造满足人类生活需求的室内环境。这一成果得以实现的主要原因包括前工业时代建筑多结合当地资源特点使用木、土、石等自然材料，使建造阶段的能耗和碳排放控制在很低的水平；建筑选材、布局等结合气候特点，使建筑运行能耗和碳排放大大降低；采暖尽可能选用植物、动物油脂等天然可再生能源，实现能源的可持续性。时至今日，这些实用的经验和思想还在许多地区发挥着重要作用。同时，地区之间巨大的气候差异也是造成世界各地建筑具有丰富差异性的重要原因。

三、后工业时代的建筑与碳排放

随着科学技术的不断进步，人们开始尝试主动地创造受控的室内环境。20世纪初，能够实现全年运行的空调系统首次在美国的一家印刷厂内建成，这标志着人们可以不受室外气候的影响，在室内自由地创造出能满足人类生活和工作所需要的物理环境。随后几十年，空调技术迅猛发展，使各种非常规的建筑物以及车、船、飞机、航天器等其他人造空间内的环境都能够随心所欲地得到控制。

毫无疑问，空调系统的出现和受控室内环境的创造是人类技术文明的重大成果，不仅大大提高了人类的生活品质、健康状况、工作效率，突破了气候对人类活动范围的限制，同时也促进了建筑及各种相关产业的飞速发展。但技术的突飞猛进给人类造成了错觉，以为随着科技的进步，人类有能力无限制地改变自然环境，而不再会受到自然条件的制约。反映在建筑设计上，人们不再像先祖那样去尽心尽力地研究当地的自然地理和气象条件，就地取材地建造符合当地自然条件的建筑物，而是更倾向于使用混凝土、钢材、玻璃等生产过程耗能巨大、循环利用困难的人工材料；同时，轻视了建筑自身营造适宜室内环境的能力，把精力都放在文化和美观的层面了。这种趋势直接造成了建筑建造阶段和运行阶段的能耗均显著增加，带来了严峻的建筑碳排放问题。此外，还在很大程度上造成了世界建筑趋同化的消极影响，反过来阻碍了建筑在文化和美观层面的发展。

大部分现当代建筑事实上都明显存在以上问题。例如，大量办公建筑试图以高度和通透的外观获得标志性，使大量以混凝土、钢材和玻璃为主要材料的摩天大楼在世界范围内大量建设，大量使用人工建材使摩天大楼在建造阶段消耗了大量能源，增加了碳排放；同时，其全玻璃的围护结构并不能适应炎热和寒冷地区

的气候特点，使建筑的运行能耗大大增加，如地处气候炎热区域的迪拜哈利法塔和
地处寒冷地区的北京 CCTV 总部等（图 2-12）。机场、火车站等大体量公共建筑为
了追求宽敞宏伟的空间效果，在设计中加入了大量的高大空间，容积的增加大大增
加了建筑的空调负荷，进而增加了建筑的运行能耗和碳排放量（图 2-13）。大型购
物中心的出现和在全球的大量建设取代了原本沿街道布置的商业空间模式，产生大
量需要空调制冷、机械通风、人工照明的建筑内区，加大了建筑运行阶段的能耗
和碳排放；同时，原本属于室外的交通空间、休憩空间等被纳入室内，这种"室
外空间室内化"使建筑的空调系统需要承担更大的负荷（图 2-14）。即使是在对
设备依赖程度相对较低的住宅建筑中，中央空调的使用，甚至恒温恒湿的概念也
越来越常见，使人们无视住宅建筑通过合理的建筑布局来营造室内适宜环境的潜
力与重要性（图 2-15）。

图 2-12　摩天大楼在炎热或寒冷地区采用全玻璃围护，大大增加了能耗和碳排放

图 2-13　北京机场 T3 航站楼和北京南站的高大空间

图 2-14　上海 K11 购物中心和香港太古广场的购物中心空间

图 2-15　当代 MOMA 和朗诗绿色街区等住宅项目强调通过系统实现恒温恒湿

　　空调采暖等人工系统虽然能够"随心所欲"地获得要求的室内环境，但需要消耗大量的能源，因此当前人类这种过分强调人工系统、不再重视建筑本身性能的倾向，势必导致能源的紧缺和资源的枯竭，进而还会导致大量的污染物排放，造成地球的环境污染和生态环境破坏。目前，世界上发达国家的建筑能耗已经达到社会总能耗的 1/3，是重要的碳排放来源。我国作为世界第一人口大国，随着经济的飞速发展，城乡建筑业的发展速度已居世界首位，建筑能耗总量巨大且将持续上升。在目前的建筑能耗中，为满足室内温湿度要求和室内光环境要求，空调系统和照明能耗占据了大部分比重。更为重要的是，我国的能源资源特点决定了我国今后的能源构成中，煤仍然要占总能源的 60% 以上，因此我国在 CO_2、NO_x、SO_x、粉尘排放等的控制、温室效应及其他环境污染防治方面将面临艰巨的任务。由此可见，降低建筑能耗、控制建筑碳排放将是建筑业乃至整个人类社会艰巨而紧迫的任务。

　　"人定胜天"还是"天人合一"？这是在如何对待大自然方面哲学思想上的对立。事实证明，工业技术的滥用导致了自然界对人类的报复，已经产生了一系列亟待解决的问题。因此，人们应该清醒地认识到，无论工业技术发展到多么高的水平，人们仍然需要了解、爱护我们的自然界,合理地利用自然界的资源。科学的进步应该是我们更好地了解大自然、保护自然环境的手段,而非破坏自然、与自然对立的工具。具体到低碳建筑的问题,在强调可持续发展的今天,我们必须研究和制订好合理的室内环境标准,优化建筑物本身的环境性能,尽量减少建筑能耗,同时确保建筑能够合理、有效地利用能源,由此方能使建筑业走向节能低碳的正确发展道路。

第二节 建筑碳排放的变化趋势

一、全球与我国建筑碳排放的变化趋势

1850 年后,随着工业化进程的发展和全球化的拓展,全球碳排放量一直处于快速上升的趋势。根据朱江玲等的研究,截至 2015 年,全球历史累计碳排放量已达到 1 484 $PgCO_2$(1 $PgCO_2$=10 亿 t CO_2),其中发达国家历史累计排放量远远高于发展中国家。国际能源署(International Energy Agency,IEA)公布了 1971 年以来 OECD(经济合作与发展组织)国家各国的二氧化碳排放情况,比较 OECD 国家与非 OECD 国家(图 2-16),前者碳排放总量从 20 世纪 70 年代以来已趋于稳定,而后者的碳排放量在持续增长,这与这些国家经济的快速发展、大量基础设施和建筑的建设,同时工业尤其是制造业从发达国家转移到发展中国家有着直接的关系。从人均量来看,非 OECD 国家人均碳排放量仍大大低于 OECD 国家,直到 2015 年,相比仍少了近 6t/人,意味着 1 个 OECD 国家的人的碳排放量相当于 3 个非 OECD 国家的人。

图 2-16 OECD 国家与非 OECD 国家的碳排放量（1971—2015 年）

我国作为目前全球经济发展速度最快的国家，碳排放量也快速增长。图2-17为美国、中国和世界人均碳排放量的数据。对比来看，2015年，美国人均碳排放量约是我国的2.5倍，是世界平均的3倍，相比于1971年在持续减少；我国人均碳排放量2005年首次超过世界平均水平，到2015年，人均碳排放量相比于1971年增长了近5.7t，二氧化碳排放总量增加了近80亿t。是什么原因使我国的碳排放量增长得如此快速？

图2-17　美国、中国与世界人均碳排放量（1971—2015年）

从前面对我国建筑碳排放量的分析来看，建筑碳排放占国家总碳排放的35%～50%，城镇建设的快速发展无疑是碳排放增长的主要因素。2001—2015年，建筑建设阶段碳排放增长了近4倍，建筑碳排放总量增长了28亿t，这个时段国家碳排放量增长了58亿t，可以看出，建筑碳排放增长是国家碳排放增长的重要构成，占48.3%。

进一步分析发现，近几十年，特别是进入21世纪后，我国建筑行业发展迅猛，建筑业所带来的碳排放量也在大幅度增加。如图2-18所示，我国建筑碳排放在1985—2000年处于缓慢增长阶段，建材碳排放和建筑运行碳排放均处于较低的水平，建筑碳排放总量在10亿t以内。2000年后，建材碳排放和运行碳排放都在持续增长，到2015年，建筑碳排放总量已超过40亿t。其中，建筑运行碳排放从2001年到2015年增长了11亿t，增长约3倍，建筑面积增长和单位面积用能强度的增加构成建筑运行碳排放增长的原因；建材（指房屋建筑用水泥和钢材）碳排放增长了 17.4 亿 t，增长近 4 倍，大量新建房屋是造成建材生产碳排放的主要原因。2001—2015 年，建筑碳排放总量增加了 28 亿 t。按照此趋势推算，到 2030 年，我国建筑碳排放不仅将继续居世界首位，甚至还将接近美国与欧盟之和。

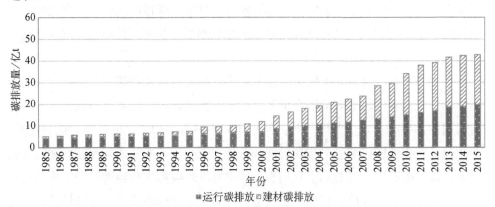

图 2-18   1996—2015 年我国建筑碳排放量变化

注：①1996—2015 年运行碳排放根据 CBEM 模型计算出，1996 年以前的根据国家统计年鉴公布的数据计算出；②1998—2011 年建材碳排放根据国家统计年鉴公布的钢材、水泥消耗量计算出，其他年份根据建筑面积与建材消耗比折算出。

从城镇化发展的规律来看，城镇人口不可能无止境增长，我国现阶段的建设速度也不会持久。2015 年，我国城镇人口已达到 7.71 亿人，城镇人均住宅建筑面积已达到 28.44 m^2，居民对新增建筑的需求在逐渐减少，因而大规模的扩张性建设需求将逐步减少。此外，对于建筑功能和建造质量性能的要求可以持续提高，这样的情况下，应该尽可能避免打着提高建筑品质的旗号"大拆大建"以维持建筑业的发展速度，而应是对既有建筑进行改造提升，因为建筑拆除造成的碳排放不仅是拆除过程的实际碳排放，还有对大量建材的浪费导致再生产这些建材的排放。

考虑到我国人口基数大且人均资源有限，毫无疑问，我国已面临严峻的节能减排压力；另外，我国作为负责任的大国，国家领导人多次向世界承诺二氧化碳排放 2030 年左右达到峰值并争取尽早达峰，建筑业产生的碳排放已占我国总碳

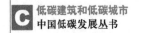

排放量的 1/3，控制建筑碳排放在节能减排的进程中必然责无旁贷。

二、我国建材生产阶段碳排放的变化趋势

本节将基于调研的国内典型案例建材清单（共收集案例 304 个，包括住宅建筑案例 155 个和公共建筑案例 149 个），分析建材阶段碳排放随时间的变化情况。研究区分了不同的建筑类型（住宅建筑和公共建筑）和不同的抗震等级（非抗震区、6 度区、7 度区和 8 度区）。

图 2-19 为不同建成年代住宅建筑案例的单位建筑面积建材阶段碳排放的分布情况。可以看到，不同抗震等级下，住宅建筑的建材阶段单位面积碳排放量随着时间的推移有一定的下降趋势，但趋势并不显著；即使是同一年建成的建筑，单位建筑面积的碳排放差异也比较明显。图 2-20 为不同建成年代公共建筑案例建材阶段单位面积碳排放的变化情况，其建材阶段碳排放量随着时间的推移也有一定的下降趋势，且趋势较住宅更为显著；同一年建成的建筑，其碳排放也存在明显的差异。图 2-21 则是在图 2-22 的基础上，对公共建筑各年单位面积建材碳排放的均值进行比较，同样可见较为明显的随时间下降的变化趋势，但这一趋势存在较强的波动性。

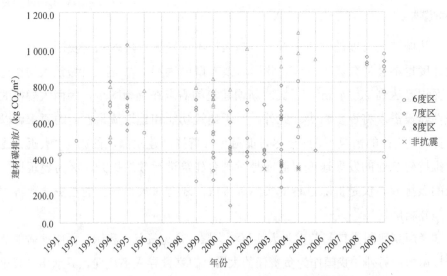

图 2-19　各住宅建筑案例不同年份单位面积建材碳排放分布情况

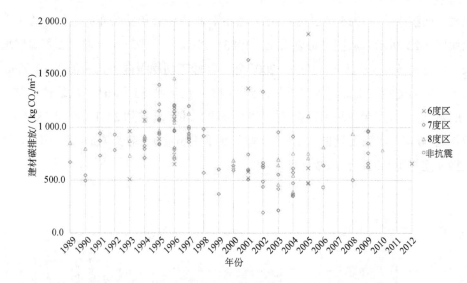

图 2-20 各公共建筑案例不同年份单位面积建材碳排放分布情况

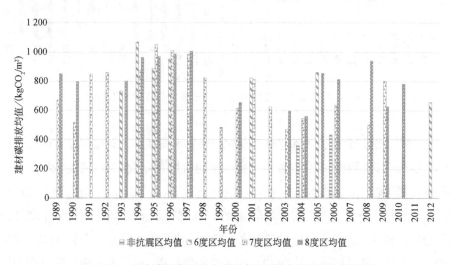

图 2-21 公共建筑案例各年单位面积建材碳排放均值比较

对以上具体案例中建材生产阶段碳排放的分析，其差异主要来源于不同年代建筑的单位建筑面积建材用量的差异。从行业整体层面来分析，建筑建造阶段的碳排放主要受两个因素的影响，一个是建材的用量，即受建设规模的影响。统计数据显示，1985 年我国房屋竣工面积仅为 1.7 亿 m²，而从国家公布的全社会房屋竣工面积来看，2015 年已达到 35.1 亿 m²，根据统计年鉴公布的数据，竣工面积如图 2-22 所示。从图中可以看出，1985—1995 年，建筑业年竣工面积缓慢增长，保持在 5 亿 m² 以下，1996—2001 年，年竣工面积缓慢增长，仍在 10 亿 m² 以下，之后建筑竣工面积大幅增长，到 2013 年已达到 35 亿 m²。从统计年鉴公布的数据来看，房屋建筑用钢材从 1998 年的 0.31 亿 t 增长到 2011 年的 3.18 亿 t，增长近 10 倍；水泥用量也从 1.6 亿 t 增长到了 11.6 亿 t，增长了 10 亿 t 用量，这直接使建材生产的碳排放数倍增加。

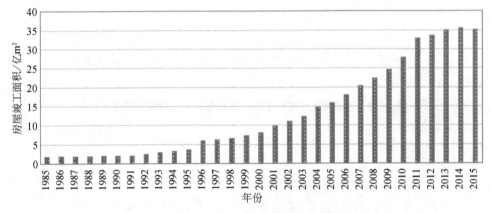

图 2-22　1985—2014 年我国建筑业房屋建筑竣工面积

欧阳晓灵统计分析了我国建材工业化石燃料消费及其二氧化碳排放的变化趋势，1985—2010 年，建材工业化石能源消费的年均增长率为 4.98%，与能源相关的二氧化碳排放每年以 4.49% 的增长率增长。值得注意的是，在 2002 年中国城市化进程加快以后，建材工业化石燃料的能源消费及其与能源相关的二氧化碳排放呈现飞速增长的趋势。2003—2008 年，建材工业化石能源消费的年均增长率达 12.41%，其推动与能源相关的二氧化碳排放达到 12.08% 的年均增长率。随着城市建设的高峰期接近尾声，这一增长不会长期持续。尽管如此，我们仍应尽可能避免通过"大拆大建"来维持建筑业的持续发展，以免造成大量建设带来的资源浪费和相关碳排放的增长。

除了建设量，建筑建造过程碳排放的另一个影响因素就是建材生产的单位碳排放强度，即建材的碳排放因子，这个主要与建材生产行业生产力的发展相关。随着建筑材料的生产效率、能源利用效率的提高，以及交通运输和机械设备能耗的降低，建筑材料碳排放因子也受到影响而产生变化。

谷立静针对国内典型建材的生命周期时效清单进行了分析，如表2-1和表2-2所示，分别为针对水泥和钢材的生产能源消耗时效清单的分析，可以看到生产1 kg水泥和1 kg钢材所需要的能源消耗总体上呈现下降的趋势，即建材的生产阶段碳排放因子随着生产工艺和效率的提高而逐渐降低，这是利于碳减排的一个因素，一定程度上可以缓解建设量增长而带来的碳排放的增长。

表 2-1　1 kg 钢材生产的能源消耗量变化情况

能源	消耗量							
	1990 年	1995 年	2000 年	2001 年	2002 年	2003 年	2004 年	2005 年
炼焦煤/kg	1.137 4	0.989 7	0.760 9	0.712 7	0.665 5	0.668 9	0.556 2	0.446 4
动力煤/kg	0.414 1	0.381 8	0.412 2	0.407 6	0.401 2	0.424 6	0.371 2	0.312 9
电/kWh	0.974 8	0.976 5	0.843 9	0.816 1	0.776 1	0.794 5	0.673 0	0.555 1
燃料油/kg	0.073 2	0.057 1	0.020 2	0.015 3	0.010 9	0.007 4	0.003 2	0.000 1
天然气/m³	0.012 1	0.006 6	0.005 2	0.004 9	0.004 6	0.004 7	0.003 9	0.003 2

表 2-2　1 kg 水泥生产的能源消耗量变化情况

能源	消耗量							
	1990 年	1995 年	2000 年	2001 年	2002 年	2003 年	2004 年	2005 年
煤/kg	0.221 7	0.217 4	0.195 2	0.195 2	0.195 2	0.192 6	0.177 7	0.162 8
电/kWh	0.108 8	0.115 8	0.114 4	0.116 4	0.116 7	0.122 4	0.113 2	0.104 9

三、我国建筑运行阶段碳排放构成的变化趋势

我国建筑运行的碳排放主要包括公共建筑、城镇住宅、北方城镇建筑采暖和农村住宅四类用能造成的碳排放。图 2-23 和图 2-24 分别展示了它们的总量和占比的变化趋势。

从总量来看，各类建筑运行的碳排放都有明显增加的趋势，而增长的原因各有不同：公共建筑、城镇住宅和北方采暖碳排放的增长与城镇建筑面积增加、城镇人口增长有着直接的关系，随着人们的生活水平提高，空调、电器和生活热水等各项用能需

求在增长，碳排放强度也在增加；农村人口虽然在减少，然而人们的生活水平提高，以及逐渐选择电、煤等商品能源替代生物质能源，致使碳排放量也有所增长。

从构成比例来看，农村住宅和北方采暖的碳排放比例有所下降，而公共建筑和城镇住宅的碳排放的比例有所提高。这直接表明我国建筑运行的碳排放构成的发展趋势，即未来城镇建筑运行的碳排放比例将持续提高，城镇建筑运行减排是建筑运行低碳发展的重点。

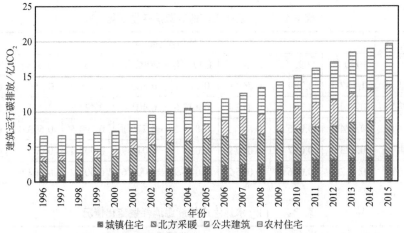

图 2-23　我国各类建筑用能碳排放发展历史（1996—2015 年）

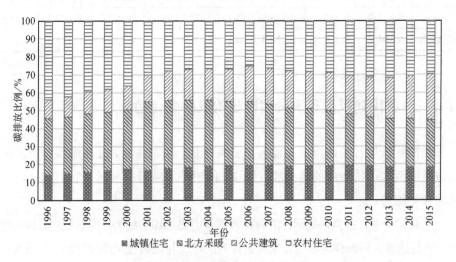

图 2-24　我国建筑运行碳排放的构成变化（1996—2015 年）

第三章　城镇化背景下的城市规划与面积控制

从 20 世纪 90 年代开始，我国进入了快速城镇化发展阶段，每年城镇化率增长 1%～1.5%，城镇人口年新增近 2 000 万人；2001—2015 年，城镇人口增加了近 3 亿人，到 2015 年我国城镇化率达到 56%。随着城镇人口的增长，我国城镇规模不断扩张，城镇建筑面积也在不断增长。建筑是城市建设的重要内容，为城镇人口提供居住、工作和娱乐等活动场所，为了更好地满足人们工作生活的需求以及区域功能定位，城市规划在当前尤为重要，一旦建成将深刻影响着人们的生活方式、出行方式甚至社会文化。本章将分析当前城镇化背景下，与建筑规划以及建筑建设相关的问题，探讨未来城乡建设的低碳模式。

第一节　城市规划需重视建筑对资源环境的影响

这里讨论的城市建设工作，包括城市及其建筑的规划、设计、建设到运行的各个环节，参与者包括政府主管部门、开发商、建设方、运营管理方和业主等，城市建设深刻影响着人们的生产生活，这种影响是持续而全面的——城市经营通常是百年、千年的历史跨度，在衣食住行各个方面深刻影响着人们的生活方式。建筑和能源系统的建造和运行，是城市建设的重要内容。

我国快速城镇化的过程中，城市建设中出现了能源浪费、环境污染以及各种城市病，这些问题具体体现在以下几个方面：

（1）城市中原有的自然绿地消失殆尽，取而代之的是一些人工绿地，且随着城市土地日益紧张，很多原本用于绿化的土地也被建筑所占用，这使城市的自然环境严重退化，无法净化空气中的污染物，不利于人们居住。

（2）城市局部气候异常。由于建筑物以及人口密度的不断增大，建筑物的热辐射以及阻碍作用加重了城市的热岛效应，使城市的局部气候出现异常。

（3）环境污染加剧。城市中有密集的工业并聚集着大量的人口，产生大量的工业污染物和生活垃圾，它们排放到水体和空气当中，使环境污染加重。

（4）水资源日趋紧张。城市中工业密集、人口众多，污水排放管理失当造成水源的严重污染，同时工业和居民又需要大量的水资源，这就使城市面临着严重的水源短缺。

（5）城市噪声污染严重。城市中的交通流量十分大，大量的交通工具在运行过程中会产生大量的噪声，给附近居民的日常生活、工作和学习带来很大的影响，甚至给他们的健康带来严重危害。

（6）错误地认为"建高楼"就意味着城市化，连县城和乡镇都在建高层住宅。部分领导认为盖了高层，城市就现代化了，当地的人也认为住进高层住宅好像就有身份了。这些想法使高层住宅作为城市的政绩形象，住户住进去，十年后是城市形象的负担，外观脏乱，整治困难，粉刷没钱，更严重的问题是电梯维护和更新。

（7）在农村中照搬城市建设模式，忽视农业生产活动的规律和特点。一些地方为农民建设高层住宅公寓楼，使农民远离耕地，需要带着农具乘坐公共汽车去从事农业生产，更遑论养殖禽畜类，给农民生产生活带来极大不便，同时也增加了其生活成本。

这些问题影响到城市中生活工作的每一个人，也不能在短期内消弭。建筑规模、密度和建筑形式，是造成城市环境和资源问题的重要原因。因而，在城市规划过程中，应该重视建筑对资源、环境乃至社会的影响。

第二节　避免建筑"大拆大建"

一、"大拆大建"的现象

（一）新建建筑量

随着城镇化的高速发展和城乡居民生活水平的提高，每年有大量住宅和公共建筑竣工（图3-1）。2015年，《中国统计年鉴》公布的全社会房屋竣工建筑面积达到 35.1 亿 m²，这其中包括约 9 亿 m² 的工业和农业用建筑，实际新建住宅和公共建筑面积约为 26.1 亿 m²；而 2001 年新建民用建筑面积仅约为 16 亿 m²，建筑营造速度在 10 年间增长了近 10 亿 m²。2016 年，城镇既有建筑面积则超过 300 亿 m²，10 年间平均每年城市的新增面积几乎达到 20 亿 m²。

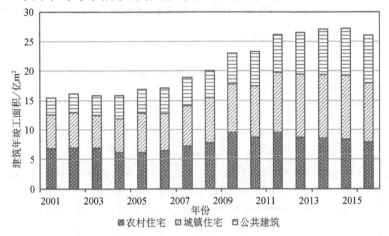

图 3-1 2001—2015 年我国逐年新建民用建筑面积（不含工农业生产性建筑）

新建建筑中，有 75% 以上的面积为住宅建筑。根据年鉴数据（图 3-2），新建的公共建筑中各类型建筑占公共建筑面积的比例基本维持稳定。例如，新建办公建筑面积约占总新建公共建筑面积的 34%，教育用房约占 19%，这个比例一定程度上反映了各类型公共建筑占实有公共建筑的比例。

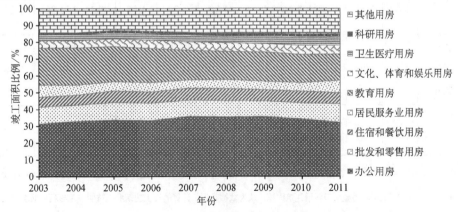

图 3-2 2003—2011 年我国逐年各类公共建筑竣工面积比例

（二）拆除的建筑面积

从国家统计年鉴公布的数据分析（表 3-1）（统计年鉴公布了 1996—2006 年的数据），每年的拆除面积惊人，1996—2006 年，总的城镇竣工面积为 151.68 亿 m^2，拆除面积为 34.46 亿 m^2，拆除面积占竣工面积的 23%（图 3-3）。"大拆大建"已成为我国城市化进程中值得重点关注的现象之一。

表 3-1　1996—2006 年城市的新增、竣工、拆除面积变化

	1996年	1997年	1998年	1999年	2000年	2001年	2002年	2003年	2004年	2005年	2006年
年末实有面积/亿 m^2	61.13	65.50	70.85	73.55	76.59	110.10	131.78	140.91	149.06	164.51	174.52
新增面积/亿 m^2	3.83	4.36	5.36	2.69	3.04	33.51	21.69	9.13	8.15	15.45	10.02
竣工面积/亿 m^2	6.14	6.25	7.02	7.96	8.05	40.21	26.02	9.31	10.10	18.54	12.07
竣工/新增	1.60	1.43	1.31	2.96	2.65	1.20	1.20	1.02	1.24	1.20	1.21
拆除面积/亿 m^2	2.31	1.88	1.66	5.27	5.01	6.70	4.34	0.19	1.96	3.09	2.06
拆除/竣工	0.38	0.30	0.24	0.66	0.62	0.17	0.17	0.02	0.19	0.17	0.17

注：①拆除面积＝竣工面积－新增面积；②统计年鉴上 2001 年、2002 年、2005 年竣工建筑面积分别为 8.53 亿 m^2、9.30 亿 m^2、11.81 亿 m^2，明显小于新增建筑面积，认为数据有误，计算的竣工建筑面积按照竣工与新增面积之比为 1.2 计算；③自 2007 年后，统计年鉴不再公布年末实有面积的数据。

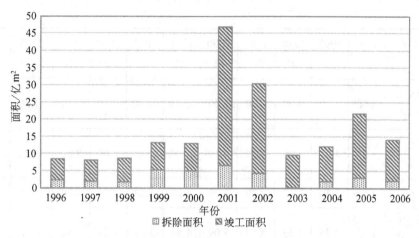

图 3-3　1996—2006 年城市的新增与拆除面积

　　城市每年的拆除面积可从拆除产生的建筑垃圾量得到大致的验证。根据杨德志等的研究，截至 2005 年，我国城市建筑垃圾年排放量为 4 亿 t，是世界建筑垃圾排放最多的国家，崔素萍等认为其中因拆除所产生的建筑垃圾占建筑垃圾总量的 75%。根据行业标准，每平方米拆除的旧建筑将产生 0.7～1.2 t 建筑垃圾。据此计算，可以得到每年的拆除建筑为 2.5 亿～4.3 亿 m^2，根据表 3-1 计算得到的 1996—2006 年的年均拆除面积为 3.13 亿 m^2，在此范围内。

　　从城市住宅来看（表 3-2），1996 年年末的实有住宅面积为 33.50 亿 m^2，2006 年年末增长到 112.90 亿 m^2，1996—2006 年，城市住宅的总竣工面积为 106.47 亿 m^2，拆除面积为 24.51 亿 m^2，拆除面积约为竣工面积的 23%，见图 3-4。如果按照人均住宅面积 25 m^2 计算，10 年间相当于拆除了近 1 亿人的住房，每年拆除近 1 000 万人的住宅，这个拆除速度不可谓不快。

表 3-2　1996—2006 年城市住宅的新增、竣工、拆除面积变化

	1996年	1997年	1998年	1999年	2000年	2001年	2002年	2003年	2004年	2005年	2006年
年末实有面积/亿 m^2	33.50	36.20	39.70	41.70	44.10	66.50	81.90	89.10	96.20	107.70	112.90

续表

	1996年	1997年	1998年	1999年	2000年	2001年	2002年	2003年	2004年	2005年	2006年
新增面积/亿 m²	2.56	2.70	3.50	2.00	2.40	22.40	15.40	7.20	7.10	11.50	5.20
竣工面积/亿 m²	3.95	4.06	4.76	5.59	5.49	26.88	18.48	8.64	8.52	13.80	6.30
竣工/新增	1.54	1.50	1.36	2.80	2.29	1.20	1.20	1.20	1.20	1.20	1.21
拆除面积/亿 m²	1.39	1.36	1.26	3.59	3.09	4.48	3.08	1.44	1.42	2.30	1.10
拆除/竣工	0.35	0.33	0.26	0.64	0.56	0.17	0.17	0.17	0.17	0.17	0.17

注：①拆除面积=竣工面积−新增面积；②统计年鉴上 2001 年、2002 年、2003 年、2004 年、2005 年竣工的建筑面积分别为 5.75 亿 m²、5.98 亿 m²、5.50 亿 m²、5.69 亿 m²、6.61 亿 m²，小于新增建筑面积，认为数据有误，计算的竣工建筑面积按照竣工与新建面积之比为 1.2 计算；③自 2007 年后，统计年鉴不再公布年末实有面积的数据。

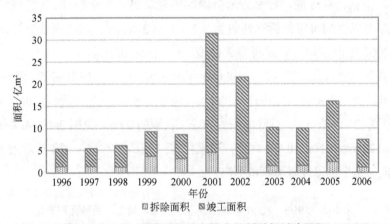

图 3-4　1996—2006 年城市住宅的新增与拆除面积

用总的拆除面积减去住宅拆除面积还可以得到公共建筑拆除面积，1996—2006 年拆除公共建筑面积约为 9.95 亿 m²。2006 年，全国公共建筑存量面积约 61.63 亿 m²，城镇人均公共建筑面积约 10.6 m²，而拆除面积相当于当年人均 1.7 m²。

由此可见，不但住宅建筑在大量拆除，公共建筑拆除的速度也相当可观。

二、对资源、环境、经济和社会的影响

"大拆大建"的现象可以分成"大建"和"大拆"两部分。"大建"，一方面缘于城镇化快速发展、新增人口对城镇住宅和公共建筑的需要；另一方面在于一部分新建建筑也成为了投资手段，持续走高的房价刺激了房地产市场的过度发展。"大拆"，一方面是房屋老旧、违法搭建、设计或结构缺陷、功能不适应新要求等问题造成的，更多的是在"大建"的推动下，房地产作为地方 GDP 的支柱产业，政府和市场联手促成的。

"大拆大建"不管从资源、环境、社会还是经济的角度来看都会造成不利的影响，对城镇的健康、可持续发展造成巨大的压力。

（一）大量消耗能源和材料资源

建筑营造过程是一个"高资源、高能源"消耗的过程。建筑营造需要耗费水泥、钢筋、铝材和玻璃等建筑材料，这些材料的生产消耗了大量的能源和矿产资源。从《中国建筑业统计年鉴》公布的数据来看，近年来，我国建筑业消耗的水泥、钢材都在大幅度增长，按照当年钢铁和水泥生产能耗计算，2011 年建筑业消耗的钢材和水泥生产能耗就达到了 8.4 亿 t 标准煤（表 3-3）。

表 3-3　2005—2011 年我国建筑业消耗钢材和水泥生产能耗

年份	钢材			水泥		
	消耗量/亿 t	每吨能耗/kg 标准煤	生产能耗/亿 t 标准煤	消耗量/亿 t	每吨能耗/kg 标准煤	生产能耗/亿 t 标准煤
2005	1.8	732	1.3	6.6	178	1.2
2006	2.0	729	1.5	7.9	172	1.4
2007	2.2	718	1.6	8.3	168	1.4
2008	3.2	709	2.2	10.5	161	1.7
2009	3.7	697	2.5	11.7	148	1.7
2010	4.5	681	3.1	15.2	143	2.2
2011	6.6	675	4.5	28.4	138	3.9

注：表中单位钢材和水泥生产能耗来自《中国能源统计年鉴 2012》。

建筑业消耗的钢铁和水泥有大部分用于房屋建造,根据本书第一章第二节讨论的方法,2011 年,房屋建造仅消耗的钢材和水泥的生产能耗一项约占当年全国能耗总量的 12%,这还不包括建材中常见的铝材和玻璃。

王茜认为,我国建筑平均寿命不到 30 年,这意味着每年既有建筑中有 3%~4%的建筑被拆除,大量拆除建筑无疑是对资源的巨大浪费。同时,大部分建筑垃圾未回收利用,拆除无疑浪费了大量的建筑材料,尤其是对一些尚未达到使用寿命的建筑,门、窗、墙体等一系列的建筑构件被拆除毁坏,从这些构件的价值损失来看,也是对社会财富的极大浪费。

(二)二氧化碳排放量大

"大拆大建"过程中造成的碳排放增长主要包括两个部分:一方面,在建设过程中,对土地的改造,尤其是将原来的植被或者农业用地变成建设用地时,直接减少了植被对二氧化碳的吸收固化,前面提到的建筑垃圾占用土地资源,同样也减少了植被;另一方面,大量新建建筑消耗的建材,尤其是在我国以钢筋混凝土结构为主要建筑材料的情况下,其生产过程中能源消耗和二氧化碳排放量相当大,同时在建设和拆除施工过程中,同样也会产生大量的碳排放。根据前面分析的数据来看,2015 年,新建建筑建材的碳排放达到 23.3 亿 t,这还不包括建筑中机电设备生产制造的碳排放。

从建筑碳排放总量看,比较建筑使用 20 年拆除和使用 70 年拆除,建筑建造、维护和拆除产生的碳排放,在建材回收率相同的情况下,由于建筑材料生产造成的碳排放折算到每年,后者是前者的不到 1/3。因而,大量拆除现有建筑,实际也造成了建材生产的浪费,间接增加了建筑碳排放。

大量基本建设导致能耗高是中国在发展过程中偿还过去建设不足的欠账,是建设美丽中国的发展过程中必然出现的情况,不能拿我国发展过程中巨大的基本建设量所导致的碳排放和美国已经完成基本建设而仅仅是维持其运行所造成的巨大碳排放的情况相比。但是,拆除所造成的高能耗和高排放则完全不同,是不该出现的事。从节能减排的角度来看,政府要鼓励修缮而不是拆除重建的行为。

（三）大量的建筑垃圾占用土地

"大拆大建"最直接的影响是产生大量的建筑垃圾。据测算，近年来每年产生的建筑垃圾在 4 亿 t 左右，其中 75% 以上是因既有建筑和市政工程的拆除而产生的。这些垃圾是怎么处理的呢？

研究发现，我国建筑垃圾的回收利用率低，垃圾的堆放对土地的影响和占用严重。美国加州大学伯克利分校高世扬博士调查发现：在北京每年产生的 4 000 万 t 的建筑垃圾中，被回收利用的还不到 40%，其余都以填埋的方式进行处理。由于承载力有限，许多正规消纳场不愿意消纳太多的建筑垃圾，大部分建筑垃圾都没有通过正规渠道消纳，这种现象已成为行业潜规则。这些未经分类处理的建筑垃圾被填埋地下，占用了大量土地，造成了地下水的污染，破坏了土壤结构并造成地表沉降。根据北京建筑工程学院陈家珑教授的计算，每万吨建筑垃圾占地 2.5 亩[①]（我国人均耕地面积不足 1.35 亩），每年因填埋建筑垃圾的占地就有 2 250 hm^2，如果这些土地可做耕地，也就意味着 25 000 人失去耕地。这是多么可怕的数字！我国本来就是一个人均耕地面积少的国家（不足世界平均水平的 40%），为了处理建筑垃圾而造成大量的土地资源浪费，对子孙后代和我们自身的生存安全也是极不负责任的。

建筑垃圾中包括渣土、混凝土块、砖瓦碎块、废砂浆、泥浆、沥青块、废塑料和废金属等，如处理不当，可能带来很多问题：由于随意堆放而产生的安全问题；垃圾中有害物质受到雨水冲刷、浸泡，污染周围水资源，降低土壤质量；一部分建筑垃圾还会产生有害气体，污染空气；一些难以被分解的材料，要历经数十年才能被降解，因而会对土地造成长期的破坏影响。

中国人多地少的矛盾十分突出，李秀彬指出，近年来我国耕地面积的变化体现在东部地区质量较好的耕地减少，而增加的耕地是质量较差的边际土地。倪绍祥、谈明洪等认为，在城市建设中，盲目追求规模，建设用地和耕地高邻接度的空间格局以及城市在空间上的摊饼式发展，对耕地保护形成了巨大冲击，导致耕地日益萎缩。《2012 中国国土资源公报》显示，2012 年国家批准建设用地 61.52 万 hm^2，其中转为建设用地的农用地 42.91 万 hm^2、耕地 25.94 万 hm^2。对照我国经济发展水平及地少人多的基本国情，从居住公平、社会的可持续发展及和谐社会建设出发，

---

① 1 亩≈666.7 m^2。

朱建达、朱一丁指出必须控制城市住宅建筑面积标准，才能在尽可能保证更多居民住房需求的情况下占用更少的土地资源。

（四）影响经济健康和持续发展

当前新建建筑面积逐年攀升，与依靠房地产拉动 GDP 的经济增长模式密切相关。地方政府为刺激经济发展，为房屋建设提供了有利条件；而开发商为获取商业利益，更期望扩大房地产市场；一些消费者将房地产作为投资手段，促进了房屋建设，刺激房价升高。

从宏观市场到居民生活来看，大量快速新建的房屋建筑都存在不利的影响。首先，根据《中国房地产统计年鉴》2000—2012 年的数据显示，房地产市场逐渐趋于饱和，商品房销售面积与利润总额增速明显减慢（图 3-5），而房地产市场投资者仍在不断加大投资（图 3-6），施工面积攀升的同时，商品房销售面积却开始趋于稳定，两者之间的差异越来越大，房地产市场的风险也越来越大。虽然销售额稳定，但这并不是由简单的供需关系所导致的价格，还与投资者不断加大投资、"炒房"热情不减有很大的关系。一旦出现超预期的不稳定因素，楼市价格超预期大幅下滑，投资者将大量撤出资金，导致房价进一步下降，这将对房地产市场产生致命的冲击。同时，房屋建筑消耗大量的钢材和水泥，如果房地产市场不景气，或者我国房屋建筑需求增长停滞，钢材和水泥需求骤降，这对我国工业将带来巨大的冲击，可能造成的损失也是无法估量的。

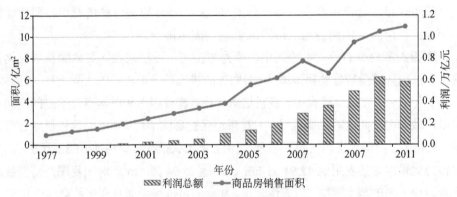

图 3-5　1997—2011 年商品房逐年利润总额与销售面积

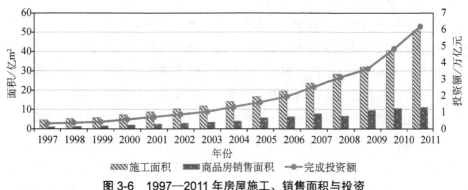

图 3-6　1997—2011 年房屋施工、销售面积与投资

其次，房地产市场发展强势，从生产和消费两方面影响了第三产业的发展，不利于产业调整。从生产侧分析，房地产市场吸引了大量的投资，变相地减少了第三产业投资额，不利于第三产业的生产。从消费侧分析，陈彦斌等认为，过高的购房压力抑制了居民的消费，尽管居民收入逐年增长，储蓄存款余额增幅高于收入增长，消费占收入的比例逐年下降，高房价实际降低了其他消费品的消费能力。

最后，当前的建筑建造速度实际超出了城镇化以及居民改善居住水平的需求，造成资源浪费的同时，影响社会和谐。从 2001 年以来，城镇人口每年平均增长约 2 100 万人，如果按照人均建筑面积 40 m² 计算（含住宅和公建），每年城镇新建建筑仅需 8 亿 m²，2001 年城镇新建面积已达到了 9 亿 m²，2012—2015 年城镇新建建筑面积一度接近 20 亿 m²。这其中并非所有进城人员都购买了住房，即使考虑一部分改善居住条件的需求，仍然难以说明新建建筑量是合理的。此外，近年来有大量关于住房或公共建筑空置的报道，涉及全国各地多个城市，住房空置一方面是由于部分投资者占有一套以上的住宅，另一方面也是过速建造所造成的。在购房压力大的情况下，"高空置率"实际还影响着社会和谐。

（五）大量拆除建筑激化社会矛盾

冯玉军认为，在城镇房屋拆迁纠纷事件中，地方政府、开发商、被拆迁人都被卷入其中，这三者之间的权利、权力、利益错综复杂，矛盾纠缠错结，愈演愈烈，造成社会关系高度紧张。

在建筑拆除和新建过程中，涉及各相关主体的预期利益问题。首先，地方政府通过出让土地可获取丰厚的出让收益，新建建筑及其后的商品房交易或商业经营，也将带来税收和 GDP 的增加，可以提高地方政府的政绩，因而不难判断其态度。其次，在拆迁成本相对不变的情况下，开发商给被拆迁户的相关补偿费越低，就越有可能给付政府更多的土地出让金；开发商为了追求开发利润最大化、投入最小化，也会尽可能降低土地使用权出让金和拆迁户补偿费用，同时抬高其回购价格。可以看出，地方政府同开发商利益正相关，并偏好与之结成利益共同体一同推进拆迁改造工作。在这样的背景下，开发商在土地出让、房屋价格评估、搬迁补助和临时安置费的成本支出都会大为缩减。最后，相对于政府和开发商的强势地位，被拆迁人无疑处在一种弱势地位。如果拆迁行为本身欠缺平等协商的基础，补偿又显失公平的话，那么被拆迁人只能沦为"新圈地运动"的牺牲品。具体到每一个拆迁户，其离开原有房屋所付出的成本是多方面的：房屋本身以外还有更多无形损失，诸如生活来源中断、交通、就医、入学不便以及总体生活成本增加等一系列问题，如若拆迁后补偿不到位导致被拆迁人财产权益减损，无疑是雪上加霜，居民全体便限于边缘化和贫困化，甚至在一些地区，没有任何商量余地甚至伴随暴力的强制拆迁仍旧大行其道，原本充裕的补偿费用被层层截留和挪用的现象也是屡见不鲜。这样就造成了被拆迁对象与开发商和地方政府的利益对立。

此外，由于拆迁补偿标准偏低、补偿标准不统一、保障措施不配套、部分项目单位违法违规强制拆迁、个别钉子户"漫天要价"等因素，很容易引起社会矛盾的严重激化。

（六）房屋的历史、人文价值的灭失

房屋的建成和维护往往需要巨大的资金投入，拆除以后，这些历史投资付之东流，而房屋本身的价值也被灭失掉。虽然从业主的选择角度看，历史投资是历史成本，而覆水难收的历史成本不是成本，保留与更新的选择主要是看新建建筑和保留建筑所带来的将来收益之间的差值，只要差值大于拆除重建或修缮的成本，对业主来说就是有利可图的。问题是拆除不仅是业主的私人成本问题，而且是社会成本问题。

一些老建筑铭刻着历史记忆，承载着文化符号，凸显着人文价值，这些都是老建筑所具有的独特的社会收益，这种社会收益在某些老建筑中，远大于拆除重建所带来的私人收益，如果只从私人利益的角度拆除了这样的老建筑，虽然私人利益增加了，但会造成社会利益的巨大损失，这是我国旧建筑保护面临的主要问题。

社会成本很难像私人成本那样得到准确的计量，这主要是社会成本所涉及的范围和内容往往有很大的变动可能。虽然社会成本与私人成本可能发生分离，从而导致了大量有社会价值的老建筑被拆除，但是社会利益与私人利益相互结合，从而带来巨大商业成功的例子也有实例，旧城改造中不乏重视老建筑独特的历史、人文价值，从而给改造项目带来经济利益的成功先例，例如上海的新天地、成都的宽窄巷子。因此，拆除老建筑要考虑历史、人文等社会价值，力图使私人成本反映社会成本，让私人利益与社会利益结合起来。

从上面的讨论来看，"大拆大建"对自然环境、社会和人文环境都造成了不可忽视的影响；地方政府和开发商短期能够获得较大的经济收益，然而从长期来看，损害了整个社会的经济利益。

每年巨大的新建建筑建设和既有建筑拆除量，导致了我国城市化过程中资源与环境的压力日益加大。我国的城镇化进程不可能向国外大规模移民，所以拥有13亿人口的中国的城镇化是世界上唯一一次在自己的国土上完成的。我国的城镇化进程是在环境容量非常有限、自身人均能源资源匮乏、全球能源和原材料资源日益紧张、国际价格逐步提高的局限下进行的，这就迫使我们必须走资源节约型的城镇化道路，而不可能照搬发达国家的发展模式。

总的来看，经济建设是我国当前发展的核心主题，而在经济建设的过程中，由于制度不完善或监督机制不科学，出现"大拆大建"的过度过量问题，以及由此造成的资源浪费、环境污染、文化和社会问题，是不符合生态文明建设和科学发展观理论的。

三、针对"大拆大建"的建议

从一些调查来看，新建房屋的速度已经大大超出了新增城镇人口的速度，使各地都出现了房屋空置率高的问题，闲置的房屋实际是对资源的巨大浪费。建设量跟社会收益的关系如图 3-7 所示。从社会收益来看，在新建建筑量满足和改善人们居住需求时，随着建设量的增加，社会收益逐渐增大；当新建建筑量超出人们整体的需求量，出现过度饱和时，社会整体收益将下降；而如果没有规划，无节制的建设，由于资源环境的消耗和影响，社会净收益可能为负值了。因此，从城镇化发展的社会净效益来看，大量建设建筑无异于揠苗助长，不利于生态文明建设。

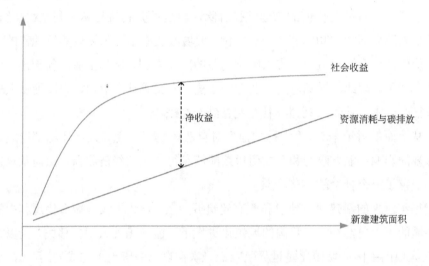

图 3-7 社会收益与新建建筑面积关系

对于"大拆大建"的现象，一方面，为满足城镇人口增长和人们生活水平提高的需求，新建各类民用建筑是必要的；另一方面，应控制建设速度和建设量，同时尽量避免大量拆除还在使用期内的建筑，通过相应的政策和市场机制引导建设市场的发展速度和方向。

（一）完善土地使用权管理机制，提高拆迁成本

多年以来，因征用土地、拆迁房屋引起的社会问题屡见不鲜，矛盾焦点之一是征地拆迁者和被征地拆迁户之间对补偿费数额有极大争议。对居住建筑"大拆大建"的现象而言，重要的原因之一是我国的房产登记制度中对土地使

用权的界定不清，导致了地价大幅上涨和容积率提高的情况下拆迁户的补偿标准偏低。

1990 年 5 月 19 日，国务院颁布了《中华人民共和国城镇国有土地使用权出让和转让暂行条例》。根据该条例，城镇国有土地权可以出让、转让、出租、抵押和继承，我国国有土地使用权也因此有了价值。地价上涨的幅度越大，以建筑面积作为拆迁补偿标准的补偿费与界定土地使用权的补偿费之间的差距越大，这是地价快速上涨地区拆迁量较大的主要原因之一。容积率提高得越大，原住户的土地使用权被稀释得越多，住户房屋更新得到的好处与土地使用权的损失相比起来，变得越来越微不足道。我国的拆迁补偿方法和标准造成了拆迁补偿费用偏低，在地价越高、容积率越大的用地上越严重，这是由于我国房产登记制度中土地使用权界定不够清晰造成的。

因此，应界定清楚土地使用权，提高拆迁成本，减少大量拆除既有建筑和新建建筑带来的经济利益刺激，降低"大拆大建"的市场动力。

（二）加强对房地产市场的管理，遏制投资性购房

房地产市场的快速发展是"大拆大建"的主要动力。"炒房"现象进一步刺激了开发商，甚至一些地方政府进行"大拆大建"。2016 年，中央经济工作会议明确了中国楼市的发展方向，强调要促进房地产市场的平稳健康发展，坚持"房子是用来住的，不是用来炒的"的定位。出现"炒房"的现象是市场利益的驱动，使建筑偏离其居住、办公或其他使用功能的基本属性，甚至都不再具有使用的功能，成为单纯的经济活动工具。"炒房"者大量囤积房屋使其空置，实际是对建筑价值（消耗资源、占用土地、凝聚知识和人力投入等）的巨大浪费，严重违背了生态文明建设的核心理念。近年来，中央及各地出台了一系列的房地产调控政策，包括限购、限贷、限价和限售等多种措施，从宏观上对房地产业进行调节和控制，以遏制房价非理性增长的势头。这些政策起到了一定的效果。

与此同时，结合日趋完善的信息化技术，尽快开征房产税，并提高房屋转手交易的成本，使得住房回归居住属性，而不是投机者买卖交易的工具，这样才能逐步遏制"大拆大建"的势头，避免资源的浪费。

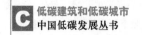

（三）完善建筑碳排放指标，控制各过程碳排放

房屋建筑占用土地，建设和运行过程中消耗大量资源和产生大量碳排放，对城市及所在城市的居民生产生活带来数十年甚至上百年的影响。从这个角度来看，房屋所有者应承担起减少碳排放的责任，从建筑建造、运行使用、维修维护乃至拆除过程，以一套完整的碳排放指标予以引导和约束。

2016 年，《民用建筑能耗标准》（GB/T 51161—2016）颁布并开始实施，这是一项针对建筑运行阶段能源消耗的标准，结合总量控制的目标及当前我国各类建筑用能强度的实际情况，给出了相应的约束指标值。建筑碳排放指标可以参照此项标准，并做进一步的补充：①对建筑运行过程每年的碳排放指标进行考核；②针对即将拆除的建筑，考虑建筑建造时的材料消耗，拆除时的材料回收以及运行过程的碳排放等内容，折合到该建筑每年的碳排放量中进行考核。对于超过约束指标的建筑，予以征收相应的碳排放罚款。这样，一方面鼓励人们控制能源消耗并多用低碳能源，另一方面对过早拆除的建筑所有者予以惩戒，引导人们尽可能多维修维护好既有建筑。

"大拆大建"的问题来源于市场利益，难以依靠市场的自主调节，而一旦建成也将产生长久的影响，因此，政府应该重视这个问题，并承担其相应的管理责任，避免由于短期的经济发展需求，造成大量的资源浪费，为后代制造长期难以消弭的影响。

第三节 未来建筑发展规模

2015 年，我国建筑面积总量约为 573 亿 m^2，人均建筑面积约为 41.8 m^2。如果按照当前建筑的营造速度，不到 20 年，我国的建筑面积将增长一倍，突破 1 000 亿 m^2。这将消耗大量的能源和资源，占用大量的土地。同时，根据杨秀的研究，由于建筑运行能耗与建筑面积密切相关，在能源消费总量控制的要求下，未来我国建筑规模也应予以合理规划。

建筑为人们的生活和工作提供活动场所，人均建筑面积的大小并无必须达到的标准。从国家层面看，人均建筑面积的大小与资源条件、经济、居住模式、公共服务及商业发展水平与模式相关。我国处于发展中国家阶段，发达国家的建筑水平对我国未来建筑面积的规划有一定的参考作用。由于我国人均能源、资源匮乏，在满足人们生活需求的情况下，应尽可能控制建筑面积，以节约资源、减少对土地的占用和对环境的影响。

下面从中外建筑面积对比出发，分析在我国能源资源贫乏的情况下，未来住宅和公共建筑应该控制的规模，并提出实现建筑规模控制的政策建议。

一、住宅建筑规模规划

（一）中外人均住宅建筑面积对比

由于中国城乡住宅模式差异巨大，城镇居民绝大多数居住在公寓楼中，而农村居民由于有宅基地，可以自己营造房屋，实际城乡居民的居住条件水平差异巨大。因此，本章对城镇住宅和农村住宅分别进行讨论。

比较 2012 年各国人均住宅面积（图 3-8），美国人均住宅面积超过 60 m^2，大大高出世界其他国家的水平；澳大利亚和加拿大属于人均住宅面积第二大的国家群体，人均住宅面积约为 55 m^2；法国、德国、英国和日本等国家，人均住宅面积约为 40 m^2，中国城镇人均约为 28 m^2，农村达到 37 m^2，在金砖各国中面积是最大的；而俄罗斯、韩国等发达国家，人均住宅面积也只有 20~30 m^2。

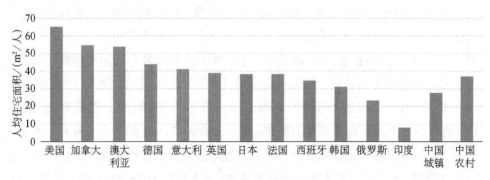

图 3-8　2012 年各国人均住宅面积比较

（数据来源：①中国数据由年鉴测算得到；②其他各国数据来自于 IEA，World Energy Outlook 2014.）

从各国住宅建筑面积发展的历史来看（图 3-9），美国在 1980 年以前住宅面积水平与丹麦、挪威等北欧国家接近，1980 年以后经历了一个增长的过程，达到现在的水平；欧洲发达国家人均住宅面积也经历了一个缓慢增长的历史过程，并逐渐趋于稳定状态。

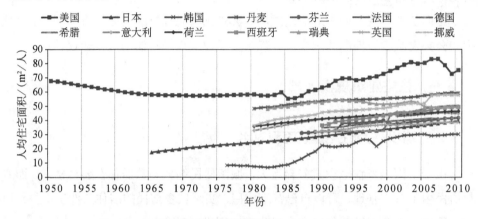

图 3-9　各国逐年人均住宅建筑面积（1950—2010 年）

（数据来源：①美国数据，来自于美国能源部发布的 Buildings energy data book；②欧洲各国数据，来自于 Odyssee 数据库；③日本数据，来自于 IEEJ, Handbook of Energy and economic statistics in Japan 2012；④韩国数据，来自于 Korea National Statistical Office, http://www.kosis.kr/eng/e_kosis.jsp?listid=B&lanType=ENG.）

人均住宅面积的大小，一方面与该国的经济发展水平相关，另一方面，不同国家的居住建筑发展模式也有重要影响。

美国资源环境优厚，国土面积大，居民习惯居住在独门独院。数据表明，美国有 70% 以上的家庭居住在独栋住宅中，而独栋住宅的平均面积为 264 m²，住宅楼的套型面积也接近 90 m²。除纽约、华盛顿等大城市外，居民更倾向于选择城市近郊区的独栋别墅居住。法国、英国和日本等发达国家，大量人口生活在城市中，如法国有近 20% 的人口（约 1 300 万人）居住在巴黎大区，英国有 20% 的人口（约 1 200 万人）居住在伦敦城市区域，日本有 27%（约 3 500 万人）的居民居住在东京城市圈，他们只能选择公寓式住宅。因此，虽然在这些国家广泛存在独栋式别墅，同样也存在大量多层式公寓楼，其人均住宅面积大大低于美国水平。印度约有 28.1% 的居民居住在贫民窟，根据张斌的研究贫民窟的人均居住面积仅有约 3 m²，这是印度人均住宅面积大大低于其他国家的重要原因。

中国人均住宅面积处于快速增长的阶段，2001 年城镇居民（不含集体户）人均住宅建筑面积为 19.8 m^2，到 2015 年城镇人均住宅建筑面积已达到 28.4 m^2，10 年期间增长了近 10 m^2；而农村人均住宅面积也从 25.7 m^2 增长到 39.4 m^2，增长超过 13 m^2。未来中国人均建筑面积将达到怎样的水平？从发展历史条件来看，西方发达国家在 200 年前就进入了现代工业文明，经过长期掠夺世界亚非拉国家的能源和资源，城镇建设发展到当前水平。而我国发展阶段仍然大大落后于发达国家，而且我国人均土地资源、能源资源拥有量远低于世界平均水平，因此，应该加强对建筑面积的规划和控制，以保障能源和资源的可持续发展。

（二）我国住宅建筑面积的现状与需求分析

我国城市住宅发展已从追求居住面积的阶段进入追求住房质量的阶段，人们要求住宅的功能空间要更加合理。住宅面积不宜盲目攀大，住宅的发展应以进一步改善功能与质量为目的。从居民居住幸福感和需求来看，评价与衡量住宅优劣的标准不应该仅包括套型的面积指标，还应包括是否适应日益变化的家庭生活模式所产生的新的心理需求，以及是否满足家庭成员活动的私密性要求和参与家庭公共活动的要求。根据窦吉的研究，我国居住面积在 70～100 m^2 的人感到最幸福。建设部于 2006 年发布的《关于落实新建住房结构比例要求的若干意见》（建住房［2006］165 号）中指出：套型建筑面积 90m^2 以下住房（含经济适用住房）面积所占比重必须达到 70% 以上，这也是从土地和各类材料资源的角度综合考虑。李婧认为，在满足居民幸福需求以及资源节约的目标下，城镇家庭住房面积建设应以 60～90 m^2 以及 90～110 m^2 为主，同时以建筑面积 60 m^2 以下的住房为保障，严格限制 140～200 m^2 的大户型住房。汤烈坚认为，开发小户型住宅，也是解决中低收入人群购房需求的重要途径。

2008—2009 年开展了覆盖北京、上海、沈阳、银川、温州、武汉和苏州七个城市的居民居住与消费情况调查数据，并考察了在不考虑经济因素的情况下居民理想的家庭住宅面积以及当前实际的住宅面积情况，形成了图 3-10。分析回收的 4 131 份有效问卷，得到样本的户均实际居住面积为 74 m^2，人均住宅建筑面积约为 25 m^2。从图中可以看出，理想居住面积集中在 100 m^2 左右；当实际居住面积大于 100 m^2 时，开始出现理想居住面积小于实际居住面积的情况，实际居住面积越大，越多地出现理想居住面积小于实际居住面积的情况，这反映了居住面积并非越大越好，当面积大到一定

程度时，人们趋向于期望减小居住面积以满足其居住需求。从图 3-11 看出，近 50%
的居民理想户均居住面积不超过 100 m²，折算到理想人均住宅面积为 34 m²。

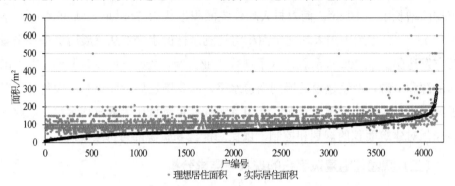

图 3-10　七城市调研居民理想居住面积与实际居住面积

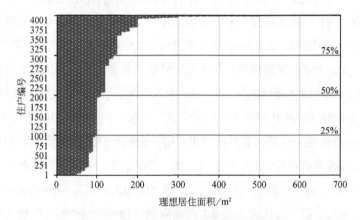

图 3-11　理想居住面积分布

以上是实际调研的数据，如果将建筑面积用 x 表示，对居住面积的满意度用
y 表示。每提高单位面积，增长的满意度可以表示为（其中 a 定义为满意度系数）
式（3-1）：

$$\mathrm{d}y = a \cdot \mathrm{d}x/x \tag{3-1}$$

用图形表示满意度与居住面积的关系见图 3-12，随着建筑面积的增大，满意
度增长的趋势减缓。可见，当建筑面积达到一定程度后，通过增大建筑面积来改
善住房满意度效果有限。

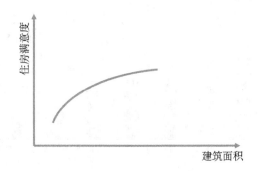

图 3-12　建筑面积与居住满意度关系

此外，不同年龄对于住房的需求也有差异。Mankiw N G 等通过分析调查数据指出，人的一生中对住房需求呈现"驼峰状"变化趋势：在 20 岁以前住房需求水平很低，20～30 岁住房需求快速增加而达到顶峰，40 岁以后进入递减区间。

综上所述，从节约土地、能源和资源的角度，同时，考虑居民期望、居民实际经济承受能力以及不同年龄对住房需求的差异，城镇住宅套型面积应尽可能控制在 90 m²，城镇人均住宅面积应尽量控制在 30 m² 左右。农村资源条件优于城镇，住宅建筑消耗的钢材、水泥也少于城镇，未来农村住宅重点在改善住宅质量方面，考虑当前农村住宅规模现状（约 37 m²），农村住宅人均建筑面积应尽可能维持在当前水平，约 40 m²。国家发展和改革委员会能源研究所课题组研究认为，当未来我国人口达到 14.7 亿人，城镇人口达到 10 亿人时，我国城镇住宅建筑规模应尽量维持在 300 亿～400 亿 m² 以下，不超过 450 亿 m²，农村住宅面积应维持在 200 亿 m² 以内。

二、公共建筑规模规划

公共建筑主要服务于人们的公共或商业活动，从类型上来看包括办公建筑、商场、旅馆、医院、交通枢纽、体育场馆等。公共建筑的面积大小可以反映该国的经济发展水平、公共服务水平或社会公共活动的特点。

从各国数据比较来看（图 3-13），美国人均公共建筑面积最大，为 26 m²/人；此外，加拿大人均公共建筑面积也超过 20 m²/人；其他发达国家的人均公共建筑面积主要在 10～20 m²；中国人均公共建筑面积约为 6.73 m²，与俄罗斯、澳大利亚、西班牙等国家接近，印度国家人均公共建筑面积不到 1 m²。

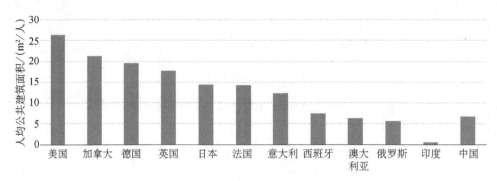

图 3-13　2012 年各国人均公共建筑面积比较

注：由于我国城乡二元结构的特点，公共建筑主要集中在城镇，这里的人均公共建筑面积按照城镇人口计算。

（数据来源：中国数据由年鉴测算得到，其他各国数据来自于 IEA，World Energy Outlook 2014）

　　从各国公共建筑面积的发展历史来看（图 3-14），20 世纪 60—90 年代，美国人均公共建筑面积从约 18 m² 增长到当前水平，并基本维持稳定；英国、法国等欧洲国家，人均公共建筑面积经过一段时间的增长也基本维持在当前水平；日本、韩国人均公共建筑面积经历了一个大幅增长的过程，分析其原因在于战争的影响，其建筑受到较大的损毁，在增长前人均公共建筑面积不到 5 m²，在 20 世纪 60 年代、70 年代经历了经济腾飞，人均公共建筑面积开始迅速增长，接近欧洲发达国家水平。

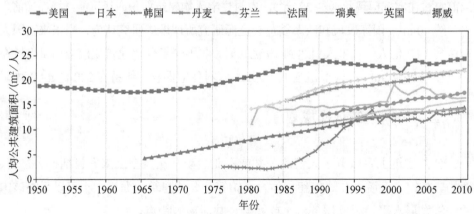

图 3-14　各国逐年人均公共建筑面积（1950—2010 年）

（数据来源：①美国数据，来自于美国能源部发布的 Buildings energy data book；②欧洲各国数据，来自于 Odyssee 数据库；③日本数据，来自于 IEEJ，Handbook of Energy and economic statistics in Japan 2012；④韩国数据，来自于 Korea National Statistical Office, http://www.kosis.kr/eng/e_kosis.jsp?listid=B&lanType=ENG）

从功能来看，公共建筑种类繁多，办公建筑、教育用房和商场商铺约占总公共建筑面积的 60%。分析这几类建筑的现状及发展趋势如下：

（1）办公建筑：近年来，一些地方政府大量新建政府办公建筑，政府人均办公建筑面积高于同地区商业办公建筑，过大的办公面积造成资源和能源的浪费。针对这个问题，2013 年李克强总理提出"本届政府内政府性楼堂馆所一律不得新建"。而对于商业办公建筑，由于经济因素的影响，其人均办公面积需求也不会大幅增长。

（2）教育用房：从我国人口年龄结构来看，老龄化趋势明显，处于教育需求年龄阶段的人口将持续减少，未来教育用房的需求也将下降。黄孟黎、王罡等研究指出，由于读者数量和阅读方式的变化，从节约资源的角度应控制图书馆建筑面积。

（3）商场与商铺：在电商、物流快速发展的情况下，商场或商铺、百货店的需求大量减少，应尽可能避免过度建造此类建筑；引导实体店面建设量和经营方式，满足餐饮、娱乐和婴幼儿活动等呈现的增长需求。

此外，由于互联网的快速发展，视频会议更加便捷，会议模式也趋向于即时性、小型化，传统的会议场所需求减少，这也反映在一些酒店的会议厅出租使用率、大型会议中心建筑的使用需求降低。而随着医疗条件的改善，医院建筑将有所增加；社会服务水平提高，社区服务建筑和公共设施的数量也将增加。从我国资源条件出发，分析我国目前公共建筑的现状以及发展趋势，未来人均公共建筑面积应尽可能维持在当前水平。在未来城市人口达到 10 亿人时，公共建筑规模总量应尽量控制在 150 亿 m^2 以内。

第四节　我国未来城市绿色化发展规划

一、未来建筑规模发展规划

我国的城镇化处于高速发展的阶段，由于社会发展、人口迁移以及生活水平的改善，未来我国建筑规模还有较大的增长空间。

建筑面积规模既是影响建筑用能总量的主要因素，同时也会在建筑营造过程中消耗能源和资源。从节约土地、能源和资源的角度，应尽可能控制建筑规模。通过与发达国家人均住宅和公共建筑面积对比，分析出我国居民生活需求以及我国社会发展趋势，表3-4给出了三种不同建筑规模规划下的建筑总量。

表3-4　我国未来建筑面积规划发展模式　　　　　单位：亿 m²

发展模式	公共建筑	城镇住宅	农村住宅	总计	说明
严格控制	120	300	188	608	严格控制各类建筑面积
中等控制	120	400	188	708	中等控制城镇住宅规模
基本控制	150	450	200	800	建筑规模控制的上界点

从建筑用能总量控制的角度看，我国建筑面积总量如果超过 800 亿 m²，即使建筑能耗强度保持当前水平不增长，未来建筑能耗总量仍将超过10亿t标准煤。此外，即使参照法国、德国等欧洲发达国家的发展水平，人均住宅面积也不应超过 45 m²，公共建筑约 15m²/人，我国建筑面积总量规模应控制在 800 亿 m² 以内。

二、实现建筑面积规划的政策建议

为实现建筑规模总体控制目标，需要从新建建筑速度、住宅和公共建筑规模控制和引导等方面确定相关政策。针对建筑总量规划、新建建筑速度以及城镇住房问题，可以从以下三个方面着手进行宏观调控。

（一）控制我国建筑总量，明确各地建筑发展规模

从人均建筑面积规划出发，我国未来建筑面积应尽可能控制在 800 亿 m² 以内。建筑规模总量规划目标应拆分到各地政府，根据未来人口规模明确建筑总量，制定并严格执行建筑量控制规划。

根据各类型建筑功能的不同，对各类建筑控制规划的建议如下：

（1）城镇住宅建筑：根据当前城镇人口规模和增长速度，依据人均住宅建筑

面积控制目标，逐步明确该地区城镇居住建筑总体规模，在进行城镇建设规划时，严格控制居住建筑建设规模；严格限制房地产开发商建造大户型、超大户型的住房数量，保障居民，尤其是中低收入人群能够购买到合适的住房；引导住宅改善需求向以建筑改造转变，提高居住质量，而不是追求居住面积；加大公租房供应量，降低一些消费者的"炒房"意愿。

（2）公共服务建筑，如政府办公，交通枢纽，医疗、教育、文体场馆等类型建筑：一些地区的政府办公建筑占地规模大，人均建筑面积大大超出同地区其他办公建筑，应根据实际办公人数严格控制政府办公建筑规模；一些新建的铁路客站、机场等交通枢纽，实际使用人数远低于设计需求，浪费土地资源同时又增加运行维护成本，在开展交通枢纽建设时，应根据当地人口规模、经济发展水平，以及所在地交通需求来规划控制；医院、学校、文体场馆等保障居民医疗、教育、社会活动的场所，应鼓励适当增加建设规模，以提高社会公共服务水平和居民生活幸福感。

（3）商业建筑，如商业办公、大型商场、酒店等类型建筑：政府应根据当地实际发展情况引导其合理建设，如商场建筑建设规模应考虑当前网络购物大幅发展的趋势，不应过度建设（目前多地已出现商场建筑空置率高的现象）。

（二）逐年减少新建建筑量，稳定建筑业及相关产业市场

在当前新建民用建筑超过 25 亿 m^2/a 的情况下，为避免因突然停止建设给建筑与相关产业带来的冲击，各级政府应制订计划，逐年减少新建建筑量。在未来建筑达到饱和时，新建建筑主要以房屋的维修翻新为主，尽量避免以"大拆大建"来维持建筑及建材业的发展。未来房屋建造主要为替换达到使用年限的建筑，每年新建建筑竣工面积应为建筑存量的 1.5%左右（即以建筑寿命 70 年来规划），并以此作为未来建筑营造规划的远景目标。在这个目标下，逐步减缓新建建筑量，实现建筑业和建材产业软着陆，避免对经济和社会的巨大冲击。

（三）开征房产税，遏制购房作为投资手段

解决城乡居民的住房问题、改善居民居住条件，应该是住宅建设的主要任务。当前由于一些投资者将住房作为投资对象，抬高房价，影响社会和谐，同时造成

的房屋空置实质也是资源浪费。作为老百姓生活必需的住房，不能成为一部分人牟取财富的投资手段。

刘洪玉、况伟大、傅樵等认为，针对房价过高以及地方政府以转让土地为地方收入主要来源的问题，应尽快开征房产税，一方面可以调控房价，引导资金从房地产投资转向其他领域，从而抑制房价上涨，规范房地产市场的健康平稳运行；另一方面，房产税是许多国家地方财政的重要收入来源，开征房产税可以使地方政府从依赖土地财政中摆脱出来，改变目前这种不具有可持续性的土地财政现象。此外，刘成碧等认为，为了遏制投资性购房，可以借鉴法国经验，制定房屋转让规则，提高房屋转让成本，从市场方面遏制投资性购房，使"炒房"者无利可图。

在控制住建筑规模总量的条件下，实现建筑碳排放总量和能耗总量的控制目标才有保障。为节约土地、能源和资源，应采取各项措施尽可能控制我国建筑规模总量。

三、因地制宜地发展绿色建筑

建筑是城市的形象，很多地方不计成本地建设地标性建筑以彰显其特色。然而，许多所谓的地标性建筑不仅不具备地方特色，反而成了习近平总书记所说的"奇奇怪怪的建筑"；给人留下"千城一面"印象的，是城市中大大小小的普通住宅和公共建筑。这些建筑可能已经满足了使用需求，却逐步失去了地域性的特点，越来越依赖机电系统实现室内环境营造，消耗更多的能源。

引导建筑绿色化发展，一方面，从建筑节能低碳的角度应尽可能通过建筑设计和选材，减少建造和运行使用过程中整体的碳排放和能源消耗；另一方面，从建筑形式考虑，应根据当地气候和资源特点，甚至文化习俗，对建筑形式和选材进行绿色化设计，美化城市环境。

在建造过程中，绿色建筑的内容包括建筑形式设计和建材选择。建筑形式与自然环境有着密切的关系，千百年来人们不断总结气候变化引起的建筑中冷热需求的变化，以及日照强度、主导风向、雨量等对建筑形式的影响，从而尽可能地通过建筑形式和材料的设计优化实现良好的居住环境，减少建筑对环境的影响，减少运行过程的碳排放。

在具体建筑的设计与选材中，必须倡导地域化，使建筑与所处的气候和资源特点相适应，进而减少建筑建造和运行阶段的能耗与碳排放。"地域适应"即是建筑尊重自然、适应自然条件、融入自然环境和保护自然环境的设计理念。从本质上讲，建筑就是一个处理人与气候、环境关系的"环境过滤器"，因此，处理人、建筑与自然环境的关系是建筑实践永恒的主题。

"地域适应"的主要内涵包括以下几个方面：

（1）尊重地域性自然环境的价值和效法自然、顺应自然。"地域适应"的核心是"适应"。"适应"本身就意味着对地域性自然环境的"敬畏"和"尊重"，意味着对地域性自然环境的"顺应"与"融入"，意味着"结合"，"这包含着人类的合作和生物的伙伴关系的意思"，也意味着对地域特殊自然条件的"合理利用"与"改造"。总而言之，"地域适应"体现着绿色建筑追求"天人和谐"的理想和"环境友好"的态度。

（2）"地域适应"的理念作为一种方法论，就是"因地制宜"。"因地制宜"通常是指根据各地的具体情况制定出适宜的办法。对于生态城镇和绿色建筑的规划、设计活动来说，必须把绿色建筑的一般理念、一般方法与当地的气候条件、自然和人文环境有机地结合起来，制订出独特的适应环境的方案，建设具有地方特色的绿色建筑和生态城镇。

（3）"地域适应"应当成为绿色建筑形式的标准。麦克哈格认为，绿色建筑应当"回到自然去寻找形式的基础"，"适应是一个恰当的标准"。他解释说："选择适应为标准而不选择艺术为标准，这是因为适应既包括了自然的也包括了人工的，就能使人联合一切事物集中精力于创造。选择适应还有另一个好处，和适应相关的还包括有意义的形式，看来，演进在形式这件事上已经有很长的历史，而人仅仅是演进和形式发展的一种产物。因此，有意义的形式不只是属于人和他的工作，而是属于所有事物和所有生命的。"他的意思是说，形式的产生和占有不是人独有的特性，而是包括所有物质和生物；生物与人一样在进化过程中也创造了最有利于它们生存的形式，生物的生存形式正是它们最好的环境适应的表现。因此，建筑形式应当以"适应"为标准，创造出能适应于周围自然环境的人工形式。

（4）"地域适应"应当是绿色建筑的基本属性。这种适应环境的属性第一是要顺应当地的气候条件（日照、降水、温度、湿度、风等），使气候成为直接影响建筑的功能、形式、朝向、围护结构的主要因素之一。第二是要保护当地的自然景观，巧妙利用当地的地形、地貌。中国地势呈西高东低的特点，地形、地貌复杂多样，有高原、山地、丘陵、平原、盆地等不同的地形地貌和生态系统。城镇及建筑选址、规划应当保护当地的自然景观，并因形就势，巧妙地安排建筑布局，这有利于节约土地、建筑材料和劳动力。第三是就地取材。中国各地区的建筑材料资源禀赋差异较大，如东北、西南、东部地区木材丰富；湘、桂、闽、浙、赣等地区盛产毛竹；长白山区、燕山山脉、山东丘陵、东南丘陵、太行山、秦岭、云贵高原、天山山脉、五指山区石材禀赋丰富。建筑应当就地取材，充分利用当地的建筑材料，减少建筑材料的运输，减少能源消耗和碳排放。第四是注重当地的植物种类。当地的花草树木是当地生态系统不可缺少的重要因子，是在自然选择的作用下经过长期变异进化所形成的最具地域适应性和生命力的植物品种，因此，城镇绿化、建筑绿化应注重选择当地特有的花草树木，谨慎引进外地植物，保护当地的生态平衡。第五是要适应当地的经济发展状况和继承当地的传统建筑技术与艺术。经济是发展建筑的基础，忽视当地的经济发展状况，建设过高标准的绿色建筑注定是行不通的。经过千百年的经验积累，各个地区都形成了独特的建筑技术，如陕北的窑洞、贵州的石板房、客家的土楼、藏族的碉房、傣族的竹楼、土家族的吊脚楼等民居都有一套成熟的传统技术，这是一笔宝贵的财富，深入发掘、总结、提高和利用这些传统技术，有利于降低绿色建筑成本，有利于适应当地居民的经济承受能力。第六是要继承和发展地域建筑文化，在学习吸取先进的科学技术、创造全球优秀文化的同时，对本土文化要有一种文化自觉意识、文化自尊态度、文化自强精神。

此外，建材生产的碳排放是建筑建造、维修和拆除过程中最主要的构成，建材的选择又将影响到建筑运行过程中的能源需求和碳排放，应重视建材的低碳发展，重点在于建筑建造和运行过程的碳排放对建材的选择。

图 3-15 为对不同类型建筑案例的寿命期碳排放均值的比较。可以看到，尽管绿色住宅或绿色公共建筑的建材碳排放较普通住宅建筑高，以 50 年使用期计算，绿色建筑建材和运行的碳排放总量是要低于同类普通建筑的。在建筑的使用方式相同的情况下，运行过程中的碳排放差异主要受建筑设计和选材的影响，由此可以看出，推广绿色建材的重要性。此外，北方地区建筑大多采用围护结构保

温，保温材料的生产消耗了一定的能源从而产生了碳排放，而保温大大减少了供暖负荷的需求，减少了运行过程中的碳排放。从运行使用和材料生产总体效益来看，北方地区采用围护结构保温能够有效减少建筑全生命周期总的碳排放量。同时，每年大量拆除的建筑中，大部分建筑材料是可以回收利用的，包括钢材及其他金属、玻璃、砖瓦、焦油、石膏和混凝土等，其中钢材的回收利用对于减少建材生产的碳排放有着十分积极的作用。

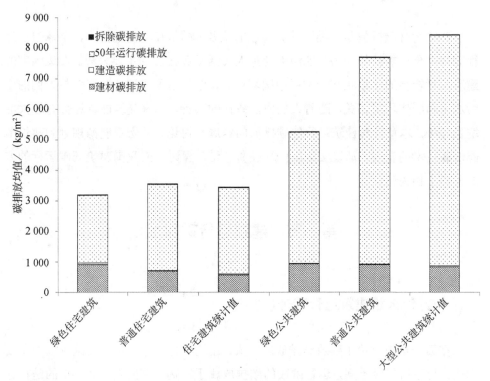

图 3-15　某不同类型建筑案例的碳排放均值

第四章　我国的建筑运行碳排放

建筑运行碳排放是人类活动碳排放的重要构成。IEA 研究指出，全球建筑运行能耗占全球能耗的 35%，能源消耗是人类活动碳排放的主要来源。发达国家的建筑运行能耗的比重相比于发展中国家更高，这是由于建筑能源消耗与人们的生活水平和居住环境相关，随着人们生活条件的改善，未来建筑能耗还会有较大的增长趋势。本章针对建筑运行的碳排放问题展开讨论，从宏观能源规划到建筑节能低碳技术的发展，通过实际案例和经验总结，探讨未来我国建筑低碳运行的方式并提出相关建议。

第一节　建筑运行碳排放

一、什么是建筑运行碳排放？

在第一章中讨论了建筑碳排放的定义，建筑运行碳排放是建筑碳排放的主要构成。与建造阶段不同，运行阶段的碳排放属于消费领域的碳排放，指的是在建筑投入使用阶段，由于空调、采暖、通风、照明、生活热水及其他各类设备设施使用能源后产生的碳排放，与该阶段的能源直接消耗相关。因而，当能源结构确定时，由建筑运行的能源消耗量就能够反映其碳排放情况。

建筑消耗的能源类型主要包括电、煤、天然气、液化石油气以及生物质能源，也有从热电厂或锅炉房来的热力。热力与电相同，可以通过追溯其一次能源来源来分析计算其碳排放量。归纳来看，建筑能耗及由其能源消耗产生的碳排放的关系如图 4-1 所示。

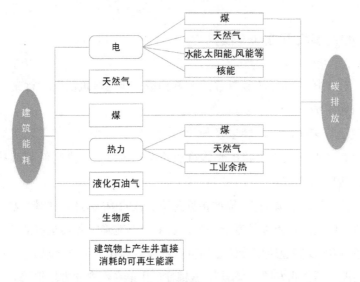

图 4-1 建筑能耗及碳排放

电是建筑能耗中主要的能源类型，其一次能源包括煤、天然气等化石能源和水能、太阳能、风能等可再生能源，以及不产生碳排放的核能等。在对建筑能耗进行统计时，往往按照宏观发电煤耗或供电煤耗法将电力转化为标准能量值，与煤、天然气等化石能源转为标准能量值后相加。在进行建筑碳排放统计时，由于难以拆分和追溯电力中各类一次能源的构成，往往根据区域或全国统一的发电排放因子进行折算。值得注意的是，在建筑能耗统计时，农村生物质能也是重要的能耗构成，它为农村居民解决了生活热水、炊事和部分采暖的需求，部分替代了电、煤或燃气，相应地减少了其他能源消耗量。然而，生物质能源消耗不产生碳排放，故不应统计到建筑碳排放中。此外，在建筑物上产生并直接消耗的可再生能源，如太阳能光伏发电、采暖以及生活热水等，由太阳能制备的电和热不统计到建筑能耗中，这些可再生能源也不产生碳排放。

从我国能源供应结构来看，由于缺乏天然气和石油，以煤为主的电力生产和一次能源供应结构还将持续较长的时间，即短期内电力碳排放因子和能耗统计折算系数不会出现较大的变化，热力供应也是如此。因而，在对建筑运行碳排放进行分析时，可以根据建筑运行能耗进行讨论。下面对各类建筑运行碳排放的分析将直接依据其能耗情况展开。

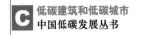
二、如何实现建筑低碳运行？

建筑运行碳排放是建筑碳排放的主要构成，推动建筑低碳运行是未来生态文明建设的重要组成。

从建筑运行碳排放的内容以及与建筑用能的关系来看，实现建筑的低碳运行主要有两个途径：一是减少和控制建筑能源消耗量，二是提高低碳或零碳能源在建筑用能结构中的比重。

减少和控制建筑能源消耗，需要根据建筑能耗的构成对建筑能耗现状进行分析，基于当前建筑用能的特点以及发展趋势，自上而下地确定各类建筑能耗的节能目标和技术路径。根据我国建筑用能的宏观特点可以将其分为四类，包括北方城镇供暖、公共建筑用能（不含北方城镇采暖）、城镇住宅用能（不含北方城镇采暖）和农村住宅用能，这四类的节能目标和路径将在第五章到第八章展开讨论。

建筑中的低碳或零碳能源技术主要包括利用太阳能光伏或光热发电或制备热水、水源/地源热泵供暖或空调、利用工业余热供暖，以及在农村充分利用生物质能，这些技术与建筑中各项使用需求密切结合，能够有效地减少建筑碳排放。另外，通过大量采用太阳能、热泵以及工业余热技术，还能有效地减少污染物排放，减少北方地区雾霾的发生。

城市中建筑的能源需求是由无数栋建筑构成的，每一栋楼的能源需求特点都不同，城市建筑用能整体又体现出周期性的规律，即白天与黑夜、春夏秋冬四季变化等，这些需求与能源供应的匹配情况也将直接影响宏观建筑能耗和碳排放量，这在后面将具体讨论。

第二节　建筑能源需求与碳排放

一、建筑用能需求发展趋势

建筑运行用能项包括空调、照明、住宅和办公电器、生活热水、采暖和炊事等，各用能项的消费需求增加将可能促使能耗和碳排放的增加。消费需求包括使用时间长度、频率和服务水平等因素，随着人们生活水平的提高，各项因素也会随之变化。下面将结合调查研究，分析各用能项消费需求的发展趋势。

（一）空调

夏季室外温度较高，人们对舒适要求的提高使空调使用的频率和时间延长，空调面积也更大。例如，从偶尔使用到每天使用数小时，再到全天 24 小时连续使用；从有人的房间开空调，到家庭中所有房间都开启，时间和使用面积都会成倍增长，也使能耗成倍增长。夏季空调房间的室内外温差通常在 10℃ 以内，空调设定温度从 26℃ 降低到 24℃、22℃，甚至更低，室内外温差增大将导致能耗明显增长。与此同时，随着对空气品质要求的提升，集中新风系统逐渐推广，新风机运行时间和风量的增加，也直接导致能耗的增加。

此外，技术的发展也会反过来作用于消费方式。住宅中央空调的出现也直接增加了空调面积和时间，且由于技术形式的约束，对于不同空间、不同时间的不同需求，难以精细和即时地调节，由此将造成能源浪费。同样，近年来发展较快的区域能源站，由于区域内各栋建筑供冷负荷需求特点不同，出现了控制调节难以避免的浪费，以及超长的输配距离产生损失，使供冷的整体能耗增加。

综合来看，由于消费需求的持续增长，未来空调用能还有明显的增长趋势。

（二）照明

从发展趋势来看，人们的生产生活越来越多地在建筑内进行，在建筑内的时间也越来越长，对室内光环境要求也越来越高，增加了照明的需求。另外，人均住宅建筑面积、大型建筑和地下空间建筑量的增加，使照明需求也在明显增加。例如，近年来大量兴建的商业广场和城市综合体、会展中心、超高层写字楼、大型机场和铁路客站，这些建筑的内区面积较大，即使在白天也需要持续照明；地下交通的发展，大量的地铁站及延伸的地下商业圈也需要长时间的人工照明。此外，建筑外表面景观照明、广告牌灯光等数量也在增加，这些因素总体构成了照明消费需求的增长。

推广节能灯具和自然采光技术，对减少单位时长内的照明能耗有积极的作用；

然而，当照明面积增加、照明时间延长和照度要求提高时，照明消费需求的影响正在逐步抵消技术提升产生的节能作用。照明消费需求的影响因素包括了建筑形式及其对人们需求的影响，以及人们自身需求的变化，这些因素正在大范围地起作用，应对照明的消费需求增长引起重视。

（三）生活热水

在舒适和清洁的要求提高的情况下，生活热水需求量也在持续增长。在技术和经济条件支持的情况下，热水沐浴是必不可少的需求。调查发现，随着生活条件的不断改善，人们洗澡的频率提高，时间也在延长。星级越高的酒店，热水服务标准越高，包括淋浴喷头出热水等待时间要求短，或者提供盆浴，洗手池水龙头常年供应热水等。这种热水供应要求也逐步应用到高档写字楼和其他有热水需求的建筑中。此外，厨房清洁、衣物清洗过程中也越来越多地使用热水，热水的清洁效果的确较冷水好。

由此来看，生活热水的消费需求从住宅到公共建筑都有持续增长的趋势，而且这个增长的空间还比较大。

（四）采暖

由于冬季环境温度较低影响人们的热舒适感觉，采暖得到越来越多人的重视。

我国北方城镇地区，大面积的集中供暖已经应用多年，供暖消费需求主要随着新建建筑面积的增长而增长。此外，由于末端需求的大时段变化（如住宅中居民长期外出，校园建筑冬季放假），供应量和服务标准可以调整时，供暖消费需求还可以相应调整降低。例如，近年来开展的校园冬季值班供暖、集中住宿等减少采暖能耗的方式，以及大力推动的供热计量改革措施，都在尽量减少末端采暖消费需求。集中采暖提高热源效率，采用工业余热、水源/地源热泵等，加强末端热网的调节能力，减少热量损失，将减少该地区总的采暖用能。

我国南方地区（特别是长江流域）在冬季有两个月左右时间内大部分时间低于人们需要的舒适温度，有一定量的采暖需求。随着人们经济水平的提高，该地区采暖面积和时长都在持续增长，从原来的局部采暖逐渐向房间和整个建筑采暖方向发展，采暖的消费需求有较为明显的增长趋势。如果采用北方集中供暖的系统形式，技术形式对供应方式的影响将更进一步增长采暖能耗。适应于该地区的供暖技术，对于满足消费需求增长和避免采暖能耗的过度增长十分重要。

（五）电器

建筑中的电器（除前面讨论的空调和电热水器外）种类和拥有量，以及使用时间和频率，是电器消费需求的重要影响因素。

在住宅建筑中，随着各类日常生活、工作活动与网络的关系日益密切，计算机的拥有量和日均使用时间都有增长的趋势；电视的使用时间由年龄、工作与否及个人喜好等因素决定，整体变化趋势不明显；洗衣机的使用频率将随着沐浴频率的增加而增加；由于冰箱通常全天使用，宏观上看其使用时间基本维持不变，冰箱容量趋向变大，效率的提升在一定程度上抵消了容量增大带来的能耗增加；饮水机的使用时间由家庭使用习惯决定，未来变化趋势不明显。一些国外应用较多、耗电量较大的电器，如烘干机、带热水功能的洗衣机的拥有量增长，可能是未来住宅电器消费需求增长的主要因素，这一点需要引起重视。

在公共建筑中，计算机和打印机等办公设备普及的同时，由于工作方式的需要，其使用时间也有延长的趋势；饮水机的使用时间通常由公共建筑的使用时间决定，而如果不注重节能管理，饮水机可能会连续 24 小时运行。目前的调查还发现，饮水机类的主要用电实际上都消耗在待机过程中。有一半以上的用电是在连续不停地加热，而热量又被不断散失到周边空气中。及时关闭饮水机，在下班后避免饮水机继续加热，是非常有效的办公建筑节电措施。加强运行管理，将是办公电器节能的主要途径。

（六）炊事

建筑中炊事消费需求的变化受消费人群数量、食物实际消耗量和炊事方式等的影响。因为人们每日用餐的频率基本确定，可以将居民家庭炊事消耗和餐饮业服务消耗结合考虑。由于人口的增加，城镇整体的炊事消费需求是增长的，如一个 200 万人的城市发展到 1 000 万人后，整体的炊事消费需求是大幅增长的，这是人们生存生活所必需的增长。节约食物、避免浪费是减少炊事能耗和碳排放的有效途径，这与社会整体提倡的节约精神也是一致的。

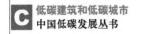

二、技术发展与建筑用能消费需求

在政府大力推动和各类媒体的持续宣传下，建筑节能和低碳的意义和重要性逐渐被人们理解接受。然而，对如何评价建筑运行过程的节能低碳还存在不同的认识，主要的分歧在于"高能效"节能技术是否可以作为评价依据，评价方法深刻地影响着技术发展的方向。

（一）当前建筑节能技术发展的误区

通过调查分析一批"节能示范"建筑（见案例1～4），发现这些项目虽然采用了大量高效率的节能技术，其实际能耗强度却明显高于同类建筑的平均水平。这些节能建筑的支持者认为，采用了多项高效节能技术，并且也达到了节能标准所要求的水平，相比于发达国家的能耗要低很多；能耗之所以较我国同类建筑高，是因为建筑的服务水平较高。然而，通过大量的调查测试也发现了一批实际工程案例，在达到满足人们使用要求的前提下，建筑实际能耗明显低于大部分同类建筑，达到这个效果并非是大量采用人们所认为的高效率、高科技的节能技术，而是以能源消耗指标为约束条件，根据建筑功能特点和实际使用需求进行了细致的设计和优化。这样看来，前面的观点就有点站不住脚——既然可以实现更低能耗的方案，那么仅仅根据"高效率"技术的应用就作为节能的依据，是否偏离了建筑节能低碳的初衷？

案例1：北京某政府机构办公建筑

该示范建筑建成于2001年，作为中美两国政府合作项目，是汇集了世界上各种建筑节能技术而建成的一座节能示范的办公建筑。它采用了优化的建筑造型，性能优良的外墙和外窗，使用了冰蓄冷、新风全热回收、自动调光节能灯等多项节能装置和设施，并装有较大面积的太阳能光伏电池，承担部分建筑内公共区的照明用电。这座建筑的运行能耗由市政热网提供的冬季采暖热量和电网提供的用电量两部分构成。由于缺少准确的实测冬季采暖热量数值，这里只讨论用电状况。目前其实际用电量如表4-1所示。

表 4-1　北京某示范办公建筑全年用电量

	建筑用电量/［kWh/（m² · a）］
空调用电	28
照明用电	14
全年总用电	74

作为对照，如图 4-2 所示，给出了清华大学调查得到的 2000 年以前建成使用的位于北京市的一些同功能中央政府机构办公建筑的实际用电量，并与该示范办公建筑的用电量进行比较。

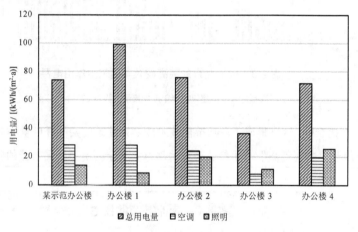

图 4-2　政府机构办公建筑用电量的对比（2004 年）

由图中数据可以看出，这座采用了多种节能技术和措施的示范建筑至少在实际用电量上并没有比其他的同功能建筑表现出显著差异。

案例 2：北京某校园建筑

该建筑是由欧盟某国政府投资兴建、在 2006 年建成的节能示范性校园建筑。它采用了高性能玻璃构成的双层皮幕墙、大面积的太阳能光伏电池、天花板辐射供冷供热、带全热回收的新风、自动调光节能灯等多种节能装置与设施。由于冬季采暖仍使用校园的集中热源供热，无有效计量，所以只考察其用电量。其全年单位建筑面积用电量为 89.1 kWh/（m²·a）。图 4-3 给出该校一批功能类似的办公建筑的年用电量。

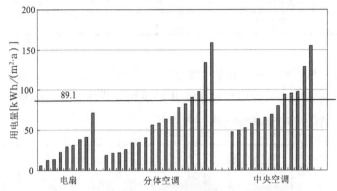

图 4-3   位于北京的某高校教学建筑全年用电量

（资料来源：《中国建筑节能年度发展研究报告 2010》）

通过对比表明，这座集成了多项节能技术的示范建筑的实际耗电量和同功能的其他建筑比属于"中间偏高"，不能认为它的用电量低于同类型、同功能的其他建筑。

案例 3：南京某节能住宅

该住宅项目是被南京授予三星级绿色建筑的高档商品住宅楼，它采用了非常好的外围护结构、地源热泵、天花板辐射供冷供热、新风全热回收、节能灯等多种节能技术措施。其冬季采暖和夏季空调都依靠市政供电提供能源，表 4-2 为清华大学调研得到的实际用电量。

表 4-2   南京某节能住宅建筑采暖空调实际耗电量

	冬季采暖耗电	过渡季通风耗电	夏季空调耗电	全年采暖空调耗电
单位建筑面积用电量/（kWh/m²）	21.9	2.7	19.9	44.5

　　当地一般住宅冬季采用分体空调热泵采暖、夏季空调的实际用电量大多在 15～30 kWh/m²，加上照明、家电的户全年总用电量也很少有超过 50 kWh/（m²·a）的。按照国家发展和改革委员会 2010 年发布的实行住宅梯级电价的调查研究报告指出，80% 以上的城市居民月均用电量不超过 140 kWh，也就是全年不超过 1 700 kWh。即使按照住宅平均建筑面积 80m² 计，则每平方米建筑全年总耗电量也仅为 21.3 kWh。因此这座节能住宅建筑实际的采暖空调用电量是同一地区一般住宅采暖空调实际用电量的 2～3 倍。

案例4：北京住宅建筑空调用电量调查

　　清华大学曾对北京的五座建造于不同年代、采用不同技术的住宅建筑夏季空调实际用电量进行了调查，其结果如表 4-3 所示，采用分体空调建筑的空调能耗＜多联机方式建筑的空调能耗＜中央空调建筑的空调能耗。通过这些建筑的各户用空调情况进行分析，"有人时开、无人时关""部分时间、部分空间"的运行方式是造成分体空调的住宅总体平均能耗很低的主要原因，采用中央空调方式的建筑，整个夏季按照"全空间、全时间"的模式连续运行，其实际用电量远高于分体空调的能耗。

表 4-3　北京市五栋不同年代建造的住宅夏季空调实际用电量

序号	建筑外形	建造年代和建筑面积	空调方式	平均空调耗电量/ [kWh/（m²·a）]
A		20 世纪 80 年代，5 层，每套 74 m²	分体空调，每户 1～3 台	2.3
B		1996 年，18 层，每套 103 m²	分体空调，每户 1～4 台	2.1

续表

序号	建筑外形	建造年代和建筑面积	空调方式	平均空调耗电量/[kWh/（m²·a）]
C		2003 年，26 层，每套 141 m²	分体空调，主要房间全部安装	3.5
D		2004 年建成，26 层，每套 132 m²	多联机方式的户式中央空调	6.0
E		2005 年建成，26 层，每套 280 m²	中央空调，辐射供冷，新风全热回收	19.5

资料来源：李兆坚. 我国城镇住宅空调生命周期能耗与资源消耗研究 [D]. 北京：清华大学，2007.

以高效率为导向的节能低碳技术发展模式，实际是延续生产领域的节能技术发展方式：以提高产品的生产能效为目的，减少同样产量的生产能耗。例如，提高钢生产能效以减少每吨钢实际能耗。在这样的情况下，用能效作为评价技术是否节能低碳的依据，与用"能耗"作为评价依据的结论是相同的，因而对于工业生产是合理的。但是，建筑运行的需求并不能像产品生产一样标准化，如对环境温度、照度和新风量的要求，由于实际项目使用过程中使用人群及其需求的不确定性、室内外环境条件的不确定性，导致实际提供的服务量不同，"效率"的节能作用就难以单独发挥出来，故而评价时不能将能效等同于能耗，需要与人们的使用需求相结合考虑。归纳来看，当前建筑技术发展的问题，体现在环境营造目标和技术评价方式两个层面。

1. 以"恒定"作为建筑环境营造目标不符合实际使用需求

一些住宅楼盘以"恒温、恒湿、恒氧"作为高端建筑标志大加宣传，这类似于车间中为保证生产环节稳定可靠或保存产品而精细化控制的目标，将人与四季变化的自然环境隔绝，限制人们对所处环境的调节范围。为了保障这个服务标准，这样的建筑通常会大幅减少可开窗面积，即使住宅楼也采用中央空调且全天 24 小时连续运行，最终建筑能耗和碳排放量大大高于其他住宅建筑。另一个例子是，酒店室内环境设计指标中，越是高档酒店，夏季室内温度要求越低，冬季室内温度要求越高，以室内外温度的差异大小来体现酒店服务水平的高低似乎并不能成立，冬季室温较高或者夏季室温较低都比较容易引起人们的不适甚至生病。

从个体来看，人作为建筑中活动的主体，对于环境的感知和需求是存在波动变化的，同时也具有能够主动调节环境的心理需求；从群体来看，同一栋建筑中使用者数量众多，不同人的作息习惯或者热舒适感都可能存在差异，不区分时间和空间的差异而提供统一标准的服务，显然是不符合使用需求，也存在大量浪费的。从技术角度看，由于室外环境和室内使用情况的不断变化，精细化的环境目标控制波动越小，实际能耗越高；然而，人们对于环境的波动变化很难说能够精确到±0.5℃，精确控制室温实际失去了意义，反而直接根据人们的冷热反映进行反馈调节，更容易符合人们的需求。

一些调查也发现，许多使用者并不享受这种服务标准，甚至常常抱怨不能开窗而引起的身心不适。人类经过千万年的进化，适应了地球一年春夏秋冬的季节变化，以及白天和晚上的周期变化，有许多适应环境周期性变化的行为和内在机制，如每日夜间必要的睡眠需要，人体的新陈代谢速度一天中的变化，个体的发热量、体感温度以及由于情绪变化造成对环境的感觉持续发生改变等，因而精确的环境温度控制，对于人们的舒适感觉并没有明确的意义。此外，人们也很难忍受与自然环境的隔绝，与自然环境的接触是作为生物体的内在需求。

2. 以"能效"为依据的建筑技术评价方式与节能低碳目标偏离

建筑建设时，常常以系统能效的高低作为是否节能低碳的评价依据，而在运行时发现很多情况下高能效的建筑其实际能耗比同类建筑反而要高。为什么会出现这样的问题呢？

一方面，对于使用规律明确和影响因素较少的照明需求而言，节能灯的发展明显减少了照明能耗，提升技术能效有助于节能低碳；另一方面，对于建筑中使用需求具有多样性和多变性的空调需求而言，在服务量和运行方式多选择的情况下，冷机或空调系统的效率高低很难作为是否节能低碳的依据，仅仅追求技术的高能效，可能会出现案例中能耗不降反增的问题。一些评价标准或认证中将高效技术应用的数量作为依据，而忽视了实际节能低碳的运行效果，技术应用的经济性较差，市场难以认可，不但没有达到节能的目的，也造成了大量的资源浪费。

另一个例子是太阳能热水系统。住宅集中式太阳能热水系统曾被认为是利用可再生能源的节能低碳技术，在此之前，家用太阳能热水器得到认可并广泛进入城乡居民家庭。然而，根据《中国建筑节能年度发展研究报告2010》的研究，以"太阳能保证率"作为技术评价标准推广住宅集中式太阳能热水器后，大量实际工程表明，集中式太阳能生活热水系统常规能源消耗量甚至明显高于户用的电或燃气热水器，为保证全楼用户用热水，大量的热量损失在管路中不间断热水循环过程中，这是单从系统"高能效"设计出发而未考虑实际使用方式的结果。相比之下，家用太阳能热水器则是在不同家庭使用需求下灵活控制的，避免了不必要的循环散热损失。

总的来看，建筑运行过程的服务需求是复杂多变的，重视适应需求的控制能力比规定服务要求更容易满足使用者的要求；以能效作为评价依据，难以客观评价系统是否真正达到了节能的效果，实际工程中应充分考虑建筑运行的实际需求和使用特点。以实际能耗和碳排放作为建筑运行的节能低碳评价指标，而不是仅仅以"能效"为依据，才是从节能低碳的本身目的出发的评价方式，才能得到较为客观的结论。各类技术的应用是实现节能低碳的手段，而不应作为考核的标准。

（二）重视技术与使用方式的相互作用，发展适应于节约方式的技术

前面讨论了建筑中终端用能项包括空调、照明、生活热水、采暖、电器和炊事等，各项用能有相应的设备设施支持。不同用能项的设备设施也有不同的种类，如生活热水既有家用热水器，也有集中式热水系统。不同的系统形式与人们的使用方式之间是相互影响的。

一方面，技术形式对人们的使用方式有影响。举例来说：对于24小时提供热水的集中热水系统，用户可以选择任何时段沐浴；学校或工厂集中住宿定时供应热水的情况下，学生或工人只能在指定时间内沐浴；如果采用户式太阳能热水器，会出现一类根据集热器制备热水情况选择沐浴时间的用户，这样显然有助于

减少热水器的电或燃气使用量。又如,当住宅楼采用楼宇集中式中央空调系统时,用户通常被要求关闭好外窗以免冷量流失。对于多人办公室而言,房间内的灯具往往集中控制,通常人们不会主动关灯直到办公室人员都离开,如果每个工位可以独立控制灯具,多数人更倾向于人走关灯,且节能管理者也更方便倡导大家保持人走关灯的节约习惯。

另一方面,人们的使用方式也决定着技术能否实现节能高效运行。水源热泵技术被认为是一种节能低碳技术,周欣等实测研究表明,长江流域的居住建筑采用集中式水源热泵系统供冷供热,如果按照面积收费,则末端往往处在常开状态,系统效率能够达到要求的高效率值,但实际的单位面积能耗也高于采用分体式热泵空调的住宅;如果是按照每户的使用时间收费,末端真正的开启率很低,系统长期处在低负荷低效的工况下运行,实际能耗与分散的分体空调基本相同,但舒适性甚至不如分体空调,但初投资却远远高于分散的分体空调。此外,南方地区居民习惯开窗通风,即使在冬季也有长时间开窗的习惯,这时候采用集中采暖系统的热量损失就比较大,采暖能耗较高。

案例 5:南方地区地源热泵机组

2009—2010 年,清华大学研究团队对江苏某住宅小区进行调研测试。该小区共 10 座住宅楼,建筑面积 11.4 万 m^2,测试期间小区入住率约 90%。空调末端采用"天棚采暖和制冷辐射系统+置换新风系统"的形式。空调主机采用地源热泵机组,两台 1 400 kW 热泵机组供给新风系统,两台 1 070 kW 热泵机组供给天棚辐射系统。新风系统夏季设计冷负荷 2 636 kW,冬季设计热负荷 1 430 kW;天棚系统夏季设计冷负荷 1 757 kW,冬季设计热负荷 604 kW。天棚循环泵单台额定流量 500 m^3/h,扬程 31 m;新风循环泵与地源循环泵规格相同,单台额定流量 250 m^3/h,扬程 32 m。

案例系统示意图如图 4-4 所示,该住宅小区采用的是典型的完全集中式空调系统形式。冷冻水将用户侧的冷量集中输送到水源热泵处进行统一处理。在其用户侧,空调系统对建筑物内的每一个空间,包括走廊、卫生间、无人居住

的房间等，按照预定的温度湿度标准进行全天 24 小时调控，甚至"恒温恒湿"，保证建筑物内的任何空间在任何时间都满足舒适性要求。可见，物业提供的服务理念为集中化的空调调控方式。然而，在这种调控形式下，居住者对室内环境可进行的调控能力十分有限，如建筑内的外窗不能开启，使用者无法通过开启外窗的方式进行通风换气，使用者不能关闭空调末端等。

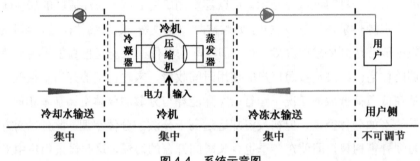

图 4-4 系统示意图

在该种空调系统的服务下，该小区每平方米空调电耗如图 4-5 所示。同时，以分体式空调作为分散式系统的典型代表，江苏地区分体机空调电耗的一般水平也显示在图 4-5 中，与该小区的能耗情况进行对比。从对比中可以看到，该小区单位面积空调耗电量为该地区分体机能耗一般水平的三倍多。

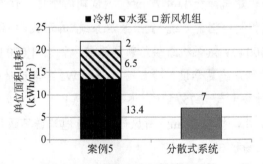

图 4-5 小区空调电耗构成及对比

通过调研测试分析发现，造成小区空调电耗偏高的一个主要原因为在该种空调系统形式下，由于用户的不可调控性，其采用的是"全时间，全空间"的运行方式。在这种运行状况下，小区的空调负荷将急剧增大。在案例的空调形式下，其空调服务面积与空调服务时间的乘积=11.4 万 $m^2 \times 24 h$=273.6 万 $m^2 \cdot h$，而同地区采用分体机系统时，其空调服务面积与空调服务时间的乘积大约为68.4 万 $m^2 \cdot h$，仅为案例情况下的 25%。而该种空调服务时间和空间的差异直接导致了用户侧耗冷量的差异，如图 4-6 所示。在这种情况下，虽然该热泵机组自身性能很高，供冷季的 COP 均值可以达到 5，但由于末端高耗冷量的需求，单冷机本身电耗就为分体机的近两倍。

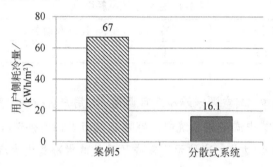

图 4-6　用户耗冷量情况及对比

同时，采用该完全集中式空调系统时，对比分体机，其存在风机水泵这类的输配电耗。根据 2009 年 5—9 月的系统运行记录，得到各个月冷机、水泵和新风机组的耗电量，如图 4-7 所示。可以看到，各月水泵风机电耗占总电耗的30%~60%，为冷机电耗的 0.5~1.4 倍。因此，输配电耗是该空调系统能耗的一大组成部分，也是采用该空调系统的住宅小区空调能耗较高的一大原因。

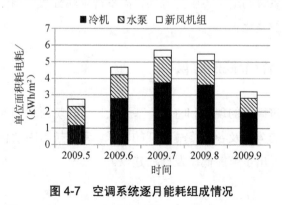

图 4-7　空调系统逐月能耗组成情况

综上所述，案例中空调系统各部分电耗情况如表 4-4 所示。整个空调系统的效率=[用户供冷量/（热泵机组电耗+水泵电耗）]=67/（13.4+6.5）=3.4。其中受系统方式的影响，末端用户需求冷量为同一地区分体机一般水平的近五倍，输配系统能耗占总能耗的33%。在这两个因素的综合作用下，虽然热泵机组自身的效率很高，同时整个系统的效率也不低，但整个小区的空调耗电量为同一地区分体机电耗均值的近四倍。

表 4-4　空调系统电耗组成　　　　　　　　　　　单位：kWh/m²

	冷却水输送	冷机	冷冻水输送	用户侧供冷量
案例 5	2.5	13.4	4	67

在这个案例中，其空调末端缺乏可调性，与用户负荷的分散特性产生矛盾。这意味着在这个集中式空调系统中，空调末端与室内的换热环节为"集中"与"分散"特性的矛盾边界。这种矛盾造成了系统的供冷量大大增加，进而造成案例中集中式空调系统运行能耗高的结果。

由上面的讨论可知，发展建筑节能低碳技术并非单纯的技术问题，而是与人们的使用方式、收费机制等密切相关。技术能否实现节能低碳效果，需要充分考虑使用方式的特点，并基于需求特点发展适应于节约使用方式的技术。例如，住宅建筑中用户需求分散，不太适合发展集中空调、通风、集中生活热水等；对于需要通过集中式系统利用可再生能源的，需重视末端分散可调节，而集中侧应能够灵活响应末端的变化。

三、建筑运行节能的建议

分析各类建筑用能的现状和特点，基于人口、建筑面积等各类建筑用能宏观影响因素的发展趋势以及各项终端能耗的需求，考虑技术因素和使用与行为因素，对不同建筑用能提出了节能低碳发展的建议。

（一）北方城镇采暖

推动北方城镇采暖节能的主要技术措施：一是改善围护结构保温以降低采暖需热量，需要改善外墙、外窗的保温性能并处理好室内通风换气的需求；二是落实热改，消除过热现象；三是大幅度提高热源效率，即扩大高效热源（如基于吸收式热泵的热电联产供热方式、燃气锅炉的排烟冷凝回收等）的供热面积，推广工业余热供热利用等。

为保障这些技术措施得以实施，政策方面应继续推动供热机制改革，包括改革供热企业经营方式、引入市场节能服务机制以及计量收费方式等；推动供热末端形式改革，促进低温供热末端方式逐步替换现有以散热片为主的形式；推动《民用建筑能耗标准》的落实应用，通过实际能耗及各环节相关指标引导节能；推动供热设计标准改革，包括供热末端参数、管网参数与热源方式等标准内容。

（二）公共建筑

推动公共建筑低碳节能发展，首先应确立以实际能耗为约束条件的节能工作体系，包括推动《民用建筑能耗标准》的贯彻实施，推广大型公共建筑分项计量和其他公共建筑能耗计量工作；其次应规划和引导公共建筑的建筑形式，限制"采取机械通风配合集中控制系统"建筑的建设面积，鼓励各类适于使用方式的节能技术研发和引用，如节能灯具、各种被动式通风和采光技术等；最后应重视使用与运行模式对建筑能耗的影响，发展支持绿色使用模式的技术研究并引导其应用，通过宣传和培训提高使用者的节能意识，推动 ESCO（能源服务公司）模式，发挥市场促进节能的作用。此外，应逐步让市场调节能源价格，通过经济因素促使公共建筑运营管理方积极开展节能工作。

在以上政策和技术措施的引导下，维持当前各类公共建筑能耗水平，按照《民用建筑能耗标准》给出的约束性能耗指标促使高能耗建筑采取节能措施降低实际运行能耗，以引导性能耗指标激励公共建筑运行方降低能耗。

（三）城镇住宅

推动城镇住宅节能和低碳发展，首先应建立以降低实际能耗为导向的住宅节能政策体系，如从 2012 年 7 月开始全面实施的住宅阶梯电价政策；其次应从建筑规划和形式设计被动式节能，包括小区规划时注意建筑的合理布局，优化自然采光和自然通风条件，并注重建筑本体的被动式设计（如保温、遮阳、通风和采光等）；再次发展支持住户可以根据不同需要独立灵活调节的设备或系统，避免在住宅使用集中空调系统和集中机械通风系统，当可以利用工业余热、水源或地源热和太阳能时，应根据住户存在的差异性需求充分论证集中采暖或生活热水系统的技术适宜性；最后提倡绿色生活方式，鼓励使用者行为节能，如人走关灯，及时关掉有待机电耗的电器。此外，推广节能灯具应用，提高家用电器能效，逐步淘汰低能效家电，避免某些大量增加额外用能需求的家电进入市场。

（四）农村住宅

推动农村住宅节能的主要政策和措施：首先，发展以生物质能源和可再生能源为主、电力和液化石油气为辅的新型清洁能源系统，解决农村的用能需求，使在大幅度提高农村生活水平的前提下，燃煤等常规商品能源的消耗总量在目前的水平上进一步降低；其次，大力发展被动式节能技术，充分利用自然条件改善农村住宅的室内环境水平。针对南北方农村气候条件和资源条件的差异，在南北方应该采取不同的节能低碳发展方案。

在北方农村，发展被动式技术和生物质能以满足采暖、炊事和生活热水的需求，从而减少用煤量，推广"无煤村"。具体措施：①进行房屋改造，加强保温和气密性，从而减少采暖需热量，发展火炕以充分利用炊事余热；②发展各种太阳能采暖和太阳能生活热水技术，同时辅以空气源热泵等电力驱动的高效电—热转换装置提供热量；③推广秸秆薪柴颗粒压缩技术及生物质燃料灶具，实现高密度储存和高效燃烧。

在南方农村，充分利用自然条件改善室内环境，借鉴传统民居的设计经验，推广"生态村"。具体措施：①进行房屋改造，借鉴传统农居的优点，通过被动式方法改善的室内环境；②发展沼气池和太阳能生活热水，解决炊事和生活热水用能需求；③发展生物质清洁使用技术，解决燃烧污染、污水等问题，营造优美的室外环境。

第三节　城市能源规划发展

一、城市能源规划发展的问题

城市的正常运行离不开各个层级、各种类型的能源系统，如舒适健康的室内环境需要空调、采暖、通风和照明等设备系统，出行需要私人小汽车、出租车和各类公共交通工具，可以说能源是城市运作的动力，片刻不能缺少。

这里讨论的城市能源规划指的是从城市范畴对能源供应侧和消费侧进行统筹规划，保障能源供应安全稳定，满足能源消费需求。同时，城市能源规划对高效利用能源、减少能源损失和能源使用造成的碳排放有重要的作用，是城市低碳发展的重要支撑。建筑用能是城市能源消耗的主要构成，从建筑消费侧来看，当前我国城市能源规划有以下方面的问题。

（一）能源供应未与能源消费需求特点相结合

在城市能源系统建设过程中，电厂和热站的装机容量和供应能力是重要的建设参数。据中国电力企业联合会 2015 年发布的《全国电力工业统计快报》统计，全国 6 000 kW 及以上电厂发电设备平均利用小时继续下降，2015 年全国发电设备平均利用小时为 3 969 h，仅约占一年时间的 45%；此外，广州、上海、杭州、武汉、长沙、重庆和成都等多地都出现过夏季拉闸限电的情况，由于电力负荷过大，难以满足用电需求。为什么会出现这样的现象呢？

工业、建筑和交通是城市能源消耗的主要构成。与工业用能负荷需求基本稳定、公共交通用能计划性强有明显的不同，建筑用能需求随着人们在建筑中的活动而呈现周期性变化，变化规律跟建筑物功能和气候变化相关。出现上面的问题，与建筑用能负荷的波动性变化有直接的关系。

具体来看，城市中白天大部分人们从住宅建筑中移动到公共建筑中，从事各种各样的工作，公共建筑用能需求主要集中在白天，公共建筑的空调、通风、照明和各类电器用电负荷较大；夜间又从公共建筑回到住宅建筑中，结束忙碌的工作进行休息，以照明和家电使用为主。也就是说，办公建筑用能需求主要集中在工作日的白天，一些商场和综合体一周七天连续在白天夜间有较大用能需求，住宅建筑用能需求集中在工作日夜间和节假日。由于室内环境营造与自然气候条件有直接的联系，建筑中夏季空调用电需求较大，而冬季采暖用燃气、城市热力或直接用电需求较大。因此，城市建筑用电具有日变化和年变化两个明显的周期。

这就使一方面为了满足建筑用能的峰值需求，而不断扩建电厂；另一方面，在建筑用能低谷时，大量电厂机组不得不停机，以避免对电网的冲击。因而，在城市能源规划过程中，不能仅从装机容量考虑，还要对建筑用能需求进行具体的分析。应对冬夏两季的电力负荷变化，以及昼夜不同建筑用电波动需求充分考虑，即将能源供应方式和能源消费需求综合规划。

（二）在南方发展集中供暖技术能耗高、代价大

相比于北方地区，在南方地区发展集中供暖，无论从能源环境影响，还是社会经济效益看，都不是合适的技术。

从能源资源消耗来看，一旦采用集中供暖方式，采暖能耗较原有分散方式将成倍的增长，这是因为：①集中供暖方式通常是统一连续供应的，相比于分散式系统，难以根据用户需要随时开关调节；②由于室内外温差较小、末端负荷较小，过量供热和热力失调等问题较北方地区更突出；③南方地区的既有建筑气密性较差（为满足其室内通风换气需求），且围护结构保温性能较差，全空间连续供暖情况下，室内采暖负荷需求较大。有实测数据表明，在武汉采用集中采暖的某住宅小区，单位面积采暖能耗与北方地区平均采暖能耗相近。

从经济性来看，相比于原有的分散式系统，居民采暖能耗费用较高。同时，南方地区冬季较短，通常为两个月左右，大量的集中供暖管道建设成本将分摊给用户；一年中还有大部分时间管道闲置，热力站和锅炉房运维人员处于待业中，人员和设备维护成本也需要分摊，对于大多数居民而言，南方采用集中供暖方式的经济性也较差。

（三）盲目发展区域供冷技术，系统效率低而能耗大

区域供冷技术被认为是一种节能和减少系统建设初投资的技术，由一个集中

冷站为一定范围区域内的住宅、酒店、办公和商场等各类建筑供应冷量，满足其空调用冷的需求。从设计角度看，可以针对不同建筑负荷峰值需求出现的时间不同而减少这些建筑总的设备容量，同时也为各个建筑节省了机房空间，具有较好的经济效益。

但从实际运行情况来看，区域供冷需要大范围、长距离、全天 24 h 连续供应冷水，即便是冷站远端少量负荷的输配能耗也较大；与集中供暖不同，供冷温差较小，循环过程中的冷水温升对系统的整体效率影响很大；由于系统供应的不同类型建筑的使用时段不同，各自负荷需求差异较大，而区域冷站又很难兼顾所有建筑额定参数，实际情况是冷站很难在设计的负荷率下运行，系统效率较低。此外，由于系统所覆盖的区域建筑数量较多，自控系统常常难以持续正常运行，人工控制难免存在管理疏漏的问题，出现管路中阀门或水泵没有合理开关的现象，系统效率进一步降低。经调查测试，区域供冷项目的系统能效常常为 2 左右，而楼宇的空调系统能效通常能够在 3～4，甚至更高。如果结合运行能耗考虑，区域供冷虽减少了建设投资，却明显增加了运行能耗成本，考虑整个建筑运营期，有很大可能增加了用户的成本。有研究指出，区域供冷应尽可能控制供应的半径，而不是越大越好，同时应尽可能考虑供应范围内的建筑功能类型。

（四）清洁能源为"利用"而"利用"

建筑中的清洁能源利用通常包括太阳能光热技术和光伏技术（BIPV）、水源/地源热泵技术等。近年来，政府大力推动清洁能源技术在建筑中的应用，以完成节能减排的任务。然而，这些清洁能源的利用，通常是为"利用"而"利用"，真正取得的节能效果与设计的相差甚远。

太阳能热水利用技术就是其中一个典型的例子。在各地强制性安装政策的要求下，新建住宅项目必须安装太阳能热水系统。2014 年，热水器面积从 1998 年的 1 500 万 m^2 增长到 4.14 亿 m^2，增长近 30 倍；2014 年，太阳光热建筑应用面积达到 34.3 亿 m^2。然而，调研现有太阳能热水系统在购买、设计、安装、验收、使用和维护等环节的参与者，反映出与太阳能热水系统的理想状况截然不同的问题：开发商不愿意主动安装，政府强制执行下，开发商通过租赁太阳能系统做摆设，或者安装好后并不投入使用；设计人员由于设计费少甚至没有设计费，不愿做太阳能热水系统方案设计；运行维护方认为运行管理成本高，宁愿将太阳能热水系统闲置不用；一些使用者也认为热水价格太高，宁愿自己安装燃气或电热水器。

出现这些问题，直接原因是太阳能热水系统的应用没有给用户带来实际的节能和经济效益，集得的热量不等于减少的常规能源消耗量，反而增加了初投资和维护成本。其根由在于以"太阳能保证率"作为清洁能源利用的评价标准，为"利用"而"利用"的方式一方面助长了相关商家的利益诉求，不断以低质低价的产品充斥市场，降低了技术的市场认可度；另一方面也误导了政府和消费者，动辄以安装了多少面积的太阳能集热器作为成绩，而没有真正考量太阳能热水系统的应用实际减少了多少常规能源消耗。

除太阳能外，其他几类清洁能源利用技术也存在相同的问题。为"利用"而"利用"是混淆了能源消耗与能源生产的关系，过量建设清洁能源利用设备设施，而没有取得相应减少常规能源消耗的效果，实际也是对资源的浪费。

（五）农村生物质能源逐渐被抛弃

农村生物质能源的利用是城镇化发展过程中需要重视的能源发展问题。随着农村的建设发展和农民经济收入的提高，农村居民开始更多地利用电、燃煤和液化石油气等商品能源，而逐渐减少了稻草、秸秆、薪柴和动物粪便等生物质能源的使用。传统的生物质能源使用过程中有诸多问题：采集过程较为烦琐，增加农民大量的劳动付出；燃烧装置较为落后，传统炉灶在美观、清洁和品质上较为落后；直接燃烧的生物质在燃烧过程中可能会出现大量的污染，影响室内空气质量和环境卫生；燃烧后的垃圾需要处理等。这些是使农村生物质能源使用量逐渐减少的重要原因。减少生物质能源的使用将使人们不得不使用更多的电力或燃煤等商品能源，增加碳排放。

从碳排放的角度来看，生物质能源的使用是零碳排放的。农业生产产生的稻草和秸秆作为能源来源，既能减少常规能源消耗和碳排放，同时也可以避免对自然环境的污染。目前也出现了一批加工制备生物质燃料成块或颗粒的设备，以及清洁燃烧使用的炉具，有助于生物质能源的推广利用。如何进一步推广生物质利用、解决各个环节的突出矛盾，对于未来我国城乡能源低碳发展十分重要。

城市能源系统为城市的正常运行提供各类能源供应服务，以及能源消费的设备设施。保证能源系统安全可靠，同时能够尽可能地节约能源消耗、减少碳排放，是城市能源规划的重要目的。发展清洁、高效、低碳的能源系统，最重要的是需要明确能源供应和消费的关系，由于建筑能耗具有消费领域的特征，建筑能源供应系统的建设和运行应更多地从使用需求的角度考虑。

二、低碳的城市能源系统

低碳的城市能源系统应具备以下几个方面的特点：在技术和消费方式上可以共同降低用能末端对能源的需求；城市的能源供应与消费有较好的规划匹配；提高能源转换系统效率；考虑建筑消费特点，充分利用可再生能源、核能和工业余热等能源，减少了化石能源消耗。

（一）从技术和使用方式上共同降低末端用能需求

建筑用能消费需求受到使用方式的影响和技术的制约。根据前面的分析，建筑终端用能需求主要包括空调、采暖、照明、生活热水、电器和炊事等。由于人们生活方式和使用模式的差异，各类终端用能需求不同。例如，同等边界条件下，夏季房间空调温度要求越低，空调冷负荷越大；淋浴时间越长，消耗热水量越大，消耗热量越大。由于技术条件不同，生活方式或使用模式也会受到约束，也影响着用能需求。例如，采用中央空调系统的住宅建筑，居民的开窗行为会受到物业管理人员的约束，以避免冷量的损失；采用城市集中供暖系统的建筑，在未进入采暖期，即便是气温骤降，也不能自主采暖。

从使用方式上降低末端用能需求，重点在倡导"节约"意识，鼓励节能的行为：对于照明，能够自然采光时尽量自然采光，不在房间时尽可能及时关灯；对于空调，优先采用自然通风方式降低室温，房间设定温度提高1℃，及时关闭无人房间的空调等，都是减少空调能耗的节约行为；家庭中常用的电器，如电视机及其机顶盒、电饮水机和其他有待机功耗的电器，应尽可能及时关闭，避免待机耗电浪费；淋浴过程中，不用水时及时关闭喷头，减少热水用量；采暖时，尽量关闭好门窗，减少渗风造成的热量损失。通过树立人们的节约意识，同样也能够影响技术的发展方向，那些不能满足节能方式或者不方便调节的技术，将难以得到人们的认可。

从技术方面降低末端用能需求，重点在发展灵活调节、可分散控制的支持末端节能行为的技术。例如，在建筑设计时，积极发展自然采光和自然通风技术，推广节能灯具，减少照明和通风能耗；住宅建筑中避免中央空调，因为各家各户、各个房间用空调的时段和需求是有差异的，中央空调意味着为满足不同时段和房间的需求，主机需要连续开启；限制高能耗的家电，如烘干机、带热水功能的洗衣机的市场销售，一旦进入居民家庭，户用能量需求就会陡增，而实际带来的体验改善并不明显；避免以"太阳能保证率"为指标的住宅集中热水系统设计方案，因其系统循环过程中的散热量大；避免在南方地区采用集中供暖，由于冬季居民有较多的开窗通风需要、供暖负荷波动较大、冬季采暖时间较短等原因，南方集中供暖会大幅增加供暖能耗。

城市能源系统的建设和发展，要充分考虑和支持节约的用能模式。倡导节约用能行为，并积极建立与之相适应的系统形式、服务模式和能源供应管理机制，减少过量供应和用能浪费，是实现城市低碳发展的关键条件。

（二）规划设计供应与消费良好匹配的城市能源系统

（1）城市层面。城市中集中了大量的建筑，建筑用能需求具有周期性的波动，包括昼夜波动和季节波动。由此来看，城市的发电厂设计应充分考虑建筑用能的周期性波动，即用电需求有峰谷值，按照峰值设计的发电系统必然有大量供应有余的情况，探索和发展蓄能技术以及能源调配方案，解决由于建筑用能波动带来城市电力需求波动的问题。

（2）区域层面。对于有条件集中利用可再生能源或工业余热的地区，应充分考虑利用这些能源以及不同建筑功能的需求，设计相应的能源供应方案。避免盲目发展区域供冷技术和南方集中供暖技术，集中的冷热量供应与分散的负荷需求特点存在供应与需求的匹配程度问题。

各个层面的规划设计，应该是从供应与需求相适应的角度出发，而不是为了供应能源而规划系统，或者仅仅保障能源需求而不考虑能源需求的特点来建设能源供应系统。

（三）发展相互协调的能源供应系统

在能源规划过程中，除了要考虑将能源供应需求与消费需求的特点相结合，还要考虑供应系统中，不同能源类型、供应技术和区域之间的协调，才能避免能源的浪费，实现低碳化发展。能源供应系统的协调主要包括以下几个方面：

（1）同一用能需求的不同类型能源供应协调。例如，供暖的热源可以是热电厂、燃气/燃煤锅炉房、电锅炉、各类热泵系统以及工业余热等，不同类型的热源品位、一次能耗和调节能力不同。再如，工业余热品位较低但属于废热利用，有良好的节能减排效果，有利用条件的地方应充分利用；热电厂供热量通常较大，难以根据天气和末端需求变化做出快速的调整，宜有末端的热泵技术作为补充热源，灵活调节；电能品位高，同样热量的一次能源消耗较大，直接用电加热无疑是极大的能源浪费。

（2）不同用能需求的能源供应协调。建筑中的能源需求主要包括电、热量和冷量，冬季热量需求大，夏季冷量需求较大，白天公共建筑中的用电需求较多，晚上住宅建筑中的用电需求较多。采用热电联产、热电冷联供系统等技术，需要综合考虑季节、昼夜用能需求量的变化。例如，我国北方地区冬季弃风问题较为突出，而其他季节弃风量较小，这是因为冬季热电联产、以热定电，缺少灵活电源，而其他季节可由燃煤电厂进行调峰。

（四）提高能源转换系统的效率

这里的能源转换系统效率并非仅仅指能源供应系统的发电效率，而是包括从能源供应一直到实际消费时的效率，即从末端实际消费量和最初供应量的比较来看。提高能源系统的转换效率是低碳节能的重要环节，主要包括三个方面的内容：

（1）加强对能源输配系统的监控，减少从能源供应源头到终端过程中的浪费。主要是针对热量、热水、电网等输配过程中的能源损失，这些损失可能是由于"跑冒滴漏"等原因造成的，如城市热网到建筑的供应过程中管网的漏水。应该加强对能源输配系统的监控，避免由于疏忽或操作不当带来的能源直接浪费。

（2）尽量实现能源合理的转换和品位的对口应用。从热力学第二定律出发，不同能源实际做功的能力是不同的，用高品位的电能直接采暖变成了热能，这是

"大材小用"直接造成的浪费。对口应用是保证能源转换效率的重要方式，在对能源供应和消费系统进行选择时，首先要判断消费需求实际所要的最低品位的能量，选择与之相对口的能源系统和能源类型。

（3）分析用能需求特点，避免系统与消费需求不适宜的浪费。这种浪费通常是由过量的供应满足少量的使用需求所造成的。以住宅集中太阳能热水系统为例，为了保证末端用户随时可用到热水，热水管路中 24 小时不间断有热水循环，太阳能辐射主要集中在白天，而用户用热水主要集中在夜晚，热水循环产生了大量的浪费。

（五）充分利用低碳或零碳能源

当前人类使用的能源以化石能源为主，包括燃煤、天然气和石油，这些能源在燃烧利用中有较高的碳排放因子，尤其是燃煤，而我国正是以燃煤为主的能源结构。改变能源供应结构，转向零碳和低碳型能源结构，才能使城市真正实现低碳和零碳。低碳或零碳能源包括太阳能、水力能、风力能、生物质能和核能等。在建筑的运行过程中，有多个环节可以利用到这些能源。

（1）大力发展被动式技术，如：在北方地区发展被动房，减少采暖需求；充分利用自然通风，减少空调需求；为住宅建筑设计晾衣装置，通过太阳能自然晾干衣服。

（2）在建筑外表充分利用太阳能，包括在建筑表面安装光伏板，为建筑提供部分电力；为住宅建筑、学校或工厂宿舍安装太阳能热水系统，提供生活热水。

（3）在建筑群之间有可能实现风力发电。由于城市建筑距离较小，常常在一些建筑间有较大风力，一些高层建筑表面也有较大的风力，这些能就近为建筑提供电力。

（4）将建筑表面光伏发电、建筑群间风力发电技术，与蓄电技术相结合，利用建筑用能的周期性特点，以及调节弹性，为电网削峰填谷，帮助吸纳可再生能源发电，提高可再生能源的利用量。未来城市能源系统，需要大量采用这些零碳能源技术满足各类建筑用能需求。在现有技术条件下，针对建筑用能需求特点以及零碳能源技术的供应特点，创新发展新的技术，实现真正意义的低碳城市。

第四节　建筑运行能耗和碳排放的总量控制

一、总量控制的重要性

（一）生态文明建设的必要措施和大国责任体现

能耗和碳排放总量控制是生态文明发展的必要措施。从我国能源消费现状和趋势来看，能源消费总量控制已经到了十分紧要的关头。从国家统计局公布的数据来看，我国能源消费量逐年增长，从 1978 年的 5.71 亿 t 标准煤增长到 2015 年的 42.99 亿 t 标准煤，年均增长率约 5.3%。国家通过不断增加国内能源产量和扩大能源进口量，"以需定供"满足国内能源消费需求，这种敞口式能源消费方式引发的能源安全问题、环境和气候变化问题严重妨害我国的持续和稳定发展。具体表现为，由于资源储量、安全生产和技术水平等原因，国内能源生产已不能满足能源消费需求，需要不断扩大进口，石油对外依存度已接近 60%；能源进口受到能源生产国、运输路线安全以及一些霸权国家的限制，能源不能自给将严重威胁国家安全；2010 年，我国超过美国成为世界第一大碳排放国家，人均碳排放超过世界平均水平，从全球应对气候变化的要求看，我国处于非常被动的地位；煤炭、天然气和石油等化石能源使用过程中排放的氮氧化物、硫氧化物等污染大气，我国目前大面积的雾霾天气与这些能源的使用密切相关。针对这些问题，国家在"十二五"规划中提出了"合理控制能源消费总量"的政策导向；2013 年颁布的《能源发展"十二五"规划》（国发〔2013〕2 号）提出了能源消费总量控制的目标值，即到 2015 年，能源消费总量不超过 40 亿 t 标准煤。

从国际上的观点来看，IEA 研究认为在当前各项政策不调整的情况下，未来由于能源使用产生的碳排放将使全球温度升高约 6℃，大大超出 IPCC（联合国政府间气候变化专门委员会）提出的温度不能超过 2℃ 的控制目标。为此，IEA 提出为实现全球气温升高不超过 2℃，各国都应控制能源消耗量。我国碳排放占世界碳排放总量的 20%以上，控制碳排放总量是我国履行大国责任的重要表现。

近年来一系列宏观政策的出台，缘于能源紧缺、气候变化和环境污染等现实问题对我国可持续发展带来的压力，是我国政府对能耗和碳排放总量控制愈发重视、努力担当对全人类负责的表现。

（二）确立对建筑能耗和碳排放进行总量控制的思路

建筑能耗和碳排放是我国能源消耗和碳排放总量中的重要组成部分，要实现能源消费和碳排放总量控制目标，需要对建筑能耗进行控制。相对于提高能效而言，能耗总量控制是建筑节能工作的一种评价标准，也是建筑节能工作的目标。由于建筑中各项用能消费需求和供应量不同，技术高能效并不等同于建筑低能耗。概括而言，将能耗总量和碳排放控制作为目标，通过提高技术能效、优化技术供应方式，实现满足不同使用需求、提高服务效果，这应该是建筑节能和低碳发展的基本理念。在这个认识的基础上，逐步探求能耗总量、碳排放总量和各类终端用能强度的控制目标，使建筑节能和低碳发展路径逐渐清晰可行。

对于建筑能耗总量控制，需要明确我国建筑能耗的现状以及将来可能的发展趋势。中外建筑能耗强度对比是认识我国建筑能耗水平的重要途径。比较各国建筑能耗数据（图1-8），有以下几点结论：

（1）发展中国家，如中国、印度，建筑能耗强度（单位面积和人均能耗强度）都明显低于发达国家。

（2）发达国家能耗强度水平也存在差异：美国人均能耗是日本、韩国和欧洲四国（英国、德国、法国和意大利）等发达国家的 2～3 倍；俄罗斯单位面积能耗强度最高（超过 60 kg 标准煤/m^2），而人均能耗仍和日本、欧洲等国接近。

（3）中国人均建筑能耗水平是美国的 1/7，单位面积建筑能耗是美国的 1/3。而从人口总量来看，中国人口为 13.7 亿人，而美国仅为 3.2 亿人，因而即使人均能耗大大低于美国，中国建筑能耗总量也接近美国的 1/2。

我国是世界人口最多的国家，如果人均建筑能耗强度达到欧洲四国水平，建筑能耗总量将接近 20 亿 t 标准煤；如果达到美国水平，建筑能耗总量将超过 60 亿 t 标准煤。此外，如果单位面积能耗强度增长到发达国家水平，建筑能耗总量也将成倍增长。无论哪种情况，都将使我国能源消费总量大幅增长，带来能源、环境和碳排放的巨大问题。

从我国当前社会和经济发展状况来看，城镇化快速发展、大规模建筑营造和居民生活水平提高等因素都在促使建筑能耗增长，具体来看：

（1）城镇化快速发展。大量人口从农村进入城市，一方面，城镇为吸纳这些人口需大量新建居住建筑和公共建筑；另一方面，进入城镇的居民在商品能源使用强度上高于原来在农村时的强度，使建筑用能总量增加。

（2）大规模建筑营造。2015 年，全社会房屋竣工面积达到 35 亿 m^2，建筑面积总量规模不断攀升。新建建筑一方面是为满足新增人口的需求，另一方面用于改善居民居住水平。然而，由于缺乏合理的规划和政策引导，实际新建建筑中有为数不少的建筑处于空置状态。按照目前的建筑面积营造速度计算，未来 10～20 年内，建筑规模也将增长一倍，即使单位面积建筑能耗强度不变，仅因为建筑面积的增长，建筑能耗总量也将增加一倍。

（3）居民生活水平提高。居住建筑中的家用电器种类和数量，生活热水、空调和采暖（指夏热冬冷地区采暖）的需求明显增加，家庭能耗强度增加。

（4）建筑营造理念转变。公共建筑如办公、宾馆、商场和交通枢纽等类型建筑，在建筑形式上趋于大体量、高密闭性能，不便于自然通风和自然采光，在系统形式上，照明、空调和通风等系统的集中程度越来越高，不便于末端根据需求调节，致使单位面积能耗强度大幅提高；一些开发商以恒温恒湿、高密闭性并采用集中系统作为高档住宅的标识，实际大幅增加了空调和通风能耗，并没有真正改善居住环境。

由于以上这些因素的影响，如果不采取针对性的技术和政策措施，不对能耗强度和总量加以规划和控制，我国建筑能耗和碳排放将大幅增长，同时，由于能源供应能力的限制，还将影响工业和交通能源保障，影响我国经济的正常发展。

综合中外建筑能耗强度比较、发达国家建筑能耗发展历史、各研究机构对中国未来建筑能耗预测分析以及我国社会和经济发展的现状分析，我国建筑能耗总量和能耗强度还有可能出现较大的增长。在国家能源消费总量和碳排放总量控制的要求下，建筑能耗和碳排放必须进行总量控制。

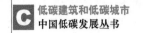

二、总量控制的政策建议

（一）严格控制建筑能耗和碳排放总量

从保障国家能源安全的角度考虑，应加强对能源消耗量的控制，避免因过度消费而导致依赖能源进口来保障供应；从化石能源消耗产生碳排放、导致全球气候变化而威胁人类生存的角度看，也应控制化石能源的消费量，控制碳排放。因而，应尽快推进能耗和碳排放总量控制。建筑用能是能源消费的主要组成之一，控制建筑能耗量是实现能源消耗总量控制和国民经济稳定发展的基本保证。针对建筑能耗和碳排放总量控制，提出以下政策建议：

（1）明确建筑能耗和碳排放总量控制目标及各类建筑能耗规划目标。在国家能源发展规划中，应明确建筑能耗总量及工业、交通能耗总量控制目标，进而确定各类建筑用能总量的规划目标。以此为依据，加强对建筑能源消耗的监督管理，从而确定建筑节能总体工作目标。各级政府可参照国家规划的总量，对本地能源消耗进行控制，以是否达到能源控制目标作为政府工作的考核内容，强化政府在国家资源消耗管理方面的作用。

（2）推行各类建筑能耗指标管理。推行能耗指标管理，是自下而上实现能耗总量控制目标的基础。《民用建筑能耗标准》为能耗指标节能管理提供了依据。在建筑设计、施工、运行及后期改造等过程中，应充分利用该标准提出的各项能耗指标，规划和引导建筑用能水平。

（3）大力发展生物质、太阳能和工业余热利用技术。农村地区有丰富的生物质能源，完全可以解决农村炊事、生活热水和采暖需求；北方城镇工业生产排放的热水或热气的余热是供热良好的热源，利用工业余热供热可以减少大量的一次能源需求。政府应通过财政补贴、奖励措施等大力发展生物质、工业余热和太阳能利用技术，以减少对商品能源的消费需求。

（二）引导建筑使用采用与自然相和谐的理念

以往建筑节能工作面临的一项主要矛盾是日益增长的室内环境改善需求与能源供应的紧缺。在南方部分省份，由于电力供应不够，夏季拉闸限电的情况时有发生。依靠机械设备全面控制室内环境的建筑设计和使用理念，将使建筑能源消耗随着改善室内环境的需求增长而增加。党的十八大报告提出的生态文明建设理念，给建筑节能提出了新的要求，也提供了新的思路。党的十八届五中全会阐述的"创新、协调、绿色、开放、共享"五大发展理念、人与自然和谐、绿色理念适用于建筑节能与低碳发展。一方面，建筑室内环境营造应充分利用自然条件，减少因强调机械控制增加的能源消耗；另一方面，在建筑各项终端用能环节中突出行为节能的作用、增强节约能源的意识，并发展与节能行为相适宜的技术，是在建筑使用过程中尊重自然并与自然和谐共处的选择。从政策层面看，对建筑使用的引导可以从以下几个方面着手：

（1）充分开展绿色生活方式的宣传教育。推动建筑使用方式节能的主体包括个人和集体，涉及居民生活、公共服务和商业活动的各个环节，因而开展宣传教育十分重要。倡导要"消费但不浪费、舒适但不奢侈"的生活和能源消费理念，可以通过培训机构、媒体、民间公益组织、学校等对节能管理人员、一般民众和学生进行宣传和培训，明确绿色生活方式的内容和形式；在重要的公共活动（如运动会、博览会等）中通过公益广告的形式宣传绿色生活理念；通过相关出版物和网络向公众普及绿色生活方式的知识。通过以上多种方式，使接受绿色生活方式理念的人越多，越有助于通过建筑使用方式节能。

（2）支持绿色生活方式以及与之相适宜的技术措施研究。支持对绿色生活方式概念和内容的研究，评价在建筑使用过程中室内环境营造对人身心健康的影响，辨识"恒温、恒湿、恒氧"的机械化营造理念误区，从而科学引导绿色生活方式。此外，建筑和系统形式影响生活方式，从建筑使用者对室内环境需求的差异出发，应发展能够灵活满足不同需求的技术措施，使"部分时间、部分空间"的使用方式有技术支持。例如，可以根据使用者需要设计可以充分利用自然通风的被动式技术或措施；可以灵活调节各个末端开关状态以及控制参数的空调、采暖和通风设备或系统等。此外，支持在居民家中安装监测实时能源用量的显示器，通过直观的能源消耗与相应的经济支出同步显示激励使用者通过行为节能。

（3）积极发挥示范作用。首先是发挥政府的示范功能，在政府办公建筑中倡导绿色使用方式，并推广与之相适宜的建筑和系统形式，推广以实际能耗为衡量标准的评价方法。一方面能够起到实质性的节能减排作用，另一方面也将起到良好的表率作用，引导全社会共同参与。此外，通过示范性工程，将绿色生活方式以及实际的建筑形式和技术措施作为榜样宣传，以实际能耗与室内使用的评价作为依据，避免突出宣传采用高技术进行节能，而是强调绿色生活方式及采用与之相适应的节能技术。

（4）调整与建筑节能相关的激励或管理政策。首先，应逐步取消以奖励为主的产品或技术推广的政策激励方式，避免某些主体为获得政府奖励而推广与实际工程不适宜的技术，或增加消费需求的产品和技术。例如，"家电下乡"补贴政策起到了救助一些家电企业的作用，却没有针对性地解决农民生活最迫切和主要的需求，而是促进了一些在当前阶段与农民生活需求关系不大的电器进入农村市场，增加了农村商品用能需求。相应地，应积极推广阶梯电价政策，通过大幅提高超过大多数居民用电水平的用电量电价，促使高能耗家庭通过主动行为节省能耗。

严格控制建筑能耗和碳排放量，应是未来建筑节能工作的总体目标。在政策上，一方面，应自上而下地对能耗总量和指标进行严格管理，并积极开发利用生物质、工业余热和太阳能；另一方面，应推动建筑使用与自然相和谐的理念，从生活方式与技术措施方面引导建筑使用过程中的用能需求，避免工业文明倡导的无限制满足人的需求的发展方式，在建筑运行方面应建立起与自然和谐的消费模式及与之相适宜的技术支撑体系。

第五章　公共建筑运行能耗与碳排放

第一节　公共建筑能耗现状

一、公共建筑能耗发展现状

（一）公共建筑能耗总体情况

公共建筑是指服务于人们公共或商业活动的建筑。从功能类型来看，包括办公楼、商场、酒店、医院、交通枢纽和学校建筑等（不包括农业生产用房、工厂厂房及配套的办公用房）；从单个建筑的规模来看，公共建筑有小到十几平方米的商铺，也有大到数十万平方米的城市综合体。尽管功能和规模差异明显，公共建筑作为人们公共或商业活动的场所，通常以楼栋为单位开展运行管理，主要使用电、天然气为建筑提供照明、空调和设备运行等必需的服务。

2015 年，我国公共建筑能耗总量为 2.60 亿 t 标准煤（2001 年仅为 0.75 亿 t 标准煤）（图 5-1）。从能耗构成来看，公共建筑用电总量为 6 507 亿 kWh（约为三峡发电站年发电量的五倍）；从能耗强度来看，2015 年公共建筑平均能耗强度为 22.45 kg 标准煤/（m²·a），相比于 2001 年，公共建筑的能耗总量与能耗强度都显著增长。城镇化建设过程中，大量公共建筑投入建设并使用，是公共建筑能耗总量大幅增长的主要原因之一。与此同时，随着公共建筑中空调、照明、设备等终端用能项的使用时间和安装功率的增加，在人均公共建筑面积增加的同时，单位面积能耗强度也有一定幅度的增长，从而促使了公共建筑能耗总量的增长。

各项终端用能是公共建筑运行碳排放的来源，能源类型主要包括电、燃气、煤和

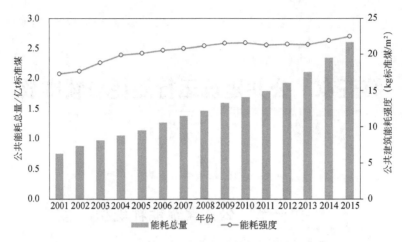

图 5-1　2001—2015 年公共建筑能耗总量与强度

油等，根据各类能源碳排放因子，2001 年以来公共建筑碳排放量如图 5-2 所示：1996—2015 年，公共建筑运行碳排放量从 0.67 亿 t 增长到 5.02 亿 t；建筑中主要的用能类型是电，用电的碳排放也是建筑运行过程中排放的主要构成，2015 年，公共建筑用电碳排放占其总量的 76.8%。我国电力生产结构在短期内不会发生显著变化，即仍然以火电（煤发电）为主，水电、风电和核电比例在今后很长一段时间还难以取代火电成为主要的电力类型。因此，控制公共建筑能耗量是控制建筑碳排放量的必要举措。

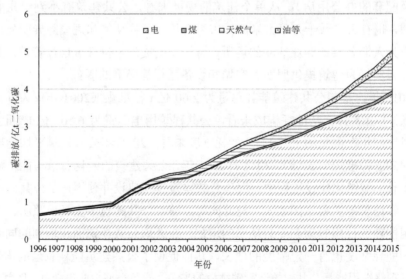

图 5-2　1996—2015 年公共建筑运行各类用能的碳排放量

从功能角度看，我国公共建筑以办公类（政府和商业办公）为主，建筑面积占公共建筑面积的38%，能耗占公共建筑能耗总量的35%（图5-3）（办公建筑单位面积能耗强度较公共建筑平均能耗水平低）；其次为商业服务建筑（包括商铺、商场、综合体等），能耗占23%；此外，宾馆、医院和校园建筑在公共建筑能耗中也有较大的比例。尽管功能差异，各类公共建筑终端能耗大体以空调、采暖、照明和设备为主，在推动节能低碳时都需要重视这几类终端用能项。

图 5-3　不同类型的公共建筑能耗（2015 年）

（二）几类公共建筑能耗强度分布

对于办公、酒店和商场等几类主要的公共建筑，已有一些研究机构通过调查统计收集了大量实际能耗数据。按照建筑功能将单位面积综合电耗（将燃料按照等效电法折算与电耗相加得到）分别整理如图5-4至图5-6所示。

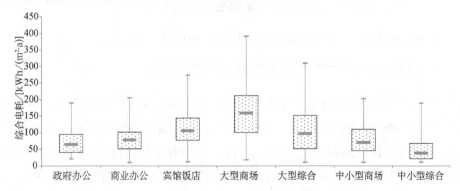

图 5-4　北京地区各类公共建筑用能分布

（数据来源：住房和城乡建设部科技发展促进中心。）

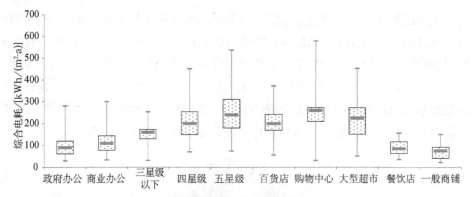

图 5-5　上海地区各类公共建筑用能分布

（数据来源：上海市建筑科学研究院（集团）有限公司）

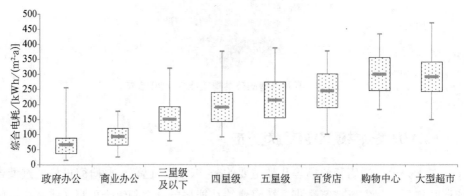

图 5-6　深圳地区各类公共建筑用能分布

（数据来源：深圳市建筑科学研究院）

分析这些数据，可以发现我国公共建筑能耗有以下几个特点：

1. 相同类型的公共建筑之间的能耗强度差异明显

北京市各类公共建筑能耗强度最小值基本在 10～20 kWh/（m²·a），各类公共建筑能耗强度的最大值从约 200 kWh/（m²·a）到近 400 kWh/（m²·a），最大值和最小值之间相差 10～20 倍；以宾馆酒店为例，统计样本中能耗强度的最大值和最小值之间相差 261 kWh/（m²·a）。不同功能公共建筑平均水平之间的差异，甚至远小于同类建筑中最大值和最小值之间的差异，这反映出公共建筑能耗强度与实际工程运行情况有着密切的关系。在上海和深圳获得的样本数据，也表现出同样的情况。

2. 不同功能公共建筑的能耗强度水平不同，各地区不同功能建筑能耗强度相对大小规律基本一致

不同功能公共建筑能耗强度的差异主要体现在各类公共建筑综合电耗的分布范围、能耗平均水平（中位值）以及主要能耗强度区间（中间50%的样本分布区间）等方面。

从各类建筑的能耗平均水平（中位值）与主要用能强度区间来看，办公类建筑能耗强度低于宾馆酒店类建筑，而大型商场类建筑能耗强度整体水平最高。在办公类建筑中，商业办公能耗强度略高于政府办公；宾馆酒店类建筑中，随着酒店星级的提高能耗强度也随之提高；商场类建筑中，能耗强度体现出大型建筑高于中小型建筑的特点。

3. 不同地区相同功能类型建筑的能耗强度水平接近

不同地区相同功能类型建筑能耗强度分布的中位值、主要能耗强度分布区间（上下四分位之间）相近，其差异小于相同地区不同功能类型的建筑能耗强度水平差异，由此可见，建筑的功能是影响建筑能耗强度的重要因素。比较其相对大小，上海高于深圳，而北京最低，可以认为上海既需要空调又需要采暖，深圳空调用能强度大但基本无采暖需求，北京夏季空调能耗较低，且采暖由集中供暖系统提供不统计到公共建筑中。

进一步分析数据所反映的问题：首先，同地区同类建筑之间的能耗差异巨大，并不是由气候或建筑功能不同所造成的，可以认为建筑形式、设备或系统的技术性能、室内环境状态控制参数和运行使用方式（后两者在建筑使用过程中可归纳为使用与行为因素）是产生能耗差异的主要原因。综合考虑以上这些因素，如果平均能耗能够满足该类公共建筑的用能需求，那么，从设备性能和使用与行为因素方面采取措施可以大幅度降低办公、酒店和商场类建筑的能耗强度，从现有的样本数据看，各类公共建筑的能耗可以降低的范围为 70～320 kWh/（m²·a）。其次，同地区不同功能的建筑能耗强度水平之间的差异以及相对大小关系，反映的是由于功能需求不同所造成的差异。比较商场类与办公类建筑的能耗平均水平（中位值）差距，同地区之前差距在 100～230 kWh/（m²·a），从公共建筑用能的终端项组成来看，空调、通风和照明能耗等室内环境营造的用能项是主要的组成

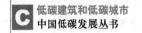

部分，很有可能是造成这个差异的主要原因。

二、与国外公共建筑能耗对比

IEA 公布了各国公共建筑能耗数据。相比于发达国家，我国公共建筑能耗强度处于较低的水平（图 5-7），即使考虑供暖能耗，我国公共建筑单位面积能耗仅为 27.2 kg 标准煤/m² （2012 年）（为保证数据的可比性，将我国北方城镇采暖能耗按照面积折算并计入公共建筑能耗强度中）。澳大利亚和俄罗斯的公共建筑单位面积能耗非常高，分别达到 157 kg 标准煤/（m²·a）和 98 kg 标准煤/（m²·a），这与俄罗斯和韩国气候寒冷、有大量的供暖需求有关。其他国家单位面积能耗强度为 60～80 kg 标准煤/（m²·a）。印度的单位面积公共建筑能耗强度高于加拿大和欧洲四国，可能是由于印度人均公共建筑面积小造成的（印度人均公共建筑面积不到 1 m²，而发达国家人均公共建筑面积均在 10 m² 以上）。在相同服务量的情况下，单位面积建筑能耗高低可以体现技术水平的差异；然而，由于各国气候条件不同，空调和采暖能耗需求差异较大，其他各类终端用能需求也存在差异，难以通过单位面积能耗强度高低说明各国技术水平的高低。

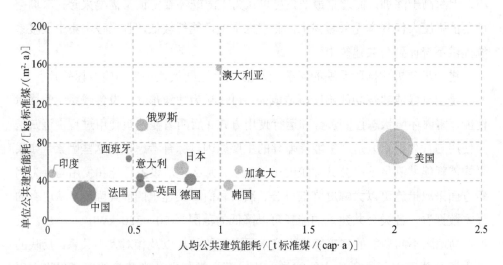

图 5-7　各国公共建筑能耗强度对比（2012 年）

注：圆圈大小代表国家总能耗亿 t 标准煤。

从另一个角度看，发达国家的能耗强度可能是未来我国公共建筑能耗强度达到的水平。目前我国人均公共建筑面积仅为美国的一半，如果建筑与系统形式、各项技术措施以及人们的生活方式沿袭美国的发展路线，未来我国公共建筑能耗强度将增长为当前的三倍，人均公共建筑面积将增长为当前的两倍，能耗总量将达到目前的六倍（约 12 亿 t 标准煤），仅此公共建筑能耗就超过了当前的建筑能耗总量。因而，为避免建筑能耗大幅增长，不能照搬发达国家的发展模式。

比较人均公共建筑能耗强度，美国人均能耗强度达到了 1.85t 标准煤，明显高于其他发达国家。如果认为美国和欧洲各国的技术水平和建筑形式相近，由于人均享受的服务量差异而造成美国人均公共建筑能耗为欧洲的 2.2 倍。从经济发展水平和消费能力来看，很难认为美国与英国、德国、法国、意大利等国家公共建筑服务水平有显著差异。进一步分析可知，服务量差异并不等同于服务水平高低，而跟实际运行和使用方式密切相关。

清华大学于 2010 年发布了分别位于北京、上海、美国费城、法国里昂的若干办公建筑的实测单位建筑面积耗电量（均不包括采暖能耗）（表 5-1）。可以看出，实现同样的使用功能，不同地区单位建筑面积耗电量可以相差 5~10 倍，两栋美国校园办公建筑的能耗强度显著高于其他建筑。这个数据也从微观层面反映了中国与美国建筑能耗强度的巨大差异。

表 5-1　中外办公建筑能耗强度比较

	面积/万 m²	能耗强度/（kWh/m²）
清华学堂	0.46	34
清华大学美术学院	6.4	65.7
北京市政府办公楼 A	1.6	70.1
北京市政府办公楼 B	3.7	113
上海某大厦办公部分	13.6	215
美国 UPENN 办公楼 A	0.64	364
美国 UPENN 办公楼 B	3	356
法国电力公司某办公楼	1.7	165

　　选择气候相似、功能相同的中美两座大学校园建筑进行能耗调查和研究，发现位于美国费城的校园（B 校园）建筑耗电量、冷热耗量都远远高于位于北京的校园（A 校园）。图 5-8 和图 5-9 分别为 A、B 校园建筑单位面积年耗电量的实际调查值，对比可发现二者间巨大的差异。

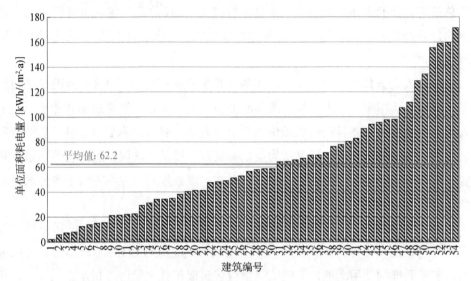

图 5-8　中国 A 校园 54 栋建筑全年单位面积耗电量

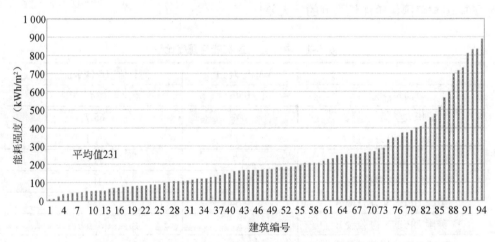

图 5-9　美国 B 校园 94 栋建筑全年单位面积耗电量

从系统形式来看，A 校园建筑中广泛使用分体空调，电耗大大低于该校园中一些使用中央空调系统的建筑物。B 校园中的建筑使用中央空调系统，冷机、风机等设备能效高于 A 校园建筑中的空调设备能效，电耗大大高于 A 校园建筑。对于同样采用中央空调系统的建筑，造成建筑能耗出现巨大差异的原因，不是由于系统或设备性能的差异，而是由于系统或设备的运行方式和服务水平不同。基于实际运行方式的调查分析，B 校园建筑能耗明显较高的原因主要有以下几点：

①机电设备连续运行、从不间断，如照明、通风、空调等系统设备，不管建筑中是否有人都不曾关停；

②空调系统末端再热，导致大量的冷热抵消，能源浪费严重；

③风机电耗过高，变风量（VAV）系统有待进一步调适改进；

④完全依赖自控系统全自动运行，但传感器、执行器故障频发，只要这些故障不影响室内舒适状况，就不会进行维护。

分析建筑的各类终端用能项，可以将建筑能耗影响因素归纳为气候条件、围护结构性能、运行管理等六个方面（图 5-10）。

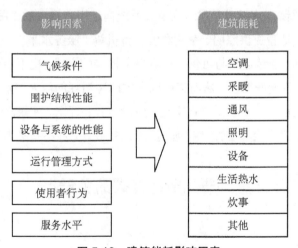

图 5-10　建筑能耗影响因素

气候条件是影响建筑能耗的外部条件，围护结构性能、设备与系统性能属于技术性能参数，这三个因素在当前设计过程中非常重视，节能设计主要从这些因素进行考虑。运行管理方式、使用者行为和服务水平等因素对建筑能耗的巨大影响正在被逐渐认识，这三个因素更多地反映出人们的生活习惯或社会文化等社会因素对建筑能耗的影响。通过对中美两个校园建筑能耗的调查和典型建筑的深入研究，认为造成这两个校园中建筑能耗巨大差异的原因包括以下几点。

（1）设备设施的运行管理方式（包括空调、通风、照明、电梯及其他各类设备设施的运行时间）：A 校园建筑中空调、照明和电梯等设备根据人们实际使用需求开关；B 校园建筑中的各类设备设施 24 小时连续运行。

（2）建筑能否开窗通风（在外界气候环境适宜时，是通过开窗通风改善室内环境，还是完全依靠机械系统换气）：A 校园建筑大多数外窗可开启，而 B 校园建筑的外窗基本上不能开启。

（3）建筑物及设备系统的控制使用方式（是尽可能通过机械系统提供尽善尽美的服务，还是让居住者或使用者参与，如开窗、随手关灯、人走关闭电脑）：A 校园建筑中允许使用者开窗通风以减少空调时间，所有开关旁边均有"随手关灯"的提示，鼓励人走关灯；B 校园建筑中很多情况下甚至很难找到照明开关，更不会鼓励人走关灯，根据室外环境条件决定是否关空调、开窗通风等。

如果把上述诸点均看成是建筑物及其系统向使用者提供的"服务水平"，当人不在建筑中时，是否提供照明、空调和设备待机等"服务水平"差别不大；即便是人在建筑中活动，连续运行与可供使用者自主控制的方式，也不能认为自主控制的建筑"服务水平"就低很多，然而却可以导致能源消耗的巨大差别。追求不同的建筑物服务质量的原因，主要是来自文化、生活方式、理念。建筑形式及系统模式上的区别在某种意义上会"推动"或"强迫"追求较高，但并不是必需的高服务质量。

第二节　节能低碳的关键点

一、发展中存在的问题

我国当前公共建筑能耗强度明显低于发达国家，但公共建筑能耗总量的增长趋势明显，强度低而总量大是由我国人口多的国情决定的。大量的新建建筑以及不断增加的单位面积能耗强度，是导致公共建筑能耗大幅增长的主要原因。一方面，应该对公共建筑面积总量进行控制，并对不同功能公共建筑的建设量进行引导，避免重复过度建设；另一方面，应解决建筑能耗强度过度增长的问题。

由前面的分析来看，我国公共建筑能耗强度低于发达国家的主要原因在于运行管理方式、使用方式以及服务水平的不同。随着经济水平的提高，我国公共建筑建造与运行开始参照发达国家模式，甚至超出了西方现有水平，具体表现为三个方面：

①新建的公共建筑体量趋于大型化，大体量、超高层的标志性建筑不断涌现，截至 2017 年上半年，已封顶或即将封顶的建筑中，全球排名前十的高楼有 6 个在中国，排名前 100 栋的高楼中有 60 栋在中国；

②越来越依赖机械手段解决室内环境营造问题，强调对室内环境的全面精确控制；

③建筑中供暖、空调、通风和照明等系统的集中控制程度越来越高，由各个房间控制转变为楼宇中央控制，甚至区域集中控制。

这些建筑建设和运营的能耗和碳排放强度都显著高于其他建筑，如果这些建筑成为追捧的对象，则未来建筑不但不宜居，还将造成大量的能耗和碳排放。

（一）大量新建"奇奇怪怪的建筑"

新建大体量、超高层的"奇奇怪怪的建筑"，其出发点可以概括为标新立异，追求区域最高楼以及政府政绩等，面子工程、形象工程居多，很少由于实际功能需求或者外界条件约束而不得不建造的。

在实际使用过程中，相比于其他建筑，这些建筑的功能并没有改善，公众对其视觉外观褒贬不一，还造成了大量的技术问题，包括增大了结构、消防、暖通系统等设计难度，提高了对建材和系统设施的要求，增加了运行管理的成本，加大了室内交通复杂程度与时间，不便于室内人员活动。与此同时，大体量的特点不可避免地影响了建筑使用及其室内环境营造：建筑中更多的使用者使建筑物每天投入使用的时间更长，甚至 24 小时运营，进而使建筑中公共区域照明、动力、设备及空调使用时间延长，集中控制的系统为满足个别空间的需要而不得不连续开启；由于高楼层的安全性要求，使建筑外窗可开启面积小，不利于自然通风，内区较大的建筑自然通风条件也差，使用者被迫更多地依赖空调改善室内环境；

为追求外观漂亮而采用大面积的玻璃幕墙又难以开窗通风，增加了冬季散热和夏季得热，恶化室内环境，甚至在过渡季都不得不开启空调系统以改善室内环境；即使在室外光照条件良好的情况下，大面积的内区仍需要人工照明。这些问题都使建筑用能强度明显增加。

这样看来，这些"奇奇怪怪的建筑"除了能够满足部分人的心理感受外，在设计、建造和使用过程中带来大量的问题，同时增加了建筑能耗强度，实在是一件得不偿失的事情。在发达国家很少有超高层、大体量的公共建筑，某些城市核心地段的高大建筑是由当地地价过高，或者人口过于集中而土地供应不够导致的。

（二）依赖机械手段，强调精确控制室内环境

大量建造"奇奇怪怪的建筑"的同时，用于这些建筑的室内环境营造技术也备受追捧。例如，出于土地成本较高的原因，不得不设计采用超高层建筑；出于安全设计，超高层建筑限制外窗开启面积，而不得不引入机械通风系统；由于安装条件限制和扩大使用面积，空调箱跨十多层送风。由于建筑形式的影响，空调系统设计难度较大，把难度大与技术高等同起来，实际是舍本逐末的认知判断。

这类建筑和系统的设计理念，是为避免室外环境变化或污染对室内产生的影响，强调提高建筑的气密性而取消自然通风设计，无论南方或北方建筑都加大围护结构保温隔热；同时，通过机械通风方式和空调系统全面控制新风量和室温，在这个思路下，更为极致地提出"恒温、恒湿、恒氧"的口号作为高技术来标榜，殊不知空调自诞生时就是作为控制生产空间工艺要求的恒温恒湿的工具。

从建筑运行能耗的角度分析，对于依靠机械通风系统满足室内新风需求的高气密性建筑，设计者认为提高气密性可以减少由于渗透造成的热量损失，并可以通过排风热回收来节省处理新风热负荷或冷负荷的能耗，从而达到节能的效果。在严寒或寒冷地区，由于冬季室内外温差大，提高气密性可以有效减少渗风带来的负荷，减少采暖能耗，在不考虑机械通风系统能耗的情况下，确实降低了建筑能耗。然而，在过渡季高密闭性的建筑不得不采用机械通风，风机运行也明显增加了建筑能耗；在夏季，室内外温差并不大，且室外温度昼夜波动以及室内发热

量的变化使昼夜传热方向发生改变，采取机械通风和热回收，通过案例和模拟分析看，实际增加的风机能耗超出了采用自然通风的建筑。因此，强调气密性的建筑并依赖机械通风，增加了风机能耗，尤其在南方地区反而可能增加建筑整体能耗。

进一步对建筑室内环境营造理念进行分析，全面控制、精确控制室内环境是否合理呢？从新风量要求来看，分析美国近 40 年来办公建筑室内新风量标准的变化与世界上主要国家的办公建筑室内新风量标准，新风标准是在 $9\sim50\,\mathrm{m^3/}$（h·人）的大范围内进行变化的。当节能被高度重视时，人均新风量标准曾被降低到 $9\,\mathrm{m^3/(h\cdot 人)}$，当人的舒适和健康被关注时，新风标准在一些国家提高到 $90\,\mathrm{m^3/}$（h·人），甚至还要更高。从室内温度方面看，曾有旅游旅馆标准，对不同的星级给出不同的室内温度范围，似乎星级越高室内温度允许的变化范围就越小；各种室内温度标准将室温规定在 $22\sim24℃$，大量的关于是 $23℃$ 舒适还是 $24℃$ 更舒适的研究与争论只是在讨论如何营造更舒适或最舒适的室内环境。然而，符合人们需要的室温是否是恒定的呢？从实验和理论分析来看，变动的室温和可以调节的室温环境可能更适合人的需求。人体不是精确的机械仪表，精确的室温或通风量控制对人健康的影响并没有得到充分的论证。

由此来看，依赖机械手段、强调精确控制的建筑室内环境营造方式并不能明显提高室内环境服务水平，却大大增加了系统运行时间与所需提供的服务量，使建筑能耗显著增加了。

（三）系统控制过度集中化

提高供暖、空调、通风和照明等系统集中控制程度，其原因可以概括为：①集中控制便于统一管理和维护；②集中程度高可以保证系统规模越大效率越高；③大型集中系统设计难度较大，好体现技术水平高。建筑中的空调、照明和通风系统集中控制程度越来越高，意味着设备由每个房间独立调节转变为由整层、整栋建筑甚至区域中的多栋建筑统一调节，"大型集中控制系统"往往被认为是高效节能的高科技产品。然而，在实际使用过程中，集中控制系统虽然便于统一管理，但约束了使用者根据自身的需要进行照明、温控和通风的调节能力。例如，在建筑新风机运行时，为避免新风损失，即使在建筑外区可开窗通风的房间也被禁止开窗通风；集中控制也意味着，为满足不同使用者在不同时刻的不同需求，空调或通风系统需一直开启，这样一来，看似高效率的大型集中系统，由于过长的整体运行时间，大大增加了能耗。比如，由于一些办公室夜间有人加班，负责整栋建筑的中央空调系统不得不开启运行；在运行维护方面，集中系统中如果某个环节出现故障，常常需要关闭整个系统，对系统中的使用者产生较大的影响。此外，集中控制系统依赖大量的探测器、传感器和控制器，实际使用中难免出现误差或故障，这将影响系统的调节效果或增加能耗。由此来看，集中控制系统虽然一定程度上提高了管理和服务水平，但集中程度的提高也带来了一系列问题，并且增加了系统运行能耗，盲目追求高技术或集中管理并不合理。

由上面分析来看，造成我国公共建筑能耗强度增加，有大部分原因是出于不合理或者不理性的需求。因此，应该对建筑能耗强度予以有效的控制，避免建筑能耗总量过度增长。

综上所述，当前我国公共建筑在设计与运行阶段出现了"奇奇怪怪的建筑"普遍化、依赖机械进行精确控制与系统控制过度集中等一系列新的问题。这些问题与建筑功能要求并无直接关系，更多的是由于不合理的需求以及缺乏对节能正确的认识所造成的。由于不合理的设计与运行方式，不同程度地增加了建筑能耗强度，使这些建筑能耗水平大大高于同地区同功能的建筑，也使我国公共建筑能耗强度整体呈现上升的趋势。

二、重视建筑和系统形式设计

（一）建筑和系统形式对建筑能耗的影响

建筑与系统形式是影响建筑运行方式的先天条件，一旦建筑建成，就难以通过改变建筑形式开展节能，而改变系统形式通常需要耗费大量的人力、物力，因此，应十分重视公共建筑和系统形式的设计。

建筑形式的设计，通常需要满足实用、美观、经济的原则，满足建筑的功能需求应该是建筑设计的首要目标。从建筑的使用功能来看，前面提到的大体量、超高层的建筑形式，高度集中的系统形式等并非出于功能需求，也不符合经济原则，如果认为是从美观上考虑，实际是否美观还有待公众评论。清华大学研究认为，我国公共建筑能耗强度呈现明显的"二元分布"特征（图5-11）：大多数普通公共建筑集中分布于40～120 kWh/（m²·a）的较低能耗水平，少部分公共建筑则集中分布于120～200 kWh/（m²·a）的较高能耗水平。

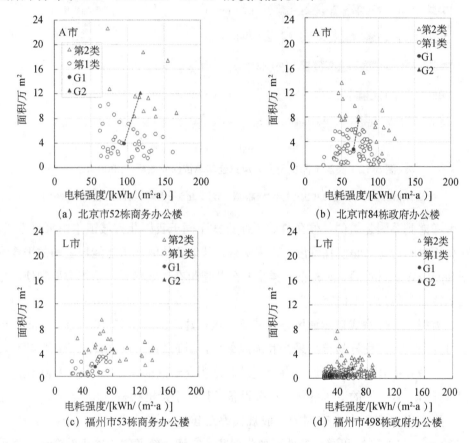

图 5-11 公共建筑能耗的"二元分布"

注：对我国部分城市商务办公楼和政府办公楼的电耗强度和面积进行了聚类分析，抽象出两类办公建筑，其重心G1、G2分别代表了不同地区两类办公建筑的典型单体建筑规模及除采暖外的电耗强度。

此外，一些国外的研究对不同建筑形式和系统类型的公共建筑能耗进行了研究。下面以英国某项研究为例，说明不同建筑形式、系统类型和使用方式造成的建筑能耗的巨大差异（图5-12）。

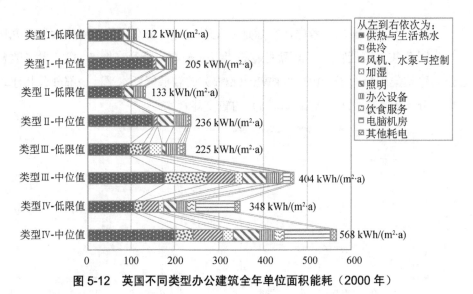

图 5-12 英国不同类型办公建筑全年单位面积能耗（2000 年）

（资料来源：周大地. 2020 中国可持续能源情景［M］. 北京：中国环境科学出版社，2003.）

考虑到英国建筑的气候条件、采暖方式不同于我国北方城镇集中采暖方式，在分析时不考虑采暖能耗强度。除采暖外，其他各项终端用能能耗之和的平均水平为 90 kWh/（m²·a）。四种不同类型的公共建筑在建筑形式、系统类型和使用方面的特点总结为以下内容。

类型Ⅰ：分格式自然通风办公建筑。这类建筑的面积在 100～3 000 m²；外窗可开启，具有良好的自然采光和通风条件，且使用者可自由控制照明与空调。

类型Ⅱ：开放式自然通风办公建筑。这类建筑的面积在 500～4 000 m²；外窗可开启，有良好的通风条件；办公设备长期处于待机状态。

类型Ⅲ：使用中央空调的一般规模办公建筑。这类建筑的面积在 2 000～8 000 m²；自然采光和通风条件不如类型Ⅱ；空调系统通常为冷机结合全空气系统与变风量末端（VAV）。

类型Ⅳ：使用中央空调的大中型办公建筑。这类建筑的面积在 4 000～20 000 m²；建筑的自然采光和通风条件通常较差；办公配套空间有中央机房或信息中心、厨房与停车场等，冷站运行时间较长。

比较来看，类型Ⅰ建筑除采暖外能耗最低约为 25 kWh/（m²·a），而类型Ⅳ建筑除采暖外能耗通常约为 340 kWh/（m²·a），是前者的 10 倍以上，最低也有

225 kWh/（m²·a）。这些差异反映出：①不同建筑和系统形式、不同使用方式的建筑导致的实际用能差别巨大；②在建筑和系统形式相同的情况下，由于使用方式的不同，能耗强度也有巨大的差异。而此项调查还研究了用户对建筑提供服务的评价，类型Ⅰ建筑能耗低而使用者抱怨也最少，类型Ⅳ建筑能耗高反而使用中的抱怨最多。从建筑使用过程分析，类型Ⅰ建筑中的使用者，可以根据自己的需求自由地调节外窗进行自然通风或使用空调设备；而类型Ⅳ建筑，由于建筑密闭性能耗，使用者难以通过自然通风调节室内环境，而中央控制系统难免遇到使用者需求不能满足的末端，因而也导致出现了较多的抱怨。

根据前面的分析，建筑和系统形式是造成一部分公共建筑能耗强度大大高于其他同类建筑的主要原因。于2016年出台的国家标准《民用建筑能耗标准》，从建筑和系统形式方面将公共建筑分为A、B两类。A类建筑和系统的特点：建筑形式考虑被动式设计，充分利用自然通风和采光，采用分散式或半分散式设备营造室内环境。B类建筑和系统的特点：由于建筑周边环境较为恶劣（如污染、噪声等），不得不加强密闭，减少或取消自然通风条件，使建筑室内尽量与外界隔绝。从实际运行能耗来看，这两类建筑的能耗强度分别对应着"二元分布"的低和高两个区间。如果未来处于较低水平区间的公共建筑能耗向较高水平转变，公共建筑能耗将成倍增长，不利于我国建筑节能工作的开展。

（二）节能设计的要点

从建筑形式来看，除位于机场、港口和其他类型交通枢纽附近的建筑，由于室外噪音大而需做好隔音措施外，大部分建筑可以通过选择朝向、设置可开启外窗或加装自然通风窗、设计自然通风或热压拔风路径等被动式设计，充分利用自然通风改善过渡季室内环境。政府办公、商业办公和宾馆等类型建筑，可以通过朝向选择、楼层平面设计、外窗位置和大小等，利用自然光满足白天室内采光需求。对于夏季炎热的南方地区，外窗遮阳设计能够有效减少进入室内的太阳辐射得热，降低空调能耗；而对于冬季寒冷的北方地区，通过增加围护结构保温、合理设计外窗面积大小和建筑的密封性能，可以降低采暖负荷。总之，针对不同地区和不同功能的建筑，可以通过大量被动式设计，减少各项终端用能需求，降低实际建筑能耗。

从建筑中各类系统形式来看，对于用于室内环境营造的空调、采暖、通风、照明等设备或系统，应充分考虑不同使用者对环境感知的差异性，即温度、湿度、空气、照度的不同需求，从实际运行和使用方式出发，提高对应方式下系统的能效，以实现降低能耗的目标。具体来看，有条件采用分体式或者半集中形式的空调采暖设备的应优先使用，特别是对于政府和商业办公、宾馆等较少有高大空间的建筑；发展个性化送风装置，通过风环境模拟计算，针对室内不同空间进行通风设计，减少系统总的送风量以及通风管道中的损失；普及工位或分区照明设计，满足加班时段人员较少或分散时的照明要求。对于生活热水、办公设备以及室内交通设备，应充分考虑使用者不同时段的使用需求，注意设计减少无使用需求时的浪费并且便于灵活调控的技术措施。

通过使用调查和能耗测试发现，已有一批在建筑和系统形式方面有出色设计的实际工程案例，如深圳某办公大楼、西安咸阳机场、上海某商业办公建筑和山东某图书馆等。这些建筑通过优化被动式设计，采用便于调节的高效设备以及合理利用可再生能源等技术措施，在满足建筑使用功能并保证室内环境舒适的情况下，建筑能耗强度明显低于同类建筑平均水平。下面以深圳和上海某建筑为例，对其设计与实际能耗情况进行分析。

案例6：深圳某办公大楼

1. 基本情况及节能设计要点

该办公建筑于 2009 年竣工，总建筑面积为 1.82 万 m^2，该大楼荣获建设部绿色建筑创新综合一等奖及绿色建筑运行标识（3 星级）。

从建筑和系统形式设计情况来看，该建筑的特点可概括为舒适而节能，空间可调、灵活，采用本地化低成本技术。具体的节能设计要点如下：

（1）大量设计半敞开空间，以降低空调和照明需求。每层都有敞开式平台，大楼中的走廊、部分聚会空间、打印机间、开水间及部分小组会议空间等功能空间也被设计成为半敞开空间，利用敞开空间的自然通风及天然采光降低了对空调和照明的需求，从而降低了能耗。此外，第五层会议厅外墙可实现全开启，过渡季节会议厅使用时可将外墙全部打开，使之成为半开敞空间，降低空调及照明能耗。

（2）空调系统小型分散化，降低冷冻水的输配能耗，有较好的独立控制性能。该楼使用风机盘管加新风系统，湿负荷由新风承担，风机盘管只处理室内显热负荷，可使用高温冷水。大楼会议厅、地下实验室及一些功能区域（IT 机房、控制室等）以及专家公寓等空间都配备有单独的空调系统或设备。

（3）重视自然通风与采光设计。办公区域中有大面积的可开启外窗，这些外窗的开启均由使用人员控制，同时外窗的内外侧均安装有加强自然采光效果、避免阳光直射的天然光反光板。

2. 实际建筑运行情况与能耗

结合实际测试和问卷调查对该楼的室内环境进行分析。实测办公区域室内环境状态与 ASHRAE Standard 55 所规定的舒适区间进行对比（图 5-13）可以发现，春、夏、秋三个季节室内环境基本处于标准所规定的舒适区间内，而冬季会出现部分时间室内环境温度低于舒适区下限。

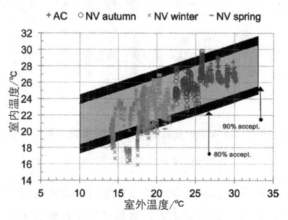

图 5-13　实测温度与标准要求对比

注：图中各个图例的点为调研样本点，AC 表示空调开启时；其他为未开启空调情况下，NV autumn（秋季）、NV winter（冬季）和 NV spring（春季）的调研样本点。80% accept 和 90% accept 分别指 80%和 90%可接受。

在过渡季会议厅举行全体会议时,对参会者进行调查,其中 60%以上员工认为在会议厅中人体热感觉处于中性,处于微凉或微暖的比例为 20%,可判断会议厅内的环境可以满足员工的热需求。而在室内自然通风和空调期间的热舒适调查发现,两者对环境感受的满意程度接近。而对比办公室及开敞平台的环境,虽然开敞平台的工作人员感觉更热一些,吹风感也更明显一些,但是开敞平台比空调办公室的热舒适评价更好,办公人员更喜欢在这些区域内活动。

实际测试得到 2011 年逐月能耗强度,与该地区同类建筑平均水平比较情况见图 5-14。2011 年,案例建筑单位面积能耗强度为 66.6 kWh/（m²·a）,而当地同类公共建筑平均能耗强度为 103.7 kWh/（m²·a）,案例能耗强度仅为其 64%。

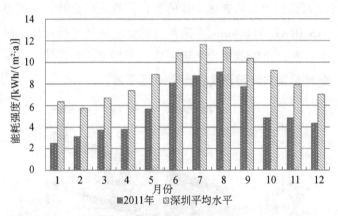

图 5-14 2011 年案例逐月能耗与当地同类建筑平均水平对比

（数据来源:深圳市建筑科学研究院）

总的来看,该楼从建筑和系统形式方面进行了精心的设计,充分考虑利用自然条件改善室内环境,同时满足人与自然环境接触的需求;考虑建筑内各个空间功能差异,设计了可以根据使用者不同需求独立调节的空调系统。在这样的设计条件下,该楼的室内环境能够满足使用者的需求,而建筑能耗明显低于该地区同功能建筑的平均水平。

案例7：上海某商业办公楼

1. 基本情况与节能设计要点

上海某办公大厦占地面积 1 106 m²，地上面积 6 231 m²，地下面积 1 070 m²，建筑高度约 24 m，地上六层，地下一层，属于商务办公类建筑。围护结构按照公共建筑节能设计标准进行节能改造，外墙采用了内外保温形式，屋面采用了种植屋面、平屋面、金属屋面几种形式。玻璃门窗综合考虑了保温隔热遮阳和采光的因素，采用了高透性断热铝合金低辐射中空玻璃窗。

该建筑充分考虑被动式节能技术，包括自然通风、自然采光、建筑遮阳等技术措施。①从自然通风设计角度看，该建筑位于市区密集建筑中，与周围建筑间距较小，虽然办公楼存在众多不利的自然条件，但建筑设计从方案伊始即提出了多种利于自然通风的设计措施，如中庭设计、开窗设计、天窗设计、室外垂直遮阳倾斜角度等措施。②自然采光设计主要采取改造既有建筑门窗洞口形式，增设建筑穿层大堂空间与界面可开启空间、建筑边庭空间、建筑中庭空间、建筑顶部下沉庭院空间，调整建筑实体分隔为开敞式大空间布局等措施。③建筑遮阳主要采取的措施有垂直外遮阳板、水平挑出的格栅（外挑走廊），并针对东、南里面措施有所不同。此外，该建筑依据实际办公使用的特点采用了易于灵活区域调节的变制冷剂流量多联分体式空调系统+直接蒸发分体式新风系统，并按照楼层逐层布置，厨房及展厅大厅各设置一套系统，易于管理。

2. 实际建筑运行情况与能耗

针对该楼的室内环境进行分析，就过渡季节（非空调时期）室内（二层、六层）的热湿环境进行了测试，测试结果表明二、六层的预计适应性平均热感觉指标（APMV）分别为-0.33、-0.29，根据《民用建筑室内热湿环境评价标准》（GB/T 50785—2012）的非人工冷热源热湿环境评价等级表可知，该办公建筑的室内热湿环境等级为 I 级。根据大样本问卷调查的结果也可以看出，二、六层的实际热感觉分别为 0.06、0.15，也说明室内热湿环境属于 I 级。综合来看，该办公建筑的室内热湿环境属于 I 级。

实际测试情况发现，在工作时段室内二氧化碳浓度维持在 500×10^{-6} 左右，室内温度约为 20℃，相对湿度约为 25%。一夜过去室内温度下降约 4℃，从 8 点开始，随着室内办公人员的陆续到岗，室内二氧化碳和室内温度逐渐上升，9 点左右温度达到舒适范围。

2013 年（截至 2013 年 12 月 15 日）总用电量为 370 834 kWh（已扣除太阳能光伏系统发电量），单位面积（包括地下室面积）用电量为 50.79 kWh/（m^2·a），人均用电量为 970.77 kWh/（人·a），大大低于该地区同类建筑能耗强度的平均水平。

三、重视运行管理

（一）运行过程中出现的问题

建筑和系统形式与性能是影响建筑环境和能耗的技术条件，前面分析了建筑和系统形式的影响，实际当前建筑节能工作中更注重的是建筑和系统的性能，即能源利用效率（"能效"）。节能设计或评价标准主要依据建筑的能效，而能效离开了其对应的标准工况就失去了意义——标准工况下的"能效高"不代表在所有运行和使用工况下仍能保持高能效。在建筑实际使用过程中，各类设备或系统的运行和使用方式千差万别，而且经常变化。对比来看，标准工况并不符合我国绝大多数建筑的实际运行情况，在这种情况下出现了一些"高能效"同时也"高能耗"的建筑。

事实上，建筑和系统的运行使用是产生建筑能耗的实际原因。如果没有人们对建筑环境营造与办公、商业、文娱活动、交通等功能的需求，也不会产生建筑能耗。运行和使用方式的不同，是造成实际建筑能耗巨大差异的主要原因。

然而，由于过多地强调建筑能效，以往的节能工作往往重视安置了高能效设备或系统，如大型制冷设备、水源/地源热泵等，而忽视了建筑的节能运行管理和部分负荷下机电系统的能效。大量建筑在实际使用过程中产生了一系列的问题。

（1）因管理疏忽造成的照明、热水与办公设备能源浪费。这类浪费主要发生在夜间人们下班后，一些公共区域或办公室的照明、办公设备或制备热水设备忘记关闭，连续 24 小时使用。

（2）空调系统长期处于低负荷率运行。出现这个问题的原因主要有以下几类：①设计安装的设备容量过大，大大高出实际空调运行负荷；②运行过程疏于调节，长期使用大容量的机组运行；③为满足夜间少部分加班人员的需求，全楼开启空调。

（3）建筑围护结构调节与系统使用不协调。例如，空调或采暖时仍然有大量的渗风通过外窗或其他渠道进入室内，出现这类问题的主要原因有以下几类：①疏于管理，在空调或采暖运行时没有注意到外窗开启；②系统形式为集中控制，而人员需求存在差异，一些使用者希望通过开窗改善室内环境；③由于施工或后期使用，使建筑存在一些内外相通的渠道。

（4）为节省费用而牺牲室内环境质量。例如，北京某商业办公建筑有较大的内区，虽然安装了机械通风系统，但每天仅使用两个小时甚至不使用，运行管理人员反映的情况是，如果开启风机将使电耗大幅增长。实际上，这样的现象在我国公共建筑中普遍存在。

（5）空调设定温度过低或采暖温度太高。某些商业办公楼，夏季空调时段室内温度在 20～22℃，办公人员不得不穿西装上班；而在冬天，一些商场室内温度达到了 26℃甚至 28℃，购物人员常常难以忍受室内的高温。

总的来看，当前公共建筑运行管理过程所出现的问题，一方面与建筑和系统设计与实际使用情况的差异明显相关；另一方面，运行管理方疏于调节或调节不当也导致了大量的能源浪费。

（二）节能的要点

公共建筑中的设备和系统等终端用能项，可以归纳为两类：一类服务于室内环境营造，即空调、采暖、照明和通风等；另一类服务于建筑的运行功能，如办公设备、酒店生活热水、室内交通电梯等。

在公共建筑中，大部分室内环境营造的目的是为保障人在室内的舒适度，其对象应该是在建筑中的人。因此，在运行过程中应将人的实际感受作为调节管理的依据。而对于服务于建筑运行功能的，应在保证其功能需求的情况下，尽可能减少过量的运行能耗。

在相同气候条件、相同功能类型下的公共建筑，从实现各项终端用能的用途出发，其能耗强度存在一个合理的值或区间。在运行阶段应以实际能耗强度作为节能的依据，《民用建筑能耗标准》给出了不同地区各类公共建筑的约束性指标值，正是从这点出发的。为满足建筑实际功能需求同时实现能耗强度控制目标，一方面要重视建筑和系统的设计，充分考虑技术对运行使用的影响，为运行阶段的节能提供保障条件；另一方面，应加强节能理念和绿色使用方式的宣传教育，结合节能监督管理手段，使建筑业主和运行管理人员重视运行使用上的节能，对于既有公共建筑，通过节能服务市场促进节能运行。

1. 重视通过技术与使用方式的相互作用进行节能运行

对于新建建筑，在建筑和系统的设计充分考虑了运行和使用需求的情况下，设计者应该与运行管理人员交流，使其能够充分理解建筑和系统的节能设计；同时，强化运行管理者的节能意识，建立运行能耗情况与其绩效考核挂钩的制度。

对于既有建筑，在建筑或系统不能满足节能运行要求时，在经济成本和技术可行的情况下，应进行节能改造；如果由于运行管理人员的疏忽或调节不当而造成能源浪费，则应加强运行节能管理，必要时引进节能服务公司开展合同能源管理。

2. 通过宣传和经济刺激机制引导节能运行方式

推动使用方式和运行管理节能，关键在于使建筑使用者接受节能的理念，采取绿色生活和使用模式，并能够有效地贯彻执行。实际上，节约能源的观念已经被越来越多的民众接受，应该宣传和引导具体的节能行为，如指出饮水机和电脑的待机电耗大，在不使用时应及时关闭。

对于公共建筑，能源价格或经济处罚是促使其开展节能的重要刺激因素。结合《民用建筑能耗标准》提出的能耗指标，实行惩罚机制或实行阶梯电价，都有利于从经济因素的角度促进公共建筑节能。

3. 推广能源服务公司市场模式

能源服务公司（ESCO）把经济性与节能要求结合起来，通过加强运行管理或进行节能改造，降低建筑运行能耗。根据刘贵文等的研究，ESCO 起源于美国，公共建筑节能是 ESCO 的主要服务对象，目前在欧洲、日本等发达国家有较好的发展，其运作模式也逐渐成熟。葛继红等认为，在我国由于没有完善的政策依据、相关人才稀缺、市场激励机制不健全和 ESCO 企业技术不成熟等原因，ESCO 的发展还存在一些问题。为促进公共建筑运行管理和节能技术应用节能，应通过政策引导、财税激励、技术培训等途径大力支持 ESCO 模式，通过市场作用对当前一大批高能耗公共建筑进行节能改造和节能运行管理，将有效增强公共建筑节能推进的力度。

案例 8：香港太古案例

1. 项目和系统简介

PP1（Pacific Place 1）和 CPN（Cityplaza North）为两座太古地产位于香港的冷站，始建于 20 世纪 80 年代和 90 年代，并在 2010 年前后分别进行了整体节能改造。目前，其能效水平在亚太地区都堪称一流。如图 5-15 所示，按照美国采暖、制冷与空调工程师学会（ASHRAE）的研究报告所提议的冷站能效水平评价标尺，这两座冷站的全年平均系统能效比（COP）均属于"优秀（excellent）"水准。这里以冷站为例，介绍其节能高效的实践与经验。

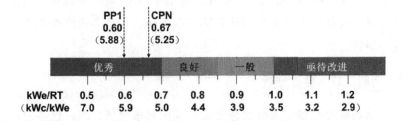

图 5-15 冷站整体能效指标标尺及 PP1 冷站和 CPN 冷站的实际全年能效比

注：RT，冷吨；kWe，千瓦电；kWc，千瓦冷。

PP1 为香港太古广场（Pacific Place）的冷站之一。太古广场是一个包含了写字楼、酒店和商场的综合商业体。PP1 冷站负责其中的一期写字楼（One Pacific Place），并和 PP2 冷站共同为商场（Pacific Place Mall）供冷。PP1 负责的总建筑面积为 111 017 m²，空调面积为 103 957 m²。

PP1 配备了 4 台 1 000 RT（RT：冷吨，冷量单位，1 RT=3.517 kWc）的大冷机，2 台 400 RT 的小冷机。其冷冻水系统采用了二次泵系统，初级泵定速运行，次级泵通过台数调节及变频控制管路末端压差等于设定值。冷却水系统为海水直接冷却系统，并与其他冷站共用海水泵房。其中，冷站内的冷却水泵只负责冷却水在冷站内的压降，海水泵房另设有海水泵。

CPN 为香港太古城中心商场（Cityplaza）的北区冷站，负责太古城中心的北区。其负责的建筑面积为 92 183 m²，空调面积为 59 226 m²。冷站配备了 4 台冷机、5 台初级冷冻水泵、3 台次级冷冻水泵、6 台冷却水泵。系统形式与 PP1 类似，为二次泵冷冻水系统、海水间接冷却系统。冷冻水泵控制方法与 PP1 相同，冷却侧与其他冷站共用独立的海水泵房。

2. 能耗情况及能效指标

冷站的能效水平可以通过冷站综合能效系数 EER、冷机 COP、冷冻水和冷却水系统输配系数进行评价。需要说明的是，冷却水系统能效应包括海水泵电耗，由于几座大厦的冷冻站共用海水泵房，海水泵耗不易分解到单独的冷站，为保证数据精确，故暂不纳入讨论（实测太古地产的海水泵房效率也是非常高的）。

将 PP1 及 CPN 的能效与国家相关标准进行对比，两冷站的各能效指标均显著高于国家参考值。系统的良好运行需要各系统、各设备的综合考虑、良好配合，缺一不可。

3. 节能高效的要点分析

从冷站的全寿命期考虑，对能效有影响的环节包括选型、设备出厂性能、保养维护和运行控制。而这两座冷站之所以能达到如此优秀的能效水平，正是在这四方面都有优秀的表现。

（1）选型恰当

冷机、水泵等设备的选型往往要考虑所谓的额定工况，其应尽量与实际工况中出现最多的情况相接近，以保证设备能长期运行在较高效率下。除冷机容量外，冷机两器温差的选择也会影响冷机能效和供冷能力。两器温差实际上体现了冷机蒸发器和冷凝器的压力差。一般设计两器温差比冷机运行的最高两器温差低 1~2℃比较合适，既不会在高温天气影响冷机的供冷能力，又保证了冷机尽可能运行在高热力完善度区域。此外，水泵的选型同样关系到水泵的运行效率。

（2）设备出厂性能好

要保证设备的出厂性能好，一方面需要业主选购在当前技术水平下较好的设备，另一方面需要在设备验收时确保设备运行情况与样本一致。水泵的情况与冷机类似。

（3）维保到位

在设备运行中定期进行维护保养，关系到设备能否持续保持高效运行。冷站的维保效果主要体现在水路阻力上。因保养不良造成的管路结垢、过滤器堵塞、部件损坏等问题会给水路增加额外的压降，水泵不得不提供更高的扬程，从而造成水泵能耗的浪费，同时还可能会对系统的调节性能及末端的舒适性造成影响。这些是在集中空调冷冻站系统中常见的问题，在这两个冷冻站中几乎绝迹。同时，水路阻力还与包括阀门设置在内的管路设计以及运行控制有关。较低的水路压降也是冷站在管路设计和运行控制这两方面的优秀表现。

（4）控制有效

良好的控制与系统安全、室内舒适和系统高效息息相关。从效率的角度看，运行控制既要尽可能使设备运行在高效区（即设备级控制），又要通过流量调节及设备之间的配合使系统整体达到最优（即系统级控制）。

此外，这两座冷站采取的很多具体控制策略值得借鉴，如直到冷机超过额定冷量100%的出冷量之后、实在无法再增加供冷能力时，才多加开一台冷机。通过多年如一日的精心摸索，太古地产的冷冻站实现了人工准确预测和识别负荷变化以及高精度的控制，既精准地满足了建筑物不同空间、不同时间的冷量需求，又实现了冷站的高效运营。

案例 9：北京颐堤港近零采暖能耗商业改造案例

1. 项目简介

本项目位于北京市，2012 年投入使用，供暖建筑面积有 14.2 万 m^2（不含停车场和酒店），其中商场 8.56 万 m^2，写字楼 5.61 万 m^2，设计方案曾获得某国际认证奖（图 5-16）。项目运营期间不断进行节能改造，在充分保证建筑物室内舒适度和环境质量的前提下，比《民用建筑能耗标准》中的"引导值"低 75%，比欧盟建筑能效指令（The Energy Performance of Buildings Directive，EPBD）关于近零能耗建筑标准的采暖耗热量还要低 50%。运行过程中二氧化碳和 NO_x 排放量极低。

图 5-16　北京颐堤港项目外观

2. 能耗和碳排放情况

根据实测数据，2016—2017 年供暖季，项目燃气耗量 63.9 万 m^3，输配耗电量 13.8 万 kWh。二氧化碳排放量为 1 557.2 t，NO_x 排放量为 0.31 t。相比于 2012—2013 年供暖季，采暖燃气量消耗下降近 60%（从 153.9 万 m^3 减少到 63.9 万 m^3）。与此同时，商场冬季室内温度过冷过热同时存在的现象明显改善，全楼温度梯度小，室内热环境舒适，二氧化碳浓度全楼均在 800×10^{-6} 以下，PM$_{2.5}$ 浓度也较低。各项指标跟国际引导值和优秀水平的比较如表 5-2 所示：

表 5-2　项目能耗和排放指标及先进值参照

完整供暖期	单位	办公楼	商场	综合体总计	国际引导值或优秀水平
耗热量	GJ/m^2	0.05	0.23	0.16	0.19
天然气耗量	Nm^3/m^2	1.4	6.6	4.5	6.6
输配耗电量	kWh/m^2	0.8	1.4	1.2	1.0
碳排放	$kgCO_2/m^2$	3.5	14.5	10.2	14.1
NO_x排放	gNO_x/m^2	0.66	3.17	2.17	6.06

注：引导值或优秀水平数据来源①《民用建筑能耗标准》中的耗热量、耗气量和耗电量指标；②1 m^3 天然气碳排放约 1.98 $kgCO_2$，电碳排放按华北电网 2010—2012 年平均电力排放因子计算，为 1.058 0 $kgCO_2/kWh$；③北京市《锅炉大气污染物排放标准》（DB 11/139—2015）。

3. 节能改造要点

从 2013 年起，基于持续监测的数据，对项目不断进行节能改造，实现从热源、输配到末端三大环节的全链条提升。这个项目确定了抓住重点、分步推进、持续改进的思路，取得了良好的改造效果。

第一，在热源（冷源）侧优化，包括对燃烧器进行低氮改造，烟气热回收改造和燃烧器无级调节改造，加装自由冷却系统。第二，对输配系统进行优化。在管路方面实施了板换全部加装保温、大堂过冷区域单独设管供热、写字楼热站支路单独控制调节等措施，在运行调节方面制定了热站节能调控策略、手动精心调节，并进一步将调节策略固化为热站自控系统策略。第三，在末端分别对写字楼和商场进行了一系列的现场排查、改造和调节优化，包括对 AHU 工况、楼层平衡、自控效果和策略等进行测评，围护结构漏洞排查与封堵，PAUR 控制策略精细调节和楼内水系统管网热力平衡调适，过热区域开启策略调整和过冷区域改造、厨房排补风改造等方面的工作。

总结节能改造的经验，对于办公建筑的采暖运行改造技术路线包括四步：第一步，定位问题，对于这个项目而言，主要存在外区过热、四管制系统冷热抵消的问题，以 1 月 10 日实测数据为例，14 层写字楼南向最高温度可达 27℃以上，不同方位温差较大，过热问题仍然严重，这个情况阴天与晴天的对比明显，可以认为过热问题主要源于太阳辐射；第二步，针对问题对现状进行校核，选取典型日对热平衡关系进行拆分，热负荷的主要构成是围护结构传热损失、新风负荷和渗风负荷，太阳辐射、人员设备产热以及热站供热是热量来源，某典型日实际需要的热站供热量仅为总系统负荷的 28%；第三步，根据校核现状对系统进行精细化调适，根据写字楼负荷规律，供热质/量双调节，减少过量供热；第四步对系统进行改造，写字楼的负荷特性和控制需求与商场不同，将写字楼支路进行单独控制，写字楼平均供水温度下降 4.2℃，在太阳辐射较强时段可以进一步降至 30℃，商场平均供水温度也降至 37℃，实现不同空间、不同时间精细供水温度调节。

第三节　未来发展模式

从中外公共建筑能耗对比的情况来看，我国公共建筑能耗强度远低于发达国家水平，而如果我国公共建筑能耗强度达到发达国家水平，公共建筑能耗总量将成倍增长。因此，在我国能源资源有限、短期内难以发展出可替代化石能源的新能源技术且不能依赖进口能源的情况下，控制能耗强度是在建筑规模一定的情况下，控制能耗总量的必要举措。

在住房和城乡建设部组织下编制的《民用建筑能耗标准》，根据北京、上海、广州和深圳实际调研的公共建筑能耗数据，提出了各类公共建筑应控制的能耗上限，为推广能耗强度控制提供了依据。

推广能耗强度控制需从以下几个方面入手：

1. 严格执行《民用建筑能耗标准》，鼓励地方制定并实施相应的能耗标准

标准的执行需要政府相关法律法规的支持，对于达不到标准要求的建筑应予以相应监管乃至惩罚，相关节能奖励或补贴等也应与《民用建筑能耗标准》挂钩，达不到标准要求的一律不能给予奖励或补贴。同时，对于实际能耗达到引导值水平甚至更低的，可以在奖励或补贴方面予以优先考虑。

在建筑设计、施工、调适、运行以及节能改造等各个环节，都可以引用《民用建筑能耗标准》中的指标值作为依据，决定建筑方案、系统或建筑的节能权责、节能管理方案以及改造措施等。

2. 全面落实能耗统计和审计，并以此作为支撑能耗上限控制的数据基础

能耗数据值是开展能耗强度控制的基础，只有在明确各个建筑实际能耗强度的情况下，才能检验其是否满足上限控制的要求。因此，在各地应全面开展公共建筑能耗统计或审计，有条件的应逐步开始普及能耗监测，保障能耗数据真实有效的获得。同时，已经建立能耗监测平台的，对平台数据内容和质量进行评价验收，严格把关数据的准确性和科学性。

3. 完善与能耗强度控制相关的标准体系

从节能设计、施工、调适和改造等环节着手，围绕建筑能耗指标提出相关的标准，保障公共建筑的设计、施工、调适和改造都能够有针对性地开展，同时也给从业人员提供依据。这些标准的编制，可以建立在已有大量工程实践和模拟分析的基础上，对现行相关标准做进一步的补充和完善，明确以能耗指标控制为目标、各个环节密切把关的思路。

4. 提高建筑与系统设计人员在控制能耗方面的设计水平

在推动《民用建筑能耗标准》及相关法规执行、完善相关标准体系的同时，对从业人员（包括建筑师、设备工程师和电气工程师等）开展相应的培训，使其具备能耗控制的概念，同时能够以此为重点进行建筑和系统的设计。

5. 推动节能服务企业发展，提高建筑运行管理水平

鼓励或者培植节能服务企业，包括给予适当的政策优惠，提供人员培训，发展相关的评估与行业自律机构，制定节能服务相关标准，健全节能服务市场机制，从而能够通过市场推进能耗控制，全面推进能耗强度上限控制。

6. 管控 B 类公共建筑的数量和规模

根据现有研究来看,《民用建筑能耗标准》中所指的 B 类公共建筑实际是选择了一条有违"生态文明"理念的建筑设计道路。该类建筑不能通过开启外窗方式利用自然通风,而是依赖机械通风和空调系统维持室内温度的舒适性要求,将人与自然环境隔离,在造成大量能源浪费的同时,一些 B 类建筑实际还对人们的健康生活和工作产生不利的影响。

综上所述,未来我国公共建筑能耗强度应进行上限控制,从政策、标准和技术等方面予以保障,同时引导节能管理人员、设计者、运行管理者和节能服务企业,明确节能应以能耗强度控制为重要目标,激发市场推动节能工作开展的主动性,从而保证我国公共建筑能耗总量在建筑规模合理规划的情况下得到有效的控制。

第六章　城镇供暖问题与碳排放

第一节　供暖能耗现状

一、供暖问题的由来

在冬季气温较低的地区，为保证人们能够正常的生活或工作，需为人员所处的环境供暖。气候条件是影响建筑供暖方式和能耗的重要客观条件，而人对环境的要求是影响供暖的主观因素。

从历史来看，人类最早通过衣物遮体并实现保持体温的作用，进而使用"火"作为主动取暖的热源，到今天采用集中供暖、燃气壁挂炉+地板采暖、热泵空调采暖等各式各样的取暖系统或设备，经历了技术水平和服务水平提高的过程。由此来看，取暖是人作为自然生物，为保证生存进而感到舒适的必要措施，其本质对象是人，而不是后来出现的建筑。

从气候条件来看，我国北方严寒和寒冷地区冬季室外温度大部分时间低于0℃，需供暖时间从3～6个月不等。考虑供暖时间和强度要求，以及热源所用能源类型及其输配与处理的方式，北方城镇地区逐渐形成了以不同规模集中供暖为主、兼有少量楼栋或者家庭独立供暖的方式。其中，采用不同规模的集中供暖建筑面积约占北方城镇总建筑面积的85%。相对于北方地区，在长江流域冬季有1～2个月的时间气温较低，维持室内舒适感的室内外温差大大小于北方地区，事实上该地区长期以来保持着通过多穿衣服或进行局部采暖的方式来应对冬季需要取暖的问题。由于气候条件、供暖方式以及人们生活习惯等不同，南北方供暖问

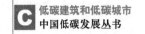

题及其应对方法存在明显差异。因此，本章对南北方城镇供暖分开阐述。

相对于城镇，农村地区的供暖采用的形式在北方以炕为主，南方则采用煤炉、柴火盆等，通常与炊事、生活热水等用能需求结合，采用生物质、煤等燃料，与城镇供暖有着显著的差异，这部分内容将在农村建筑用能部分讨论。

二、北方城镇集中供暖

（一）北方城镇供暖现状

北方地区城镇供暖能耗包括了严寒地区和寒冷地区城镇住宅及公共建筑供暖用能。从能耗总量来看，这部分用能是我国建筑能耗的重要组成部分：2015 年，北方城镇供暖能耗总量达到 1.91 亿 t 标准煤，占当年我国建筑能耗总量的 22.14%。2001—2015 年逐年能耗总量及能耗强度如图 6-1 所示：

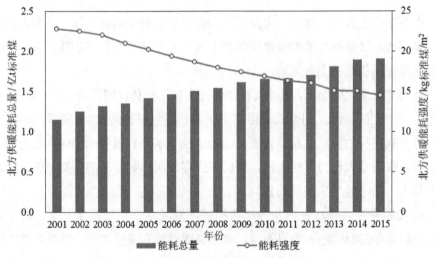

图 6-1　2001—2015 年北方城镇供暖能耗总量与强度

由图 6-1 可知，北方城镇供暖能耗强度（图中曲线）持续下降，从 2001 年的 22.8 kg 标准煤/m² 降低到 2015 年的 14.5 kg 标准煤/m²（降低约 36%），这清楚地表明 10 余年来我国在建筑节能领域的系列工作所取得的成果：北方地区大多数新建建筑符合严格规定的建筑保温与气密性标准，使新建建筑的供暖需热量下降到 1980 年水平的 1/3；低效的燃煤小锅炉被陆续改变为高效的热电联产热源或大型燃煤锅炉；多种新型的水源热泵、地源热泵也开始在供热热源中承担一定的比例。然而，同一时期供暖能耗总量却不断增长，其主要原因是北方城镇供暖面积的增加。2001—2015 年，北方城镇供暖面积从不到 50 亿 m² 增长到 131 亿 m²，增长超过 1.5 倍：一方面，该地区建筑面积随着城镇建设而增加；另一方面，随着生活水平的不断改善，供暖建筑在建筑总量中的比例也不断提高，基本全面覆盖各类城镇建筑。

从 1996 年以来，随着北方地区城镇供暖能耗的增加，碳排放量也在逐年增长（图 6-2）。2015 年北方城镇供暖碳排放量约为 5.1 亿 t，比 1996 年增长约 2.6 亿 t。相比于公共建筑碳排放，北方城镇供暖碳排放增幅较小。

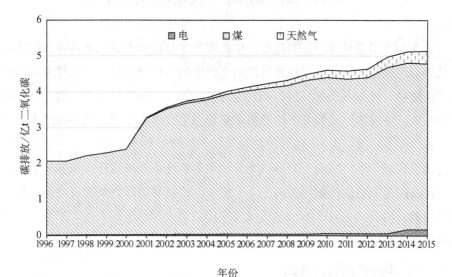

图 6-2　1996—2015 年北方城镇供暖碳排放量

从供暖热源的类型来看，北方城镇采用了包括各种规模的燃煤热电联产、燃气热电联产、燃煤锅炉、燃气锅炉、地源或水源热泵、工业余热和分户供暖（包括分户燃气锅炉、燃煤炉、热泵和电供暖等形式）等类型的系统（图 6-3）。整体来看，北方城镇供暖以各种规模的集中供暖系统为主，占总供暖面积的 85% 以上；其中，热电联产供暖面积增长速度明显，约有 40 亿 m² 的建筑采用热电联产供热。

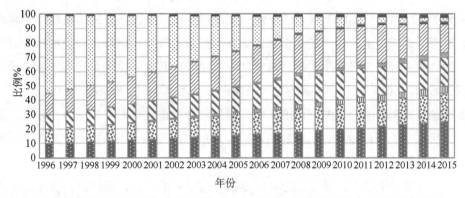

图 6-3 1996—2015 年不同类型热源形式占比

从能源类型现状来看，燃煤是集中供暖的主要能源形式，这是由我国能源储备的特点所决定的；而燃气在各种供热系统中的应用越来越多，这与国家逐步控制煤的用量、大力发展燃气供热和发电有关。此外，利用工业余热供暖的面积还较少，从经济成本以及能源节约的角度来看，工业余热供暖未来还有较大的开发潜力。

综合来看，集中供暖有着可以充分利用可再生能源或者工业余热的优势，同时，在以煤为主要供暖燃料的情况下，集中供暖能够很好地解决煤燃烧后的垃圾处理问题，加上北方各个城市已建成或在建的集中供暖管网系统，未来北方城镇的供暖形式仍将以集中供暖为主。

（二）中外供暖情况对比

各国的气候条件不同、采暖方式有差异，在进行供暖情况对比时，先要定义清楚对比数据的内容。以供暖能耗强度为例，是以总的供暖能耗除以该国或该地区总的建筑面积，还是除以供暖建筑的总面积，其实际意义是不同的。前者与国家所处的地理位置有关，后者则与如何定义供暖建筑有关。因而，从国家层面进行对比将包含较多的影响因素。反过来看，如果选取气候条件相似的城市进行单位建筑面积的供暖能耗强度对比，则能够更加有效地判断不同城市间供暖的技术因素差异。

分析国际能源署公布的数据及相关资料，对比世界其他一些有明确供暖需求国家的供暖能耗强度（已折算为一次能耗）如图 6-4 所示。根据前面的分析，由于在气候条件、采暖方式等方面存在差异，这里仅是各国供暖能耗强度的对比，不做技术对比分析。可以发现，我国北方地区供暖能耗强度处于较低的水平。这些国家中，芬兰的供暖能耗强度最大，超过 60 kg 标准煤/m²；波兰、俄罗斯和韩国的供暖能耗强度约为 30 kg 标准煤/m²；丹麦、加拿大和中国的供暖能耗强度在 15～20 kg 标准煤/m²。

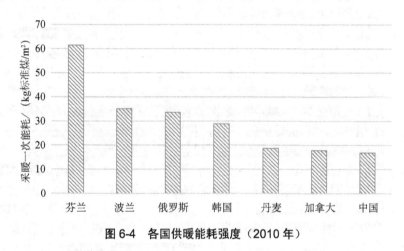

图 6-4　各国供暖能耗强度（2010 年）

注：这里的供暖能耗强度是以总建筑面积为分母的强度；中国供暖能耗强度，特指北方城镇集中供暖地区的供暖能耗强度。

供暖能耗强度与气候条件、建筑围护结构性能、供暖系统类型和性能等因素有关。从气候条件来看，上述各国和我国北方地区的冬季气候寒冷，有明显的供暖需求；各国都非常重视围护结构的保温性能，供暖方式有较大的差异。IEA 的数据显示，不同类型供暖类型按照供热量比例如图 6-5 所示。在 IEA 研究的 22 个 OECD 国家中，除瑞典、芬兰、丹麦和斯洛伐克占较大的集中供暖比例（占总供热量的 30%～50%）外，其他国家集中供暖的供热量均不到 20%；美国、英国、日本和加拿大等国家几乎没有集中供暖，统计其供暖总量只有 3.8% 的热量由集中供暖提供。

从能源类型来看，如果不统计集中供暖的能源类型，天然气、油类和可再生能源的供热量占 22 个国家中总供热量的 80.7%；比较各国 1990—2010 年的数据，天然气的供热比例明显提高。而在这些国家中，用煤作为燃料进行供暖的比例非常低。

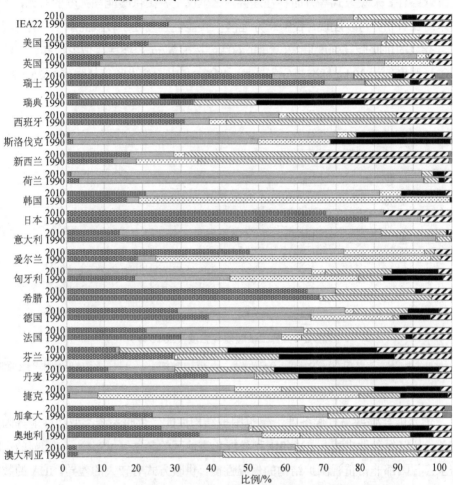

图 6-5　IEA 各国不同能源类型供暖的热量比例（1990 年和 2010 年数据）

相比之下，无论是供暖形式还是能源类型，我国北方城镇供暖与这些国家都存在显著的差异。由于我国以集中供暖为主要供暖模式，在研究我国北方城镇供暖的节能目标和途径时，应着重分析集中供暖系统的特点和节能措施。

三、南方地区的供暖

（一）能耗情况

南方地区主要是指长江流域，该地区冬季约有两个月的时间室外气温较低，有供暖需求。从使用情况来看，该地区城镇住宅相比于公共建筑有更加明确的供暖需求，这里主要分析城镇住宅的供暖情况。

从能耗总量来看（图 6-6），2001—2014 年南方地区供暖能耗总量从 164 万 t 标准煤增长到 1 544 万 t 标准煤，增长了超过八倍；从能耗强度来看，每户家庭年供暖能耗从 2001 年的 27.8 kg 标准煤/（户·a）增长到 2014 年的 135.6 kg 标准煤/（户·a），增长近五倍。与北方城镇供暖不同，南方地区供暖能耗总量的增加，是由于供暖能耗强度和城镇居民户数增加共同造成的。

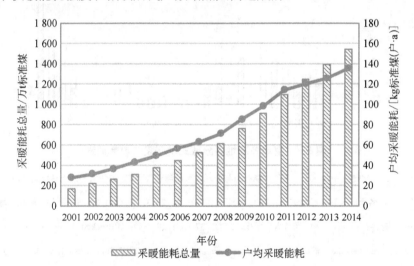

图 6-6 南方地区住宅供暖能耗总量和强度

一方面，南方地区供暖家庭数量的增加有两方面原因：其一，城镇化发展使得城镇人口数量增加，城镇总的家庭户数增加；其二，该地区城镇中使用供暖设备家庭的比例在增加，这反映了人们对改善冬季室内热环境的客观需求。

另一方面，该地区供暖能耗强度大幅增长并非由气候变化造成，供暖设备的效率也会随着技术进步而提高。分析来看，供暖能耗强度增长的原因更有可能是人们对供暖的需求增加了，如供暖的时间延长了，供暖的房间数量或面积增加了，供暖设定的温度升高了等。

针对南方地区的供暖问题，一些研究者对该地区若干家庭的供暖用能进行了测试。整理已有测试得到的各类分散式供暖设备能耗如图 6-7 所示，可以看出案例测试的样本之间的能耗差异明显，供暖电耗水平为 3～4 kWh/（m²·a），最大约14 kWh/（m²·a）。通过这些测试分析发现，造成能耗差异的主要原因包括供暖设备形式、供暖设备使用方式和居民生活方式等因素不同。

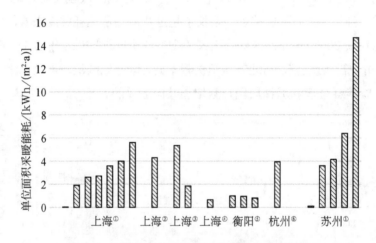

图 6-7　夏热冬冷地区分散式供暖设备电耗调查

（数据来源：①李哲. 中国住宅中人的用能行为与能耗关系的调查与研究. 清华大学硕士学位论文，2012；
②邱童等. 夏热冬冷地区城镇居住建筑能耗水平分析. 建筑科学，2013，29（6）：23-26；③李振海等.上海市住宅能源消费结构实测与分析. 上海：同济大学学报，2009，37（3）：384-389；④Brockett D，Fridley D，Lin J M，et al. A tale of five cities: the China residential energy consumption survey. ACEEE Summer Study on Building Energy Efficiency，2002；⑤符向桃等. 夏热冬冷地区住宅能耗特征与对策. 建筑节能，2004，11：28-30；
⑥武茜.杭州地区住宅能耗问题与节能技术研究.浙江大学硕士学位论文，2005。）

（二）多样的供暖方式

相比于北方地区，南方地区冬季较短，通常约为两个月。从近年来各地的气象情况来看，南方不同年份冬季气温波动性也非常大，既出现了 2008 年大范围的雪灾，也有 2012 年冬季在杭州、上海等地出现近 30℃的高温天气。同时，该地区冬季昼夜气温也有一定的波动，除降雨或降雪天气外，白天有部分时间供暖需求并不明显。这样的气候特点，对该地区供暖形式的选择有着十分重要的影响。

根据实际调研的数据来看，南方地区现有的供暖方式主要有分散式热泵空调、燃气壁挂炉配地板供暖，以及各种局部供暖设备，部分城市也有一定量的集中供暖设施。从供暖设备的集中程度可以将其分为局部供暖设备、分体空调、户式集中供暖设备以及集中供暖系统等。2012 年，清华大学通过问卷调查长江流域部分城镇居民家庭供暖形式及使用方式情况，获得约 760 户的具体情况，各类设备的分布见图 6-8。从调研来看，家庭供暖方式多样，通常有几种供暖设备同时使用的现象，最为常见的家庭供暖方式为分体空调配合局部供暖设备，无供暖设备的家庭仅占 2%。约 70%的家庭同时使用了局部供暖设备和分体空调进行供暖，约 12%的家庭安装了户式集中供暖设备，而采用集中供暖系统的家庭不到 1%。

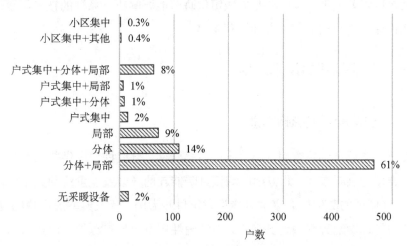

图 6-8　2012 年调研各类供暖设备拥有率

注：分体指分体热泵空调器；局部指局部供暖设备；其他但指除局部供暖设备或分体热泵空调器。

尽管分体热泵空调器在南方地区的城镇家庭中广泛应用，但由于其通常采用上送风方式而使得热风难以吹到人员活动区，以及该地区居民即使在冬季也习惯

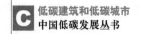

性开窗的生活方式，使用者常常抱怨热泵空调器的供暖效果不佳，很难使室内暖和起来。与此同时，各种热源形式的地板供暖设备在一些家庭中开始应用，并获得了较高的评价，当然其运行方式通常为全天各个房间都连续开启，能耗强度较高，相应的供暖费用也较多。

分析来看，南方地区的供暖问题主要有两方面：一是应改善冬季室内环境，提高居民舒适程度；二是不断增长的供暖能耗将对该地区能源供应造成巨大的压力。

第二节　北方城镇供暖的节能低碳关键点

北方城镇供暖能耗强度大且能耗总量占建筑能耗比例大，因而推动北方城镇供暖节能是我国建筑节能工作中十分重要的一环。北方地区以集中供暖为主的供暖形式，决定了其节能途径需要从系统层面进行考虑。由供暖能耗的影响因素和集中供暖运营模式来看，推动北方城镇供暖节能要解决一系列的技术问题，同时还需从管理方式和相关政策方面进行保障。

一、节能低碳的技术措施

（一）供暖能耗的影响因素

综合大型城市供热管网、小区集中供热管网、分楼栋集中供热以及分户供暖等各种类型的供暖方式，北方地区城镇供暖能耗的环节及能量流动关系可以归纳为图6-9（图中的数值以北京地区典型建筑供暖为例，代表典型的供暖耗值）。热力从热源经过输配管网输送到建筑，能源消耗环节包括热源处生产热力的一次能耗、各级管网输配水泵电耗、各级管网和热力站的热力损失，直到建筑中供暖耗热等。不同供暖设备或系统所包括的环节不同，总体来看，可以将供暖系统分为三个部分：热源、输配系统和建筑物。研究供暖节能的途径，可以对供暖运行方式以及各部分的技术因素进行分析。

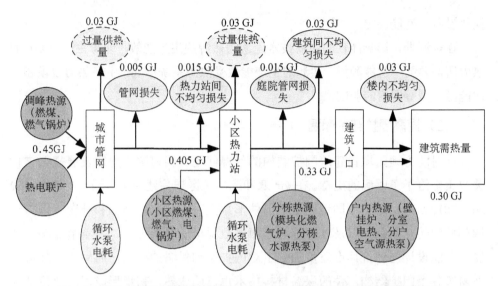

图 6-9　北方城镇供暖能耗影响环节（以北京为例每平方米供暖能耗强度）

从供暖系统运行方式来看，由于北方地区冬季十分寒冷，为保证居民在建筑中活动的需求，供暖季供暖设备或系统需连续运行；除部分分散供暖方式外，绝大部分建筑供暖覆盖所有空间，可以认为北方城镇供暖运行方式为"全时间，全空间"。在实际供热过程中，由于供热按面积收费方式并且末端运行状态难以调节，居民没有根据使用情况（开窗通风、室温调节等）调节供暖状态；供暖期前后段，室外温度相对较高，而大规模的供暖系统针对气温变化的调节适应能力差，常常造成过量供热的问题。这些问题实际造成了大量的能源浪费。

分析建筑物、输配系统和热源各个环节，对影响供暖能耗的主要技术因素讨论如下：

在建筑物中，围护结构性能是影响建筑需热量的主要技术因素。供暖主要目标是维持冬季室内较舒适的温度，建筑围护结构是室内热量向室外传递的渠道。良好的保温性能以及气密性，能够有效地减少热量损失，即外墙、外窗和屋顶等部件的传热性能和热惰性，以及外门窗的密闭性能，是影响供暖需求的主要因素。

输配系统包括各级管网、热力站以及水泵。其中，水泵的能效是影响输配能耗的主要技术因素；除了输配水泵的电耗外，还需要考虑各级管网处的热力耗散损失、各级热力站处的换热损失等，前者与管网保温性能密切相关，后者主要由

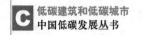

换热设备的性能决定。

在热源处，影响能耗的主要技术因素为热源的生产能效，即每生产 1 GJ 的热力所需要的一次能源量。热源的生产能效受热源系统形式、生产热力规模和一次能源类型等因素的影响。

（二）提高围护结构保温

针对北方地区城镇建筑围护结构的保温问题，当前国家建筑发展规划与相关政策都给予了明确的支持。在《严寒和寒冷地区居住建筑节能设计标准》（JGJ 26—2010）中，对于不同地区建筑的体形系数、窗墙比、外墙和外窗等围护结构部件的传热系数，以及外窗综合遮阳系数提出了节能指标。随着节能深入开展，节能设计与评价标准逐步加强了对围护结构保温的要求，而屋顶、外墙和外窗等各个围护结构部件的保温材料技术也日趋成熟，初步形成了从政策到标准再到技术的支撑体系。

在北方供暖地区加强围护结构的保温性能对减少供暖有着明显的作用，而目前大量建筑保温水平仍有待提高。从技术水平来看，现有的屋顶、外墙和外窗的保温技术可以实现比节能标准中的限值更低的传热性能参数，在提高维护结构保温过程中，关键问题不在技术而在政策或市场机制。

对于新建建筑，要求其在设计和施工过程中严格执行节能标准，设计未达标的不允许建设，施工未达标的不予验收，确保新建建筑围护结构的性能达到保温要求。

对于既有建筑，围护结构保温改造仍需要靠政府主导推动。这是因为目前集中供暖基本还是按照供暖面积收费，用户对改善围护结构保温没有经济动力；而对于供热企业，一方面难以直接落实各个具体建筑的保温，另一方面，由于其供热覆盖面广，除非大规模的改造，经济因素对其激励不明显。对于非集中供暖的住宅，由于当前住宅以多层或高层楼栋形式为主，个别住户有改善保温的需求也难以整体落实。在这样的情况下，国家制定整体规划，同时要求各级政府切实执行，是通过政策改善围护结构保温的基本保障。

然而，如果完全依靠政府资金支持围护结构的改造，那么要对当前的既有建筑全部实施改造需要很长的周期，《建筑节能与绿色建筑发展"十三五"规划》

中提出完成既有居住建筑节能改造面积 5 亿 m^2 以上、公共建筑节能改造 1 亿 m^2，北方地区约有 130 亿 m^2 的供暖面积，考虑有 70%的建筑于 2000 年后建成，绝大部分满足节能建筑设计标准，仍还有数十亿建筑需要提高保温水平。与此同时，建筑保温材料的寿命远低于建筑寿命，在建筑寿命期内，需要进行多次的保温改造。分析当前关于围护结构保温政策的问题，主要还是缺乏供暖运行阶段的考核机制，参考法国和德国针对供暖能耗的能源证书制度，对进入市场交易的建筑要求提供供暖能耗水平信息，并以此引导和推动市场进行围护结构保温；同时，逐步推进按照热量收费的机制，促进使用者对改善围护结构保温的要求。

在改善围护结构保温的同时，还应该注意建筑气密性的问题。对于渗风量超过卫生需求的建筑，加强气密性对减少供暖能耗非常重要；对于气密性能良好的建筑，在考虑其卫生要求的情况下，引进定量通风窗或者高效带热回收的换气装置，是保证健康需求的同时促进节能的有效手段。

综上所述，现有围护结构保温技术能够有效地促进供暖节能，完善政策与市场机制、加强对运行阶段供暖能耗的监管是推动围护结构保温应用的关键。

（三）减少过量供热损失

过量供热是集中供热系统能源浪费的突出问题，其产生的原因主要包括系统末端调节能力有限或使用者不予调节，以及气候变化情况下系统整体调节滞后等。对于后者，在节能要求和能源价格上涨因素的作用下，供热企业在积极地寻找技术途径解决，并已取得了良好的效果；对于前者，涉及的节能主体是各个末端的使用者，面大量多，仅通过节能意识宣传难以解决问题，实际上，政府和节能工作者都认识到按照面积进行收费的机制十分不利于供暖节能。因此，一直在大力推动供热体制改革，期望从供热计量和收费方式方面进行改革。

推动供热改革，从技术和措施上着重考虑两方面：一是增加末端调节能力，二是改变供暖收费方式。前者是技术基础，后者是制度保障。

增强末端调节能力，需要保证对房间温度的控制，因为供暖的根本目的还是保障室内环境需求。现有的一种常见的末端调节技术，是在散热片处安装恒温调节阀，其实际应用的问题在于：首先，仍有一部分既有建筑采用单管串联的方式，恒温调节阀不适宜于这种管网形式；其次，由于集中热源不能保证精细调节，且外网难以有效控制，难以保证恒温阀有效调节的条件；最后，恒温阀容易堵塞，调节能力差（不保证可靠性、调节范围小且时常滞后）。此外，不能满足一些新型末端（如地板辐射）使用的需求。末端的热量计量要保证公平性，也存在诸多难题：首先，建筑两侧及顶层的房间有较大的外围护面积，其耗热强度将大大高出建筑的中间部分；其次，由于有相邻房间的传热，建筑中相邻用户供暖耗热量计量存在分配问题；最后，恒温阀及其安装需要较大的投资，标定和维修都需要大量人力和资金。这些是供热改革难以推进的主要技术原因。

针对这些问题，刘兰斌等提出了一种末端通断调节与热分摊技术，该技术的装置可以调节室温，并已经通过大量的工程案例检验论证了其合理性。这项技术的特点是末端通断调节可以实现每个住户中各散热器的散热量均匀变化，而且投资少、安装简便、运行可靠。实际工程应用也证明了这项技术可以收到很好的调节效果，能够避免管网系统中水流量的大幅波动，通断阀设备调节可靠。因此，这项技术可以作为加强供暖末端调节的手段进行推广。

随着技术的进步，还会有更多的技术措施能够增强供暖系统末端的调节能力，解决按照使用量进行收费这一方法中的公平性问题。这些技术措施的研究，其目的是为改变当前按照面积收取供暖费用的管理方式，鼓励使用者通过行为调节以减少使用时的能源浪费。从政策层面看，一方面通过推广此类技术的研究与应用，保障改变收费方式的技术基础；另一方面通过制定供热改革规划，对新建建筑全面配置计量和调节技术，对既有建筑制订逐步整改的目标，从制度上推进供热改革。后面会进行针对供热收费机制改革的讨论。

（四）推广高效热源

从技术条件看，当前已出现一批高能效热源系统形式。下面列举目前研究出的并经过实际论证的几项技术。

（1）基于吸收式换热的热电联产供热技术。该技术应用在大型燃煤热电机组时，可以在维持发电量的同时，提高系统 30%～50% 的供热能力，并提高 70%～80% 管网主干管的输送能力。该技术得到了国家相关政策的支持，在 2009 年被国家发展和改革委员会列入《国家重点节能技术推广目录（第二批）》，在 2010 年被列入"十二五"国家战略性新兴产业规划之一的《节能环保产业发展规划》。

（2）燃气锅炉排烟余热回收技术。该技术主要考虑天然气在燃烧后产生大量的水蒸气，将释放出冷凝热，可以提高天然气供热的利用效率。在将排烟温度从120℃降低到30℃的情况下，天然气的利用效率将提高21%。在天然气供热推广的情况下，有着很好的应用前景。

（3）各类工业低品位余热利用。工业余热来自水泥、钢铁、化学原料和化学制品等生产加工过程，而我国北方地区的工业生产规模大，有大量的工业余热可利用。有研究指出，各行业的余热量占能源消耗总量的17%～67%，可回收利用的余热约为余热总量的60%。利用工业余热供热，通常仅需要提供维持水泵运行，热源生产耗能几乎为零。在解决工业余热热源稳定、换热设备形式、热源分布较分散且规模大小差异以及输送的经济性等问题的情况下，选择合适的技术大规模推动工业余热利用，将大幅度降低供暖的实际能耗值。

（4）充分利用核电的巨量低品位余热为建筑冬季供热。发展低温供热专用堆，模块化供暖专用堆可以提供10～500 MW的供热热源，并且有很好的安全性，可解决县城、镇等的供热，取代目前的燃煤锅炉。这样的热源目前技术水平可达到综合费用为 40 元/GJ（包括初投资折旧），如果有低息贷款，其竞争力远高于燃气锅炉，应该作为未来重点发展的零碳热源。

除此之外，还出现了一批利用空气、地下水源、土壤、生活污水等作为热源的热泵技术。这些技术通常适于不能采用集中供暖的建筑，在精心设计论证的情况下，也可以取得较好的节能效果。这些利用低温热源的供暖方式，由于其热源温度低并不能直接供暖，必须通过热泵消耗电力提升其热量的品位，才能满足供暖要求。而随着提升的要求不同、系统运行工况不同，热泵消耗的电力也不相同。因此，有些热泵系统比常规热源方式省能，可以获得很好的节能效果；也有的热泵系统虽在较恶劣的工况下运行，实际能耗仍然完全可能高于常规热源。所以，热泵不能等同于节能，热泵型供暖热源节能与否完全取决于它的实际运行能耗。

当前供热热源形式和规模主要由政府进行管理，政策制定和地方政府对热源的选择是决定热源整体效率的关键因素。因此，政府部门在对热源形式进行选择时，应充分论证并积极推广适于当地情况的高能效热源形式。在目前北方地区大规模采用集中供暖的情况下，政府应主导充分利用好城市管网，推广高能效热源，实现通过高能效热源应用达到节能的目标。

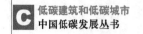

二、节能低碳的管理与政策保障

前面从改善围护结构保温、减少过量供热量以及推广高能效热源应用规模的角度讨论了推动北方城镇供暖节能的技术措施，同时发现这些技术还需要相关的政策保障才能有效推广。从降低实际供暖能耗强度的目标出发，下面讨论推动北方城镇供暖节能的几项政策措施。

（一）进行供热机制改革

中国建筑科学研究院分析了供暖经营方式与收费机制，认为当前的集中供热体制不利于提高热源效率，也有碍于供热收费体制改革。从经营方式来看，供热企业按照热量向热电厂企业支付费用，再根据供暖面积向用户收取费用。针对热电厂恒定供热要求以及变化的供暖负荷特点，在供热系统中还有若干调峰锅炉。这种模式可以促进供热企业通过改善系统运行管理来减少从热电厂的购热量，但"按照面积收费"对用户没有节能的动力，也难以促进热电厂使用高能效的热源，而目前的热力站有的没有安装热计量装置，有的即使安装了计量装置也没有将耗热量作为管理人员的业绩考核依据，不利于调峰锅炉的节能运行。与此同时，由于"接入费"（新用户安装供暖末端收取的安装费用）的收益非常可观，激励了供热企业依靠扩大供热面积来增加利润，节能运行所产生的效益居于次位。此外，如果将"按照面积收费"调整为按照耗热量进行收费，一些供热企业认为其效益会受到影响或存在经营性风险，并且如果改为按照热量收费，将增加供热企业对供热收费及系统运行的管理和维护的投入，故供热企业并不支持。

综合来看，当前集中供热经营模式不利于促进用户和热源企业节能、城市供热企业规模庞大不利于终端高效率管理、国家给予困难群体的供热补助难以发挥应有的效能等问题，使供热机制和体制改革成为必需。

针对上述问题，在集中供热经营和管理模式上可以做以下改革：

依托于热力公司的供热服务经验，由热力公司组建供热服务子公司，把热力站承包出去，即以热力站作为热量结算点，供热服务子公司与热力公司进行结算，热力站供热区域由供热服务子公司负责运营。供热服务子公司的责任包括热力站的运行管理、供热用户服务、热费收取。供热服务子公司全部或者至少一半的资产由热力公司拥有，并且在行动和管理上受热力公司的控制。

供热服务子公司、热力集团、用户之间的关系如图 6-10 所示。供热服务子公司向热力公司支付热费，并接受热力公司对供热运行、用户服务、热费收缴等方面的管理和考核；供热服务子公司独立开展供热服务经营活动，向用户收取热费。

图 6-10　供热服务子公司模式

热力公司与供热服务子公司热费结算方式由容量费和热量费两部分组成，容量费根据热力公司和供热服务子公司合同约定的最大供热负荷确定（MW），热量费根据热力站计量的供热量确定（MWh）。这种热费结算方式的好处是，按容量收费使热力公司能够了解每个热力站的最大负荷，有利于优化热源；按热量收费促使供热服务子公司节约用热量，改善热力站的运行调节，减少过量供热，改善建筑之间的水力平衡，减少冷热不匀造成的热量浪费。

在这种模式下，热力公司不再与居民采暖用户直接结算，将重点放在热网运行的技术问题上，对热量输送实现专业化管理；供热服务公司具体解决用户的各种问题，采用热力站气候补偿器、楼栋入口混水泵等各种二次网供热调节手段实现热量调节，并负责对建筑内部各用户间进行精细化热量分配，实现高质量的供热服务。

实现按热量收费的前提是对热力站耗热量进行计量，因此需要在热力站一次侧安装热量表。热力公司优化热网运行离不开对热网的自动监控；建设热力站数据采集系统，能够对热力站实现实时监控；将热力站近几年的用热量进行对比，能够发现是否有异常情况；将不同热力站的用热量进行横向对比，能够发现节能潜力。

这样做的最基础也是最核心的问题是如何确定最终用户的供暖费标准。由于我国目前不同建筑之间保温水平相差很大，使室内实现同样温度所需要的热量相差在一倍以上。如果承包公司与热力集团公司之间完全按照热量结算，与用户之间按照供热面积结算，就会出现承包保温好、能耗低的小区经济收益大，而承包保温差、能耗高的老旧小区亏损的现象。这时可以根据各个承包小区单位面积建筑实际热耗的情况以及实际建筑的保温水平，通过调查和评审确定其热耗偏高的原因。如果确实是由于建筑本体的问题，可由当地政府直接出资补贴部分热费。这样把原本补贴到热力集团公司的费用直接发到保温差、高耗热的小区，进而根据热费补贴的情况，逐步安排节能改造资金，完成老旧小区节能改造。

（二）供热末端形式和热网的改革

低温供热是实现低品位热源高效利用的保障。从供暖的末端需求看，理论上高于20℃的热量都可以成为热源。从热网返回到热源的温度越低，越能够更好地利用低品位热源，具体而言：对于工业低品位热源，温度主要分布在30～100℃，如果要利用其热量，热网回水温度应尽可能低于热源温度；对于热电联产，冷凝器热量占热电联产可以提供热量的30%以上，冷凝温度越低，发电效率越高，如果要回收冷凝热量，回水温度越低越允许冷凝温度降低；对于热泵而言，回水温度越低，热泵需要的提升功越小，提供同样多的热量也就越省电；对于燃气锅炉而言，排烟中有10%左右的潜热可以回收，但需要有低温热汇，回水温度越低，越有利于烟气中潜热的回收。

进一步考虑减小建筑物末端环节的不可逆损失，采用低温末端采暖使二次网温度水平由目前的60/45℃逐步降低至40/30℃，可以使一次网温度降低10℃，并还可以在热力站利用高温热水通过吸收式热泵进一步提取当地浅层地热或其他低品位热源的热量供热，从而从大热网中得到的一分热量可以产生1.2～1.3分的热量输送至采暖建筑中。

立足于低温供热的视角，热网和热用户会发生较大的变化，主要包括：①全面增加建筑物末端散热器面积，尤其是地板辐射末端，使热网温度降低，会产生大幅度节能效果；②间供热网相对于直供网存在一、二次网换热的温差，又会导致一次网回水温度升高，因而对于热网是直供还是间供，应根据具体热网加以分析，不应盲目推广间供技术，未来一些热网很可能要间供变直供；③采用小型化热力站甚至楼宇式换热站，并采用楼宇式大温差换热机组，会更有利于系统的合理配置，使一次网回水温度实现最大程度的降低，同时，由于实现了不同建筑提供不同的供水温度，可以有效地缓解过量供热的现象；④热网采用质调节（对热网中的水温进行调节）在初末寒期（供暖初期）可以最大限度地降低热网供水温度，实现整个采暖期供热温度水平的最低化，尽管牺牲了一定的热网主循环水泵电耗，但热电厂等低品位热源效率和经济性会因此获益更大。

（三）推动《民用建筑能耗标准》落实应用

在 2016 年颁布的《民用建筑能耗标准》中，对北方城镇供暖提出了建筑供暖能耗指标、理论耗热量指标、过量供热率指标、管网损失率指标、热源能耗率指标以及供热输配能耗指标等，各项指标以约束性指标值作为基本要求，以引导性指标值作为引导节能发展方向以及节能工作评价的依据。

各项指标的对象不同，其作用也不同：按照大规模集中供暖、小规模集中供暖、区域集中供暖、分栋或分户供暖等不同规模的供暖系统，提出不同城市的供热能耗指标，由于供暖能耗与建筑本体的性能、供暖系统的运行情况、室内发热量、人行为活动、输配管网的效率和热源设备的效率等因素有关，该项指标是一项综合性指标；建筑理论耗热量主要与围护结构性能和气候条件相关；热源能耗率主要针对热源的性能，而其他各项指标主要针对热力输配过程。

在城市的能源规划阶段，供暖能耗指标可作为城市能源系统设计的主要依据，根据当地的资源条件以及供暖需求的规模，选择合适的系统规划供暖能源的使用；在建筑建造设计阶段，理论耗热量指标约束建筑形式和建筑围护结构的设计，控制新建建筑的需热量；而在供暖运行阶段，供暖能耗指标是能耗的检验值，一旦供暖能耗高于约束性指标值，则应从热源到建筑分别参照其相应的指标进行检验，对热源企业、供热公司或建筑设计及管理者提出相应的节能整改要求，开展如提高热源效率、加强运行调节、改善管网保温或输配设备性能、进行围护结构保温等措施，从而降低供暖能耗。

《民用建筑能耗标准》是一项目标导向的标准，各项指标值是根据当前可行技术提出的，与已有的节能设计标准或规范密切配合，能够有效地促进节能工作的开展。相比于欧洲发达国家，除了能耗指标外，还根据我国北方城镇大面积集中供暖形式提出了各个环节的指标，具有更强的操作性。《民用建筑能耗标准》中各项能耗指标值都能分别对热源企业、供热公司和建筑设计与运行管理者起到

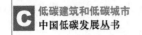

监督作用，是推动北方城镇供暖控制能耗强度的有效工具。因此，应该积极推动该项标准在北方城镇供暖节能工作中的应用。

（四）设计标准的改革

我国现有的供热相关设计标准对供热系统的末端参数，如供回水温度、管网参数都有所规定，而这些规定不支持推广低温末端应用和工业余热利用。从供暖满足室内活动需求及节能要求来看，需要对设计标准中关于末端参数、管网参数和热源形式的规定进行改革，使设计标准也能够指导低温末端设计、工业余热利用的设计等，适应技术的进步。

第三节　南方城镇供暖的节能低碳关键点

当前南方地区供暖能耗强度较北方地区低，随着人们对室内环境舒适度要求的提高，该地区供暖需求将持续增长，现有的建筑性能和技术条件下，能耗强度将大幅增长。而该地区人口密集，城镇建筑面积规模仍在不断增加，如果不合理引导供暖方式，未来其能耗总量将数倍增长，进而使建筑能耗量大幅增加。本节从该地区供暖的现状出发，分析未来推动南方地区城镇供暖节能的技术措施与政策保障。

一、节能低碳的技术措施

（一）南方供暖能耗的影响因素与问题

比较南北方城镇居住建筑，气候条件对建筑性能和生活习惯产生了明显的影响。南方地区冬季寒冷而潮湿，为避免室内家具和设备受潮而发霉或产生异味，居住建筑注重通风设计，而人们在日常生活中也习惯开窗通风。相比较而言，北方地区冬季干燥而非常寒冷，传统建筑十分重视保温和密闭，人们也很少在冬季开窗通风。分析 2012 年调查结果（图 6-11），夏热冬冷地区冬季有开窗习惯的家庭约占 86%，其中有 14% 的家庭全天保持开启。即使在室外温度较低的情况下，一些住户表示也需要开窗通风。在这样的生活方式下，人们更习惯于多穿衣服或者采用局部采暖设备来保持舒适，即使安装了分体型热泵或户式集中热泵也很少全天连续使用。由于室内没有采暖设施，在很多情况下开窗通风后可以改善室内热状况，这是这一地区居民形成开窗习惯的重要历史原因。

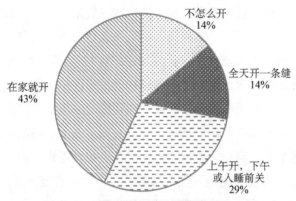

图 6-11　上海地区居民冬季开窗行为调查

相比较而言，南方室外温度比北方高，因此，南方冬季开窗并不会使室内温度大幅度下降，而北方为了保证室内舒适性要求居民是不会长期开外窗的。这样就使南方冬季由于外窗长期开启导致采暖能耗大幅度增加。而采用集中供暖按照面积收费（这是目前一些南方地区开始集中供热后采用的主要计量收费方式）的方式，住户并不会由于开窗而增加费用，由此就出现南方集中供热的供热强度甚至高于北方的现象。分散方式的居民自行承担自己的供暖能源，开窗造成的高能耗就会被意识到，并自觉地纠正。

从供暖设备形式来看，除极少部分住宅小区采用了集中供暖以外，大部分家庭更多的是用分体型热泵空调或局部供暖设备（图 6-8）。这样一来，居民使用供暖设备的时间以及设备的功率或能效就成为影响其供暖能耗的主要原因。由于住宅冬季长时间开窗，且室内外温差相对较小，建筑围护结构热性能对供暖能耗的影响不如北方地区明显。此外，由于南方地区室内外温差小，不同房间之间、不同时刻影响采暖因素变化就很不相同。例如，室内人多的时候，就不需要热量；早上东向房间、晚上西向房间仅需要很少的热量等。各房间需热量的变化完全不同步，这与时间和使用状况有关，而与北方室内外温差大的情况下所有房间都由外温决定的现象不同。这种差异很大的现象应由分散式采暖方式来应对，而集中方式就很容易造成冷热不匀、局部过量供热的现象。因此，从实际使用现状来看，南方地区供暖能耗的影响因素与北方地区有着明显的不同。

近年来，一些专家或企业极力要求在该地区推广集中供暖，一些民众也认为南方应该像北方一样由政府福利供暖。从供暖形式来看，集中供暖是北方地区当前普遍采用的一种系统形式，其应用既与气候条件有关，也与历史发展条件、我国化石能源条件和分布以及城镇建设规划等因素有关。因此，并不意味着南方地区同样适宜发展集中供暖。集中供暖的福利政策也逐步取消，北方城镇大部分居民每年需承担数千元的采暖费用。从实际调研情况来看，南方某些城市集中供暖运营企业除了从政府获得一些补助外，并没有在市场中获得利润，大量的运行管理费用以及能源费用，给企业带来巨大的经济负担，连连亏损。一些企业不得不通过继续鼓动开发商或居民接入集中供暖系统、收取安装费用来维持经营成本。

南方地区的供暖需求是客观存在的，解决南方城镇供暖问题需要从气候、能源等客观条件出发，考虑到建筑物性能、设备或系统形式以及居民的生活方式等影响因素是一项综合的技术问题，而不是照搬北方城镇供暖模式就可以的。

（二）注重围护结构隔热与密闭性能

通过问卷调研与案例测试发现，夏热冬冷地区居民使用分散供暖设备时，反映较多的问题是分体空调供暖效果不佳，室内温度升高过程缓慢或达不到设定温度。造成这些问题的原因主要包括两方面：一是该地区围护结构气密性较差，供暖时有大量的渗风；二是分体式热泵空调器热风难以送到人员活动区，室内有较大的温度分层。

建筑密闭性能较差，一方面可能是缘于施工水平问题，由于该地区冬季并不是十分寒冷，建筑施工过程中没有足够注重密闭性，同时节能设计标准对密闭性的要求也较北方地区低（图6-12）；另一方面，居民保持住宅自然通风的习惯，长期有窗户部分开启。这样一来，在开启供暖设备的时候，大量的新风渗透带走了热量，使得室内温度难以提升。因此，在解决南方城镇供暖问题时，应重视供暖时的密闭性：新建建筑施工过程中严格检查建筑密闭性能，对既有建筑通过推广密封性能较好的门窗，或者在原有门窗基础上增加密封措施。对于民众进行科普宣传，建议其供暖时尽量关闭供暖房间门窗，避免大量的渗风带走热量而使供暖效果不佳。

图 6-12　夏热冬冷地区常见铝合金窗框

对于分体式热泵空调器供暖效果不佳的问题，一方面可以通过改进设备送风方式，使热风能够充分在房间中流动，已有相关产品实践并解决了这个问题（实测结果表明，将侧送风方向改为沿着壁面垂直送风，可以有效改善温度分布的问题，提高人员活动区的温度）；另一方面，推广新型的供暖末端形式，如地板辐射供暖、吊顶辐射供暖或下送风等，从用户的实际感受出发设计供暖末端。

根据调研和实测得到的供暖能耗强度与室内环境状况分析，通过发展分散可调节的供暖设备，改善供暖的实际效果，未来夏热冬冷地区城镇供暖用能强度可控制在 $10 \, kWh/m^2$ 以内。

（三）发展适应南方城镇供暖需求的技术

2012 年年底至 2013 年年初，南方地区是否应该集中供暖成为一个从民间到政府广泛讨论的问题。一些报道甚至以"不供暖就留不住人才"为题，呼吁政府支持集中供暖。从气候条件来看，夏热冬冷地区确实有供暖需求，然而供暖并不等同于集中供暖。集中供暖仅仅是一种供暖形式。从气候条件、能源类型、既有建筑形式和性能、系统运行管理和维护成本与调节能力等来看，集中供暖形式似乎并不适宜在南方地区推广。

具体来看：首先，南方地区冬季需要供暖的时间约两个月，如果采用集中供暖方式，供暖管网与运营人员全年有近 10 个月的时间闲置，这本身是一种人力、物力资源的浪费；其次，冬季日均温度波动较大，不一定需要连续供暖，且有相当部分家庭工作日白天无人在家，不供暖不会影响到室内管道或家电设备；最后，考虑到大部分居民保持冬季开窗通风的习惯，集中供暖系统末端通常难以灵活调节，或者由于按面积收费方式使居民没有动力考虑调节的问题（供热收费机制在北方尚未能全面改革，在南方短时间内难以全面推广），这样一来，将会由于供暖同时开窗造成巨大的能源浪费。由此看来，除非可以利用工业余热或其他非化石能源条件，并经过合理性论证，否则不宜在南方地区推广集中供暖。

从南方地区居民生活方式来看，在供暖时应充分考虑满足居民一定时间开窗通风的需要，这是当前局部供暖设备广泛使用的一个原因（即使在开窗通风的情况下，局部供暖设备也能维持人员所在区域较舒适的环境）；同时，冬季部分时间室外气温并不低，居民在进出室内时并不需要频繁改变衣着量，供暖设备可以根据使用者需要随时开关很重要。相比较而言，分散供暖形式便于调节管理，能够根据使用者的需求设置供暖时间和温度，且可以利用电力提供能源，因此更适于解决南方地区的冬季供暖问题。

从技术角度看，分散供暖形式当前需要重点解决的问题是在较短时间内让使用者感受舒适，这可以通过提高使用者活动空间温度实现，也可以通过改善使用者的体表温度感知实现。在分散供暖的末端形式，以及热源方式方面都有较多的创新空间。

综上所述，在夏热冬冷地区不宜推广集中供暖系统，而应该尽量根据居民供暖需求和使用方式特点发展分散可调节的供暖设备，以满足不同的供暖需求。

二、节能低碳的政策引导

南方城镇供暖既要改善冬季室内环境，又要避免能耗过度增长。从政策角度分析，一方面需大力支持适宜南方供暖需求的创新技术，不宜照搬北方城镇集中供暖模式；另一方面，需从居民的生活方式考虑，引导居民合理的供暖方式。而由于既有建筑气密性能普遍较差，提高气密性是改善供暖效果的重要保障。因此，在技术和经济可行的情况下，应有支持该地区建筑提高气密性的政策。

1. 鼓励技术创新，发展多种分散设备满足供暖需求

南方地区的供暖需求是客观存在的，然而南方地区的气候特点与北方地区显著不同，应发展与其相适应的采暖方式，而非简单地复制北方供暖的模式。如果地方政府盲目支持集中供暖管网建设或对相应企业提供补助，其产生的结果可能是企业连连亏损而供暖能耗大幅增加。集中供暖的调节能力差，且存在最不利末端的供暖效果不佳等问题，也将使居民在支付大量供暖费用的同时，却得不到满意的供暖效果。因此，南方地区的地方政府应该取消对集中供暖的政策支持。

从世界其他气候条件相似的国家或地区来看，美国、法国和德国南部等地方很少采用集中供暖。供暖的方式是多种多样的，并非只有采用集中供暖一条路，采取怎样的供暖方式取决于当地的气候条件、资源条件和人们的生活习惯，应该鼓励科研机构或企业根据实际调查的居民生活方式、建筑形式与性能以及现有的供暖问题发展创新技术。政策方面可以从以下方面进行支持：①制定南方供暖发展的整体规划，即在满足室内舒适性需求的情况下，尽可能将能耗强度控制住；②对适合解决南方供暖问题（如短时间能够有效提高活动区温度）的技术予以宣传扩散；③设立专门的研究基金，发动科研院所进行研究与示范，解决技术创新的需求。

2. 加强对建筑气密性的检查，推动既有建筑的气密性改造

针对当前南方地区建筑气密性普遍不高的问题，一方面对于新建建筑，要尽可能保证施工质量，同时适当提高气密性要求，即在需要密闭时能够尽可能密闭；另一方面对于既有建筑，支持提高气密性改造技术研究与推广，可以适当给予研究与生产经费支持。在技术成熟、问题论证清晰且时机适宜的情况下，可以主动推广南方地区既有建筑气密性改造，提高该地区建筑气密性平均水平。

3. 客观宣传供暖概念，培养公众的科学认识

向民众普及供暖知识，尤其是供暖与集中供暖概念的差别，避免由于概念模糊形成错误的舆论导向。而供暖概念的普及，是提高居民对热舒适需求认识与节能意识的重要途径。具体而言，可以从以下几个方面开展供暖宣传。

（1）可以通过报纸、网络或电视等媒体，普及供暖概念并提高热舒适的使用方式，如供暖可以有局部供暖、房间分散供暖、建筑物乃至城区规模的集中供暖

等形式，主要目的是提高人在室内活动或休息时的热舒适；当室外气温较低需要对房间供暖时，应注意门窗关闭。

（2）对供暖技术、方式、费用以及注意事项进行公益宣传和知识普及。对于一些典型的浪费能源或不能取得良好供暖效果的技术、使用方式进行案例展示，提高人们对供暖问题的认识水平，避免开发商或一些技术供应商片面过度宣传误导。

（3）围绕供暖问题开展一些有专家与小区代表参与的专题研讨，就人们热舒适要求与保护环境、节约能源等问题进行探讨，使节能意识更加深入人心。

第四节　未来发展模式

一、北方城镇供暖

北方城镇供暖用能量和能耗强度与建筑面积相关。对未来建筑面积的规划分析可知，当建筑面积总量达到 720 亿 m^2 时，城镇住宅和公共建筑面积将增长到约 530 亿 m^2，北方城镇供暖面积还将增长。按照我国北方地区城镇人口占全国人口总数的 30%～40%测算，未来北方城镇供暖面积将可能达到 200 亿 m^2。在当前各项政策、标准和技术措施可行的条件下，当未来北方城镇的供暖面积达到 200 亿 m^2 时，为了降低建筑物供暖需求和过量供热损失，对供暖用能的主要影响因素做如下规划：

（1）改善围护结构保温，保证节能设计标准执行率 95%以上。此外，按照《"十二五"建筑节能专项规划》（建科〔2012〕72 号）提出的改造 4 亿 m^2，在"十三五"期间按照"10 标准"继续改造 4 亿 m^2 以上，使满足"10 标准"的建筑比例将达到 40%。此时，北方地区各地建筑需热量范围为 28（郑州）～80 kWh/m^2（哈尔滨）。

（2）推动供热改革，在进行供热机制和体制改革的基础上，将各种因素导致的过量供热损失从目前的 15%～30%降低到 10%以下。通过以上措施，将北方城镇建筑平均供暖热需求强度（包括建筑耗热量与供暖损失）维持在 0.33 GJ/m^2 以内（考虑北方地区新建和基于建筑需求，以当前水平作为参照），当总的北方城镇供暖面积达到 200 m^2 时，供暖能耗需求在 66 亿 GJ 左右。

（3）大幅提高热源整体效率，减少化石能源消耗。对于覆盖了 75%～80%建筑的集中供暖系统可采取以下方式满足其供暖需求：①工业余热+热电联产热源提供管网中峰值负荷的 50%～60%的负荷需求；②末端天然气调峰锅炉，满足40%～50%的调峰负荷需求，即在运行过程中，热电联产和工业余热热源供应稳定的热量，而由末端的调峰锅炉根据气温的变化调节供暖量应对负荷需求变化；③充分利用核电余热，60 座 110 万 kW 的核电机组可以为 30 亿 m² 的建筑供暖，这为集中供热提供了巨量的低品位余热。对于集中供暖未覆盖的地方，采用各种形式的热泵以及小型燃气锅炉来满足其供暖需求。

在实现以上节能规划的情况下，未来我国北方城镇供暖用能总量可以控制在1.4 亿 t 标准煤。

二、南方城镇供暖

南方城镇供暖兼有改善冬季室内热环境与避免能耗过度增长的责任，从技术条件和生活方式来看，南方城镇供暖与北方城镇供暖有着显著的不同。建筑性能上，南方地区建筑应重视提高建筑外门窗关闭时的密闭性能，同时保证门窗开启时的通透性；围护结构保温不宜过厚，考虑供暖效果、经济性和节能要求，从供暖能耗量以及对室内环境的影响来分析，围护结构适度保温即可。

从能源形式来看，该地区缺乏煤、天然气，依靠异地运输或进口都将难以满足供暖用能的需求。此外，有较多的技术可以利用电或可再生能源供暖。因此，未来南方地区供暖能源以电为主，兼有燃气、太阳能、地源/水源热泵等类型。

从供暖形式来看，分散供暖设备更适宜于在南方气候条件及当地居民生活方式下使用，而其末端形式应多样化，如地板或吊顶辐射、侧送风或局部辐射，以满足人们不同供暖需求。此外，考虑到居民对室内通风的需求，自然或机械通风窗+新风处理装置也可能成为改善南方地区室内热环境的途径。

在技术和政策支撑的情况下，南方城镇供暖能耗强度能够维持在 10 kWh/(m²·a)。该地区城镇化水平高于全国水平，未来该地区城镇化将高度发展，在城镇化率超过75%的情况下，城镇人口将接近 4 亿人，此时供暖能耗总量在 4 800 万 t 标准煤以内。

第七章　城镇住宅用能与碳排放

第一节　城镇住宅能耗现状

一、宏观发展现状与趋势

（一）城镇住宅用能与城镇化

城镇住宅用能（不包括北方城镇采暖）包括空调、照明、家电、生活热水、炊事和夏热冬冷地区采暖等需求，能源类型包括电、燃气、液化石油气（LPG）和煤等。从能源使用的特点来看，生活热水、炊事、家电等终端用能项与住宅面积的关系不大，而与家庭人口数量密切相关。调研发现，我国城镇居民使用空调、照明和夏热冬冷地区的供暖主要方式是人在房间即开启，极少出现全天所有房间连续使用的情况。由此来看，城镇住宅用能量除与建筑面积相关外，与城镇人口数有着更加密切的关系。因此，在对城镇住宅用能进行分析时，宜将家庭户能耗量作为城镇住宅强度指标，而不是将单位面积能耗作为强度指标。

我国正处于城镇化高速发展的阶段，2001—2015 年城镇化率从 37.66%提高到 54.77%，年城镇化率增长约 1.32%；城镇人口从 4.81 亿人增长到 7.49 亿人，这十余年间，城镇人口增加了约 2.69 亿人，这个数据约等于当前美国全国的城镇人口量（图 7-1）。大幅增加的人口，促进了住宅及其配套建筑的建设，同时也显著增加了城镇住宅建筑用能需求。根据原新等预计，我国人口总量还将保持持续增长，城镇化率也将进一步提高，到 2035 年前后，城镇化率达到约 70%后维持稳定。这意味着未来城镇人口将达到约 10 亿人，也就是在目前的基础上再增加约 2.5 亿人。如果按照当前的城镇住宅能耗强度计算，未来城镇住宅能耗总量将达到 2.7 亿 t 标准煤，这还没有考虑由于人均住宅面积、家庭用能设备数量和使用时间增加带来的影响。

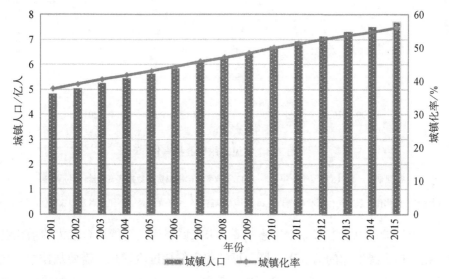

图 7-1　我国城镇人口及城镇化率

随着经济与技术的发展，居民物质生活水平也在不断提高。2001 年以来，城镇居民家庭电视、计算机、电冰箱和洗衣机等百户拥有量均有增加（图 7-2），接近欧美发达国家水平，其中计算机拥有量增长速度十分明显。更多的家用电器，以及各类电器额定功率的增长，意味着更多的用能需求。家电数量及其使用需求的差异，是中外住宅建筑能耗强度差异较大的主要原因，尤其是烘干机、洗碗机等大功率、高使用频率电器的推广普及，将使住宅建筑能耗强度大幅增加。从当前的发展趋势来看，如果不加以规划引导，在市场利益的驱动下，一些高能耗的家电设备也将逐步占据中国市场，增加居民的能耗需求。

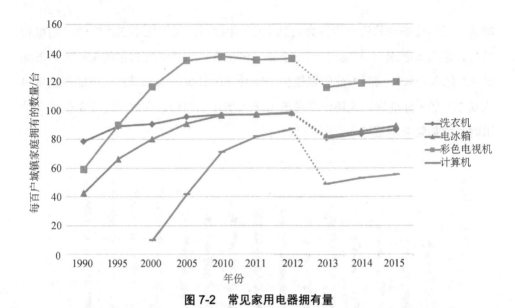

图 7-2　常见家用电器拥有量

（数据来源：《2016 中国统计年鉴》。2013 年改变了耐用消费品数据调查方法，其后年鉴采用城乡一体化住户收支与生活状况调查，2012 年及以前则分别开展的是城镇住户调查和农村住户调查。）

　　从建筑能耗总量宏观驱动因素来看，未来城镇住宅用能还有较大的增长潜力。如何在人口大幅增加的情况下，避免城镇住宅能耗过度增长，需要从技术、政策以及生活方式引导等多方面开展工作。而这一系列工作的开展，需要建立在对当前城镇住宅用能现状及特点分析的基础上。

（二）城镇住宅能耗现状

　　1996—2015 年，城镇住宅能耗总量从 0.43 亿 t 标准煤增长到 1.90 亿 t 标准煤，增长超过 1 亿 t 标准煤（图 7-3）。2015 年城镇住宅电力消费总量为 4 300 亿 kWh，按照当年的发电煤耗法测算，电耗占城镇住宅能耗总量的 68%，服务于空调、家电、照明等各个终端用能项；天然气和液化石油气广泛用于炊事、生活热水，天然气也用于分散采暖的燃气壁挂炉，在南方缺乏天然气的地区较多地使用液化石油气；煤在城镇住宅中的用量比重不足 1%，逐步从城镇住宅能源使用中消失，这与煤分散使用时容易产生污染且煤渣难以处理等因素相关。

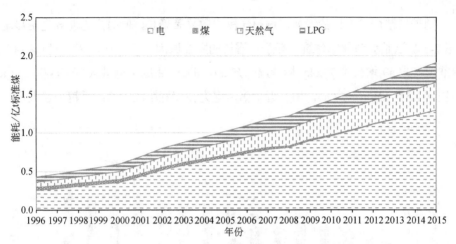

图 7-3　1996—2015 年城镇住宅能耗总量

注：电力按照当年的发电煤耗法折算；天然气、煤和液化石油气按照《中国能源统计年鉴 2013》给出的各种能源
标准煤折算系数计算得到。

从 1996 年以来，城镇住宅建筑碳排放量也在逐年增长（图 7-4）。2015 年城镇住宅碳排放量 3.61 亿 t，比 1996 年增长约 2.7 亿 t，增幅仅次于公共建筑碳排放量。电力作为城镇住宅的主要用能类型，其排放量占总排放量的 70%，其他如使用天然气、煤和 LPG 产生的碳排放也达到了约 1 亿 t。

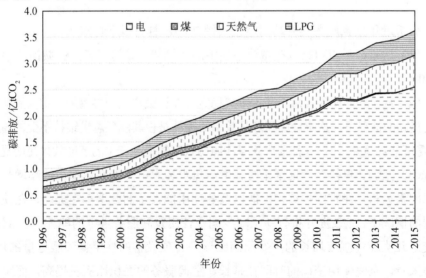

图 7-4　1996—2015 年城镇住宅碳排放量

随着城镇居民人口的增加，城镇居民户数显著增长，同时户均能耗也明显增加（图 7-5），这是城镇住宅建筑能耗总量增长的主要原因。家庭平均能耗强度从 463 kg 标准煤/（户·a）增长到 732 kg 标准煤/（户·a）。其中，家庭用电量从 794 kWh/（户·a）增长到 1 578 kWh/（户·a），增长近一倍，电力在家庭用能中的比重越来越大。

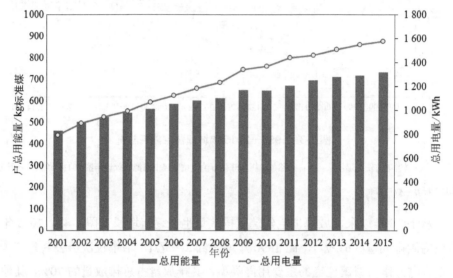

图 7-5　2001—2015 年逐年城镇住宅家庭用能量

分析近年来家庭各类终端用能量（图 7-6），具有以下特点：

（1）炊事、照明和家电在城镇住宅中的比例较大，这三者约占城镇住宅用能的 70%。

（2）炊事和照明能耗总量基本维持稳定。在城镇户数明显增加、室内照明服务水平提高的情况下，炊事设施和灯具效率的提高是使其能耗总量维持不变的重要原因。尽管能耗量并未减少，然而因炊事和照明效率的提高产生的节能效果是明显的。

（3）空调、夏热冬冷地区采暖、生活热水和家电的能耗都在持续增长。从技术因素分析，建筑围护结构性能以及各项用能设备的效率都在提高，在使用量确定的情况下，能效提升将有助于减少同样使用量和服务量下的能耗；进而分析，促使这几类能耗强度增长的主要原因应该是各项设备的使用量和服务量的增加。具体来看，家庭使用空调的时间在延长，空调服务的面积比例在提高，而空调设定温度也有降低的趋势；夏热冬冷地区采暖需求增长明显，各种分散式采暖设备逐步取代局部采暖设备；由于卫生条件的改善，居民生活热水用量和使用频率也在增加，生活热水能耗量还有明显的增长趋势；而家用电器的类型、使用时间的增加也促使了家电能耗强度的增加。

总的来看，从各个终端用能项的需求来分析不同类型能源变化的趋势：①空调、南方采暖和家电的用能需求增加，因其用能以电力为主，所以家庭用电量在增加；②天然气逐步取代煤作为炊事燃料，同时生活热水用能需求也在增加，因而导致燃气热水器用能量增加，再加上用于供暖的燃气壁挂炉的拥有量不断增长，这些都促使家庭天然气用量的增加；③液化石油气主要为炊事和生活热水提供热量，其用量也随着生活热水需求的增加而增长；④用于炊事、生活热水和供暖的煤正逐步被其他类型的能源取代。

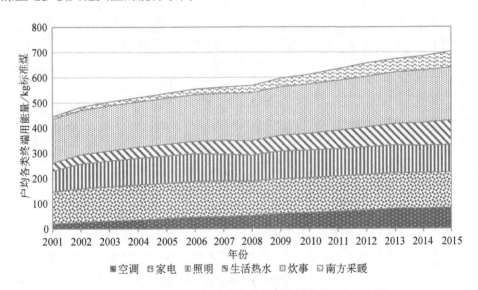

图 7-6　2001—2015 年城镇家庭各类终端用能逐年消耗量

综上所述，由于城镇人口的大幅增加，以及城镇居民户均能耗强度的增长，城镇住宅能耗总量经历了一个快速增长的过程，且仍然具有较大的增长潜力。空调、夏热冬冷地区采暖、生活热水以及家电用能需求的增加，是促使户均能耗强度增长的主要原因。在各类终端用能需求增长的同时，住宅用能能源类型结构也在发生变化，电力、天然气和液化石油气成为城镇住宅中的主要能源类型，而煤将逐步从城镇住宅用能中消失。

（三）中外住宅能耗的对比

通过与国外住宅能耗强度对比，尤其是与发达国家比较，可以对我国城镇住宅用能强度现状及未来发展可能的趋势有参照性的认识。考察国际能源署（IEA）、美国能源信息署（EIA）和日本能源与经济研究所（IEEJ）公布的宏观建筑能耗数据，对世界一些主要国家或地区住宅能耗强度进行对比（包括户均能耗与单位面积能耗），如图7-7所示。

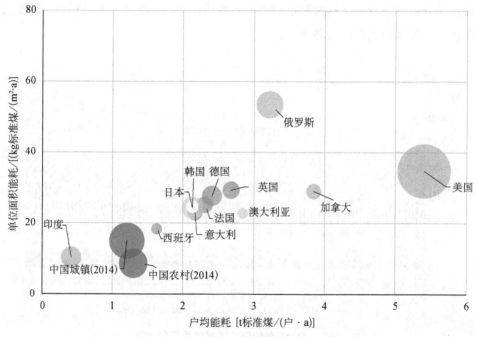

图 7-7　中外住宅建筑能耗对比（2012 年）

从户均能耗强度分析，这些国家的住宅能耗大致可分为三个水平：①美国户均能耗大大高于其他国家，超过 5 t 标准煤；②其他发达国家住宅能耗强度在2~4 t 标准煤/户；③发展中国家户均能耗强度基本在2t 标准煤以下。从单位面积能耗强度分析，也存在三个水平：①美国等发达国家（俄罗斯除外）能耗强度约为 35 kg 标准煤/m²；②俄罗斯单位面积能耗大大超过其他发达国家，分析来看，主要是由于其人均住宅建筑面积仅为其他发达国家的一半，且俄罗斯气候寒冷，采暖需求远大于其他国家；③中国和印度作为发展中国家，单位面积能耗强度约为 15 kg 标准煤/m²，户均和单位面积住宅能耗强度都明显低于发达国家。

对比中美建筑能耗强度，中国户均住宅能耗仅为美国的 15%，而单位面积能耗强度不到美国的一半。发展中国家住宅能耗强度低于发达国家，通常会被认为是由发展中国家经济水平低于发达国家、人们的生活水平较低导致的。然而，发达国家之间住宅能耗强度也存在显著的不同，很难认为是由经济因素导致的生活水平差异造成的。有专门针对中外住宅用能差异的研究指出，生活方式的不同是造成家庭用能量差异的主要原因；同时，户均面积不同也使得照明、空调和采暖的需求有所差异。经济因素在一定程度上影响了生活方式，进而影响了用能水平：当生活水平低于某个标准时，由于节省需求强且用能设备较少，可以认为用能水平高低受经济状况影响较大，经济收入低导致了能耗低；当经济收入达到一定水平后，节省能源费用的需求降低，能耗高低已经与经济收入弱相关，与生活方式相关更强；当经济收入超过一定水平后，各类设备种类齐全数量较多，用能高低就不再与收入相关，完全由生活方式、文化等其他因素决定。在《城市消费领域的用能特征与节能途径》一书中，介绍了多个城市居民家庭用能特点及相关因素比较分析，充分论证了上述观点。

下面从各家庭能源使用种类和用能项的强度两个维度对比中外住宅用能的差异。

1. 各类能源用量对比

住宅中的商品用能包括电、燃气、煤和液化石油气等，由于各国的资源条件和家庭各用能项需求的差异，住宅中各类能源比例不同（图 7-8，图 7-9）。通过分析可以发现，电（已折算为生产所需的一次能源量）是住宅中主要的能源类型，占住宅用能的 40%～70%；天然气在发达国家（日本除外）家庭中广泛使用；油品（如液化石油气，煤油等）在印度和巴西家庭中的比例较大；中国北方地区气候寒冷，热力（供暖）消耗约占家庭能源消耗的 41%（按照热值折算）；美国、加拿大和欧洲四国将生物质能商品化，在一定程度上满足了家庭用炊事或生活热水的用能需求，发展中国家还未将生物质能商品化，大量的生物质能通过直接焚烧或者在低效率的情况下使用。

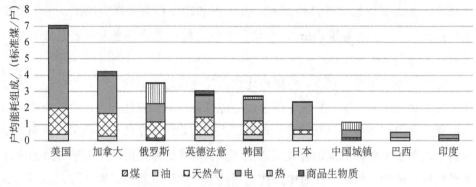

图 7-8　各国住宅商品能源户用能强度

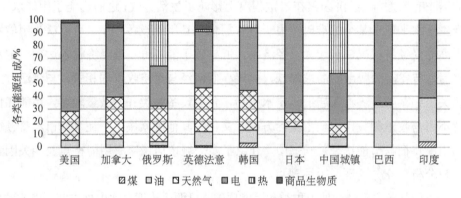

图 7-9　各国住宅商品能源户用能结构比例

2. 家庭用能项的能耗比较

参考 IEA、EIA、IEEJ 等机构对住宅用能的分类，将住宅中终端用能项分为照明、家电、空调、采暖、炊事和生活热水六类。其中，照明、家电和空调主要使用电力；而采暖、炊事和生活热水用能的类型包括电、燃气、煤或液化石油气。在分析各类用能项的用能量时，仍采用一次能源比较。

比较各种终端用能项的户均能耗强度（图 7-10）发现，美国住宅中各类终端用能项户均能耗均明显高于其他国家，其最大的用能项是采暖，其次为家电和空调，炊事用能是家庭用能比例中最小的部分，且各国炊事用能强度差别不大，除非出现大的炊事方式变革，炊事能耗不会成为建筑能耗增长的主要因素。而其他用能项均有较大的差异，如果不加以引导控制，都可能导致我国住宅建筑能耗显著增长。以空调能耗为例，美国户均空调电耗约 2 000 kWh，是中国该项能耗的五倍以上；而家电户均能耗是中国的近七倍，随着居民收入的提高，家电拥有率会继续提高，高能耗电器如烘干机、洗碗机等可能大量进入家庭，家电能耗将大幅增长。

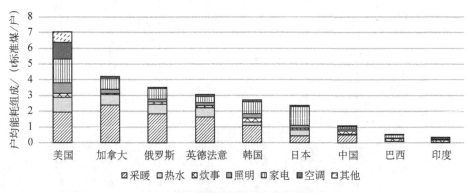

图 7-10　各国家庭用能项强度对比

需要说明的是，采暖能耗是用该国采暖能耗总量除以居民总户数得到的，与该国的地理位置和气候条件密切相关；中国住宅能耗为城镇住宅用能，包括北方城镇住宅采暖能耗（折合到全国城镇户均为 0.46 t/户），采暖能耗约占中国家庭能耗的 47%（包括夏热冬冷地区的采暖能耗）。

二、调查得到的住宅能耗状况

为了解城镇住宅用能情况，清华大学在 2009 年和 2012 年前后分别组织了两次大规模的城镇住宅用能情况调查。第一次调查共收集约 4 600 份问卷，覆盖了北京、上海、武汉、银川、温州、苏州和沈阳七个城市；第二次调查收集了约 2 400 份有效问卷，主要调查了北京、上海、银川和重庆等地。

分析 2009 年调查得到的家庭能耗数据（图 7-11），将用电量按照当年的发电煤耗进行折算，而其他类型能源按照其含热量折算，可以看出：①各地家庭户均能耗差异巨大，上海、沈阳家庭用能量的最大值都超过了 10 000 kg 标准煤/（户·a），而最小值不到 50 kg 标准煤/（户·a）；②75%以上的家庭，家庭能耗值在 1 500 kg 标准煤/（户·a）以下；③各地家庭能耗中位值分布在 650～1 120 kg 标准煤/（户·a）。进一步分析，同地区不同家庭能耗强度差异巨大，超过了不同地区能耗平均水平的差异，可以认为气候条件不是影响城镇住宅能耗差异的主要原因。

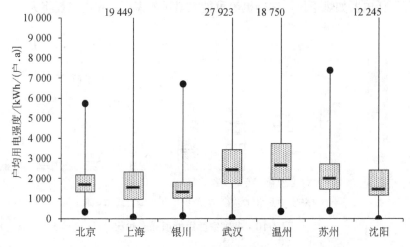

图 7-11　2008—2009 年七个城市居民家庭能耗总量分布

分析两次调查获得的家庭电耗分布，各地家庭用电量同样有较大的差异（图 7-12），平均用电水平为 1 330～2 680 kWh/（户·a），有近一倍的差异。分析来看，有以下几点认识：

（1）如果认为大部分居民当前的生活已满足其需求，各地家庭用电合理的水平在 1 330～2 680 kWh/（户·a）。

（2）由于气候条件的原因，武汉、温州等使用空调的需求较大，可以认为是造成高于其他地区能耗水平的重要原因；同样银川、沈阳用电水平低于其他地区，也一定程度上反映了夏季空调使用需求较少对家庭用电的影响。

（3）比较两次调查都包括的北京、上海和银川的家庭用电情况，一方面，从平均用电水平和主要用电分布区间来看，整体有所提升；另一方面，主要用电区间的分布范围扩大，可以认为居民家庭用能方式的差异增大，即在整体用能强度增长的同时，家庭生活方式更加多样化。

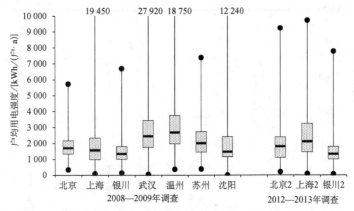

图 7-12　两次调查城镇住宅户均用电量分布

　　经济收入、家庭人口和建筑面积都可能是造成家庭能耗差异的原因，将家庭能耗根据这些影响因素进行归纳整理，可以大致反映能耗与其关系。

　　以北京调查数据为例，将经济收入以等距原则分为五档，比较其家庭能耗强度之间的差异，如图 7-13 所示；按照家庭人口规模大小分为四人以上、三人、两人和一人家庭进行能耗比较，如图 7-14 所示；对于家庭面积分析，样本的家庭面积主要分布区间为 $55\sim86\ m^2/$户，最大达到了 $205\ m^2$，而最小只有 $4\ m^2$，根据建筑面积分布的特点，以 $120\ m^2$ 以上、$90\sim120\ m^2$、$70\sim90\ m^2$、$60\sim70\ m^2$、$50\sim60\ m^2$ 以及 $50\ m^2$ 以下分区进行家庭能耗比较，如图 7-15 所示（除最大和最小的两个区间外，其他各个区间样本均接近于 200 个）。

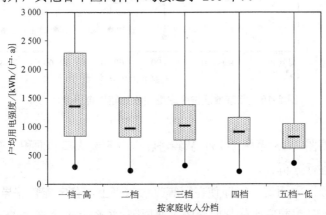

图 7-13　北京地区按照家庭收入比较用电强度分布

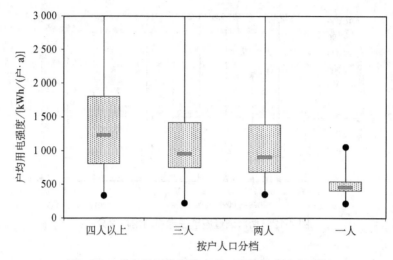

图 7-14 北京地区按照每户人口比较用电强度分布

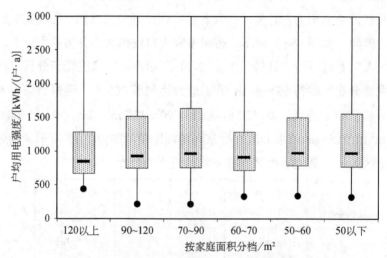

图 7-15 北京地区按照家庭面积比较用电强度的分布

下面根据图 7-13 至图 7-15，从经济收入、家庭人口和面积三个因素对家庭能耗的影响进行分析。

从经济收入方面看，①即使在同等收入水平上，住宅能耗差异也十分明显，即经济因素不是引起家庭能耗差异的主要原因；②经济收入较高的家庭能耗平均水平以及主要能耗分布区间要高于较低的家庭，说明随着经济收入的增加，人群整体能耗强度有增加的趋势；③收入越低的家庭群体主要用能强度分布区间较为集中，而收入越高，家庭用能强度分化越明显，即随着选择增多，在满足基本需求的能耗基础上，能耗强度增加的幅度有较大的差异。

从家庭人口方面看，①家庭人口越多，能耗平均水平以及主要分布区间越高；②家庭三口人和两口人的情况下，能耗平均水平差别不大。

从家庭建筑面积看，尽管家庭面积有较大的差异，能耗平均水平和主要分布区间差异并不明显。分析来看，建筑面积大小主要影响采暖和空调能耗强度，在北京地区，采暖以集中供热形式，这里统计的家庭用能数据中不包括采暖能耗。调查显示，夏季空调平均能耗强度为 $2\sim3\ kWh/m^2$，如果建筑面积差 $10\ m^2$，能耗强度差别也只有 $20\sim30\ kWh/$（户·a），因而建筑面积对家庭能耗总量影响较小。空调形式是影响空调能耗的重要因素：当采用分体空调时，部分空间、部分时间运行，户内人数固定，所以即使户型面积较大，因为只开一两间人在的房间的空调，空调能耗与户型面积关系不大；当采用 VRF 户式中央空调时，即使房间无人不开启，也需要消耗一些电力，空调能耗开始与户型面积相关；当采用整栋住宅楼的全时间、全空间的中央空调时，空调能耗就跟面积成正比，这样户型越大空调能耗越高。

总体来看，城镇住宅家庭能耗强度差异明显，分析不同经济收入、建筑面积和家庭人口与家庭能耗大小的关系，这些因素的变化将对宏观城镇住宅建筑能耗产生影响。随着经济收入的增加，家庭能耗强度有增长的趋势，然而也并非收入越高家庭能耗就会越高。

第二节　城镇住宅节能和低碳的关键点

一、生活方式对建筑能耗的影响

（一）生活方式是能耗差异的主要原因

从调查的数据看，城镇家庭能耗有着巨大的差异，这一差异主要由生活方式不同造成的。这里讨论的生活方式，包括人们在家使用的用能设备拥有量、使用方式，以及与室内环境营造相关的开关窗、调节遮阳等行为。对这些行为进行分析，除设备拥有量和类型外，生活方式的内容主要包括表 7-1 所列内容。

表 7-1 居民住宅用能生活方式的主要内容

类型	设备	生活方式	备注
热环境调节	空调设备	开/关、温度设定、风速	可智能预设开关时间
	采暖设备	开/关、温度设定、功率调节、风速	含热泵空调、电热采暖、燃气壁挂炉等
	电风扇	开/关、风速	与空调、开窗使用联系
	窗、遮阳等	开关幅度	与空调使用联系
照明	灯具	开/关、亮度	不同类型灯具功率差异巨大
生活热水	热水器	用热水量、水温、用热频率/时长	用水时段影响太阳能热水器能耗
家电	电视、冰箱、洗衣机、计算机等	开/关、运行模式	电视（机顶盒）、计算机等还具有待机模式
炊事	灶具、微波炉、电饭煲等	开/关、运行模式、功率调节	含饮用水热水器

如果从广义的角度看，住宅形式（公寓楼或别墅）和面积也可以归纳到建筑用能相关生活方式内容中。

案例 10：北京某住宅楼居民家庭空调能耗研究

以空调为例，李兆坚于 2007 年对北京某栋住宅楼分体空调用电量进行了调研测试（图 7-16），得到各户空调能耗从不到 1 kWh/m² 到超过 14 kWh/m²，有着显著的能耗差异，约有一半的用户甚至低于 1 kWh/（m²·a）。在气候、围护结构性能和空调性能方面差异并不大；从问卷调查居民的空调使用方式得知，不同家庭在空调使用时间、开启台数以及设定温度等方面存在明显差异。其中，空调能耗强度最高的家庭，大部分时间是在开空调的同时打开了外窗，大量通风换气增加了空调需要处理的负荷。能耗低的住户每年据统计空调平均开启时间不到 50h，而用电最高的用户夏季空调使用时间几乎达到 2 000h。

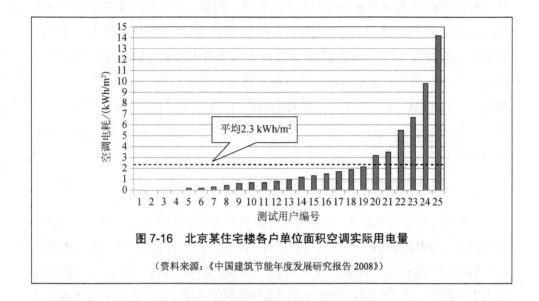

图 7-16　北京某住宅楼各户单位面积空调实际用电量

（资料来源：《中国建筑节能年度发展研究报告 2008》）

　　从生活热水用能来看，居民使用方式的差异主要表现在洗澡的频率和每次洗澡所用的热水量，由此造成能耗的差异也是十分显著的。调研发现，居民洗澡的频率从每天一次到一周一次不等，次洗澡时间从约 5 分钟到 30 分钟，最大的热水需求量差异约 10 倍，由此产生的生活热水能耗的差异也接近 10 倍。

　　居民家庭中的家电使用差异表现在两个方面：①家电拥有情况，包括家电的种类和数量，以及各类家电型号；②各个设备的使用时间。以电视为例，市场上常见的电视尺寸有 17～40 寸多款，其功率也从 35～200 W 不等（实时功率与亮度和音量有关），大多数家庭电视日均使用时间 1～3h，长短差异较大可以数十倍，由此产生的电视能耗也会有数十倍的差异。对于洗衣机、电脑等电器，不同家庭使用，同样可以产生巨大的用能差异。生活方式的差异是造成家电用能差异的重要原因。此外，任晓欣等对电冰箱、洗衣机、热水器、电视机等八种家用电器的用电功率进行了测量分析，归纳出不同电器的功率变化特性。由于使用时长的不同，电耗也会有巨大的差异。

　　从空调、生活热水、家电等各项终端用能进行分析，可以得出图 7-12 所体现出来的不同用户间的能耗差异的原因。通常人们会认为通过提高各类电器的效率即可降低能源需求，达到节能的目的。然而，一方面，由于家庭中电器种类和数量的不断增多、类型变化（如电视尺寸变大，冰箱容积变大，洗衣机有波轮和滚筒等），住宅家庭用能量并没有由于各类节能电器的推广而降低，相反，由于新的用能需求的出现而有明显的增长趋势；另一方面，饮水机、电烤箱、电脑、电视及机顶盒等一系列电器在待机时也会持续耗电，其耗电量甚至可能超过其使用时的耗电量，具有待机功能的电器越来越多，也使这部分能耗不断增长。

（二）生活方式受技术形式和经济因素的影响

分析住宅中不同用能项，技术形式也影响着生活方式，进而影响着建筑能耗。技术对建筑能耗的影响主要包括两个方面：①同类设备的能效水平，由技术发展水平所决定；②技术可控制的内容（如开关、温度和可选模式等），这与技术发展的方向相关。广义来看，技术形式的选择也属于生活方式；在技术可选的前提下，某种设备可控制的内容直接影响用户的使用行为。

从能效方面看，技术水平的提高对节约能源有着促进作用，其推广速度和范围与居民经济水平有关。大部分用电设备能效在不断提高，其价格也在上升。例如，家用白炽灯的价格在 2 元左右，同样照度的节能灯售价约 20 元，后者功率大大低于前者。随着经济的发展，大多数居民会主动选择节能产品，这与我国居民勤俭节约的主流文化有关，能效提升对节能的影响会逐步扩大。

从技术可控制的内容看，不同发展方向对能耗有着显著差异。以空调设备为例，比较房间空调器和住宅集中式空调系统对生活方式的影响如表 7-2 所示，可以看出房间空调器可控制的自由度大于集中式空调系统，从设备成本角度看，前者的投资也要大大低于后者。从经济性角度看，以洗衣机为例，波轮洗衣机和滚筒洗衣机的价格差异明显，后者价格高同时能耗也较高，技术形式的变化并不意味着节能的产品价格高。值得注意的是，尽管集中空调系统实际运行能耗较高，在进行节能设计和项目宣传时，设计方或开发商还是强调其"能效高"的节能性优势，既是响应绿色节能的号召，又在利用消费者节省的心理需求。

表7-2 不同空调形式下的生活方式

	房间空调器	住宅集中式空调系统
启停时间	人在时随时开启，通常人走关闭或定时关闭	由物业统一开关系统，在系统开启条件下房间启停由用户控制或不能控制，常常出现人走房间空调未关的现象
调节温度	在空调器可调范围内任意设定温度，调节能力由空调器容量决定	可调节设定温度，系统调节能力受开启冷机台数影响，不由用户决定
关联行为	室内较热时，可自由选择开窗通风或开启空调	在系统运行期间，用户的开窗行为可能会受到物业管理的限制

在推动住宅节能的过程中，重视技术形式既要包括技术的能效，也要包括技术的可控制内容和灵活性。由于住宅中居民的生活需求有明显的差异，发展可灵活分散控制技术有助于在满足个性化需求的同时，减少集中制备的冷量和热量在循环过程中的损失以及不能灵活调节产生的过量供应损失。

二、引导绿色生活方式

从调研现状来看，我国居民家庭中室内环境服务水平整体还有待提高，如南方地区部分住宅冬季室内偏冷，一些经济水平较差的家庭在炎热的夏季也极少开空调；同时，人们生活或娱乐需求还有较大的增长潜力，如部分缺水的地区生活用水未能满足人们的正常需求，计算机、冰箱和微波炉等电器在家庭中的拥有率还将有所提高。相比于发达国家的家庭，我国城镇居民家庭用能设备数量和种类，以及一些设备的使用量，还有较大的增长空间。这样一来，居民家庭用能还有较大的增长潜力。从另一个角度看，当前家庭用能消费占家庭收入的比例很小。在居民收入进一步提高、物质生活日趋丰富的情况下，能源使用费用增加难以引起居民注意，因而节能工作也难以得到民众的支持和落实。

引导绿色生活方式需从两个方面来看，一方面正视由于生活水平提高、居住环境改善而带来的用能需求的增加；另一方面，积极鼓励和发扬勤俭节约的优良传统，在满足人们正常用能需求的前提下，基于科学的数据支撑，倡导人们通过实际行动减少用能浪费，同时主动选择在其相应生活方式下适宜的节能技术。

　　归纳生活方式的特点，一些专家把发达国家的居民节能方式概括为"用着省"，即在不断增加的用能需求的情况下，通过提高设备的效率实现节能的目的；对比来看，我国居民节能方式可概括为"省着用"，即尽可能地少使用，以达到节能的目的。分析各用能项，主要表现为以下几个方面：

　　（1）在室内环境调节方面，优先开窗通风和借助自然采光；使用空调时，家庭成员尽量都待在一个房间，只开启该房间的空调器；通过减少衣着量提高热舒适，空调设定温度多为 26℃，很少设置 22℃ 以下；大多数人会在长时间离开房间时关闭空调，部分人在夜间也常设置自动关闭等。这些使用方式的特点是在尽可能少用的情况下实现节能的目的。

　　（2）在使用生活热水方面，对于有储热水箱的家庭，极少数会全天保持水箱水温，通常是用热水前制备热水；对于太阳能热水系统，在洗澡时间可自由安排的情况下，用户常常根据水箱的温度选择洗澡时间，减少辅助加热需热量。

　　（3）各类家电的使用基本保持了人长时间离开家，或即使在家不使用时就关闭的习惯（除冰箱外），大大减少了能源浪费。

　　这些生活方式都可以认为是有助于减少能源消耗的绿色行为，应予以宣传鼓励。将绿色生活方式定义为有利于保护环境、减少碳排放的生活方式，其表现为：在调节室内环境方面，优先利用自然条件改善室内温湿度和照度，并在一定范围内接受四季气候变化规律对室内温度和湿度的影响；在厨卫和娱乐活动用能方面，同样做到先利用自然条件，并在使用时间和强度方面尽可能避免浪费能源。这样的生活方式并未降低人们的生活水平，而是在保障人们正常用能需求的情况下，积极通过行为实现节能的目标。

　　此外，再看发达国家的一些家用电器（如烘干机、洗碗机、带热水功能的洗衣机等）并非生活必需品，在产品生产企业的消费引导下，这类产品在中国的市场也有可能打开，然而这些产品并未明显提高居民生活水平，反而将大幅增加家庭用能量。因此，在与国际接轨、引进国外先进技术的同时，应避免一些消费观念和生活方式。例如，无论是否有人在家，全天开启空调或采暖设备；即使室外环境条件良好，仍选择机械通风而不开窗通风；选择烘干机使衣服干燥而不是利用太阳光晾干等。这类生活方式十分依赖机械设备，使人与自然越发隔绝。因此，应尽可能避免从发达国家引入此类生活方式及其设备。

相比于公共建筑或北方供暖，住宅建筑较难采用强制性方式管理能源消费强度。现有的阶梯电价制度在一定程度上对高能耗用户进行经济上的惩罚，然而，相比于当前较高的衣食住行成本，能源费用的提高对人们的影响不明显。生活方式和技术是影响能耗的两个重要方面。借鉴发达国家的发展问题，应该从政策制定到市场营销都重视绿色生活方式的引导和宣传。

引导绿色生活方式，首先要让居民了解什么是绿色的行为，通过实际能源消耗数据和环境参数，使人们对绿色生活方式的好处有正确的认识。从身体健康的角度看，并不需要全时间、全空间地维持恒温恒湿，反之，对自然环境的热湿适应是人类进化过程中的重要环节（见达尔文进化论"物竞天择，适者生存"观点），不能因为提高舒适性而忽视了对环境适应性的重视，这既是生活方式选择的问题，也是技术发展方向的问题；从居住心理感受来看，存在对房间内设备和窗户、窗帘等自由调控的需求，鼓励房间内设备及窗户的开启由人主动控制，智能化自动控制仅仅降低了人们开关房间设备的简单劳动，并未显著提高人们的舒适性，但明显增加了维持智能控制系统的能耗。

其次，通过相应的宣传方式提高人们对科学技术的认识水平，正确辨识节能低碳产品的性能，避免一些大幅增加能耗的产品进入市场。当前一些设备的生产商或代理商为拓展市场，对产品性能做夸大甚或歪曲，或者引导人们向多消费的方向发展。为引导绿色生活方式，对此类技术应予以适当约束限制。

最后，树立人们对绿色发展的责任感和荣誉感，使人们体会到为节能环保做出贡献的满足感。以社区为单位，对在绿色节能方面有良好表现的家庭开展相关的表彰和宣传，使人们认识到绿色生活方式对节能低碳的重要意义，以及其作出的贡献。

提倡与自然环境融合的绿色生活方式，发扬我国节约资源的优良文化传统，是推动居住建筑节能的重要途径。

三、发展与绿色生活方式相适应的技术

技术措施在一定程度上影响了使用方式。例如，采用集中采暖系统，居民不能决定供暖时间，而以散热器为末端的供热系统，通常难以调节采暖运行状况；

中央空调系统在运行时，住户常被要求关闭窗户以避免开窗带来的新风负荷；在没有设置阳台的建筑中，用户难以利用太阳晾衣服，而不得不选择烘干机等。引导绿色生活方式的同时，应发展与之相适应的技术措施，才能保证其不被技术因素改变。

1. 积极发展被动式节能技术，鼓励合理利用可再生能源

被动式技术主要包括：①优化自然通风条件，便于居民在室外环境适宜时通过自然通风改善室内热环境；②创新自然采光技术，改善室内采光条件，减少白天对照明的需要；③加强门窗关闭时的密闭性能，减少由于空气渗透带走的冷量或热量。此外，提供晾衣服的阳台，可以在为居民提供生活便利的同时减少对烘干衣服的需求。

与建筑用能相关的可再生能源利用主要包括太阳能热水、地源或水源热泵等，此外还包括安装在建筑上的光伏技术。在建筑中可再生能源利用应该是以减少常规能源消耗为目标，当前很多可再生能源利用工程以获得更多可再生能源为目标，注重项目规模而忽视了实际用能需求的特点，实际常规能源并未显著减少，反而增加了大量的技术设备初投资，实际不利于可再生能源利用技术的发展。

2. 发展支持节能生活方式的控制技术，避免盲目智能控制

从调查情况看，大部分老百姓仍保留着勤俭节约的生活习惯。例如，各类电器通常会在人离开后关闭；优先开窗、使用电风扇，最后才选择开空调；尽量在同一个房间开启空调等，这些行为大多属于自发的。然而，如果各项设备不便于控制，通过行为节能的效果就不能实现。因此，对于人们会根据需要主动调节的设备，应提供便捷的控制手段。

此外，居民家庭中的能源浪费很少数是由于人们的主动行为造成的。由于忘记关灯、关机顶盒、关空调造成的能源浪费，可以通过自动控制关闭策略实现。以当前的智能控制技术水平要实现一定条件下的自动关闭策略并不难，应该积极鼓励发展这类控制技术，以作为产品节能的主要措施之一。在保证服务需求的同时，实现节能的效果。

3. 发展分散可调节设备，避免集中式控制系统

城镇住宅中，家庭用能通常以户为单位。由于家庭使用的作息时间不一样，对于空调和热水的使用需求存在使用时间和用量的差异。集中空调系统尽管机组额定工况条件下效率较高，但系统循环过程的能耗，以及白天大部分住户不在家不需要供冷时造成的浪费，往往出现集中空调系统能耗大大高于分散空调的现象，住户却并没有因此体验到更好的服务，反而由于过渡季不能自由开空调、空调季不能自由开窗的问题影响居住的舒适性。

对于住宅集中生活热水系统也常常有这样的问题：由于居民使用热水的时间不同，为保障随时用热而持续循环，循环过程的热量损失导致需要更多的能耗来维持水温，系统能耗往往比居民家装的燃气或电热水器能耗高。

考虑到居民生活方式的差异，在发展住宅室内环境或提供生活服务设备时应尽可能避免集中控制的模式，针对差异性需求提供灵活的分散可调节设备。

4. 发展节能灯具、家电和厨具，避免烘干机、洗碗机等高能耗产品的推广

电视机、冰箱和洗衣机等家用电器以及照明和大部分厨具使用时，能耗直接与使用时间和功率大小相关。提高这些用电设备的能效，能够有效降低在使用时的能源消耗。家电能效等级制度在鼓励生产和选用节能型产品、推动家电节能方面有着十分积极的作用，应该继续积极推动，不断完善家电能效等级标识的家电种类，并根据实际情况提高能效等级对家电的节能效果要求。

此外，烘干机、洗碗机等高能耗电器并没有显著提高人们的生活质量，却大幅度增加了能源消耗，这也是发达国家住宅建筑能耗大大高于我国建筑能耗的重要原因。因此，应该避免高能耗电器在市场上的推广，对高能耗电器应征收相应的税收。

第三节　未来发展模式

城镇住宅中的能源使用是营造室内环境、保障居民生活需求和娱乐活动的必要消耗。随着未来人们对室内环境要求的提高和生活需求的增长，住宅用能需求还将有明显的增长趋势。

在实现小康社会的总体目标下，提高居民生活水平也是建筑用能技术提供者的重要责任。技术发展方向也将是小康生活模式的重要支撑。在生态文明理念下，未来应该是通过引导绿色生活方式并发展与之相适应的技术，以有限的能源投入满足人们差异性的用能需求。

对未来小康社会家庭用能需求的研究，应基于当前城镇居民家庭用能需求的分析。从实测数据来看，我国居民家庭用能水平有巨大的差异，这是由于各户在照明、空调等各个终端用能方面的不同所造成。如果以满足生活需求为条件，对城镇住宅中各项终端用能进行分析，可大致确定各终端用能项的需求。以北京三口之家（90 m²）为例，家庭各项用能需求见表 7-3。总体来看，其家庭能耗量可以维持在 870 kg 标准煤/（户·a）以下的水平，表中各项设备的使用是根据实际调查案例所确定的。

表 7-3　居民家庭的各终端用能项能耗测算示例与实测比较

用能项目		用能量	设备容量	生活及使用方式	实测
1. 夏季空调		270 kWh/（户·a）	两台空调	根据热感觉开启	110
2. 生活热水		710 kWh/（户·a）	电热水器（效率 90%）	全年平均每人日均用水量 20 L	
		66 m³/（户·a）	燃气热水器（效率 90%）		
3. 炊事用气		114 m³/（户·a）	我国目前炊事用气的平均水平		
4. 照明		197 kWh/（户·a）	灯具 12 个 15 W，总容量 180 W	每灯用 3 h/d	
5. 各种电器（合计）		1 143 kWh/（户·a）			
各种电器	电冰箱	175 kWh/（户·a）	200 L 一级能效冰箱，电耗为 0.48 kWh/d	全年开启	130
	电饭锅	126 kWh/（户·a）	一级能效电饭锅，耗电量 0.43 kWh/d	每周有 2~3 d 做两顿饭	70
	抽油烟机	20 kWh/（户·a）	20 W	3 h/次	
	排风扇	22 kWh/（户·a）	20 W	使用 3 h/d	10
	其他电炊具	100 kWh/（户·a）			73
	客厅电视机	110 kWh/（户·a）	46 英寸 LED 电视，80 W，机顶盒 20 W	使用 3 h/d	
	主卧电视机	36.5 kWh/（户·a）		使用 1 h/d	

续表

用能项目		用能量	设备容量	生活及使用方式	实测
各种电器	家用电脑	277 kWh/（户·a）	1 台式电脑（150 W）+1 台笔记本电脑（40 W）	使用 4 h/d	300
	洗衣机	139 kWh/（户·a）	一级能效滚筒洗衣机，1.14 kWh/次	每三天洗一次衣	80
	饮水机	57 kWh/（户·a）	效率 50%	每人饮热水 2 L/d	
	其他设备	80 kWh/（户·a）	充电器等		60
合计（用电热水器家庭）		2 320 kWh/（户·a）	866.0 kg 标准煤/（户·a）		
		114 m³/（户·a）			
合计（用燃气热水器家庭）		1 610 kWh/（户·a）	735.1 kg 标准煤/（户·a）		
		180 m³/（户·a）			

对于不同气候区，空调和采暖的需求量不同，以上海为例，在技术可行的条件下，采暖和空调能耗总量可以维持在 20 kWh/（m^2·a），相当于在此基础上增加了 1 500 kWh/（户·a），家庭能耗总量维持在 1 300 kg 标准煤/户；在夏热冬暖地区，空调能耗强度为 8～12 kWh/（m^2·a），家庭用电量增加 800 kWh/（户·a）。从使用方式和设备形式来看，以上的案例设计实际超过了一般家庭用能终端项的需求。由此看来，通过引导节约的生活方式，尽可能避免在没有使用需求的情况下开启各类设备，可以有效地控制城镇住宅能耗强度的增长。

从我国城镇住宅建筑能耗现状以及中外住宅能耗对比来看，我国城镇住宅能耗强度还处在较低的水平，而生活方式是影响城镇住宅用能的主要因素。综合考虑各项终端用能的现状、改善居民生活条件的需求，以及各类技术的可行性分析，我国城镇住宅各类终端用能强度及总量的规划见表 7-4。

表 7-4　城镇住宅各类终端用能现状与总量规划

气候区		户数或人口	用能强度	能耗/万 t 标准煤
严寒及寒冷地区空调	目前	1.00 亿户（63 亿 m^2）	125 kWh/户（2 kWh/m^2）	400
	未来	1.20 亿户（120 亿 m^2）	400 kWh/户（4 kWh/m^2）	1 560

续表

气候区		户数或人口	用能强度	能耗/万 t 标准煤
长江流域采暖和空调	目前	0.96 亿户（60 亿 m²）	630 kWh/户（10 kWh/m²）	1 850
	未来	1.5 亿户（150 亿 m²）	1 800 kWh/户（20 kWh/m²）	9 750
南方空调	目前	0.32 亿户（20 亿 m²）	500 kWh/户（8 kWh/m²）	500
	未来	0.8 亿户（80 亿 m²）	1 200 kWh/户（12 kWh/m²）	3 120
家用电器	目前	2.41 亿户	440 kWh/户（7 kWh/m²）	3 300
	未来	3.50 亿户	700 kWh/户（7 kWh/m²）	7 960
炊事	目前	6.91 亿人	69 kg 标准煤/人	4 800
	未来	10.0 亿人	70 kg 标准煤/人	7 000
生活热水	目前	6.91 亿人	21 kg 标准煤/人	1 450
	未来	10.0 亿人	45 kg 标准煤/人	4 500
照明	目前	2.41 亿户	380 kWh/户（6 kWh/m²）	2 800
	未来	3.50 亿户	400 kWh/户（4 kWh/m²）	4 550
总计	目前	2.41 亿户，6.9 亿人	204 kg 标准煤/人	15 100
	未来	3.50 亿户，10 亿人	306 kg 标准煤/人	38 400

在能耗总量控制的要求下，一方面，应尽可能控制住城镇住宅建筑面积（见第三章），综合考虑满足居住要求和节约资源能源的目的，城镇人均住宅建筑面积应维持在 35 m²；另一方面，通过引导生活方式和技术应用，控制能耗强度合理增长，从而实现，当城镇居民达到 10 亿人，城镇家庭约 3.5 亿户，住宅面积达到 350 亿 m² 时，城镇住宅能耗总量维持在 3.84 亿 t 标准煤水平。

总结以上研究的内容，对我国城镇住宅节能整体规划如图 7-17 所示。在能耗总量约束的条件下，推动阶梯式电价、《民用建筑能耗标准》等措施对居住建筑用能的宏观调控；通过政府、市场引导和宣传绿色生活方式，以 3.84 亿 t 标准煤作为城镇住宅节能控制的目标，对照明、空调、家电、炊事、生活热水和南方采暖等各项终端用能落实图中所列出的节能措施，从而实现各项终端能耗总量控制的目标。

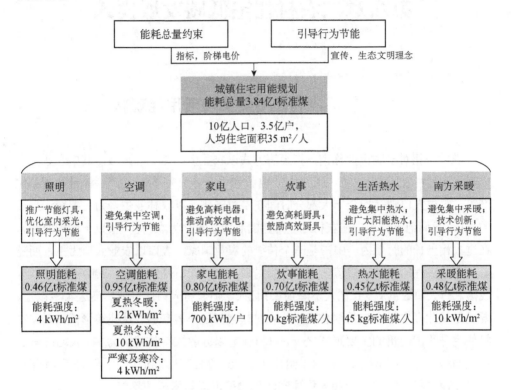

图 7-17　城镇住宅节能整体规划图

第八章 农村住宅低碳发展模式

第一节 农村住宅及其生活用能现状

农村是相对于城市的称谓，指经济方式以农业生产为主的区域，其中农业生产内容包括各种农场生产（如粮食种植、畜牧和水产养殖）、林业生产、园艺和蔬菜生产等。农村人口则是指全年大部分时间在农村居住、以农林业生产为主要经济来源的人口。我们把农村人口在农村地区搭建的居住建筑称为农村住宅（以下简称农宅）。在过去相当长的时期内，中国是一个传统的农业国家，人口以农业人口为主，而随着工业化进程的推进，城镇化水平不断提高，农村人口开始衰减。2001—2015 年，我国农村人口数量从 8.0 亿人下降到 6.0 亿人，但农村人口比例依然高达 43%以上。要满足如此多农村人口的居住需求，农村住宅问题不容忽视。从建筑形式来看，农村住宅是我国建筑的主要形式之一。农村住宅以分散式单体建筑为主，人均占有的住宅面积高达 39.4 m²/人。图 8-1 给出了 1996—2015 年农村住宅面积的变化情况，可以发现农村住宅总面积和人均住宅面积均呈现逐年增长的趋势。

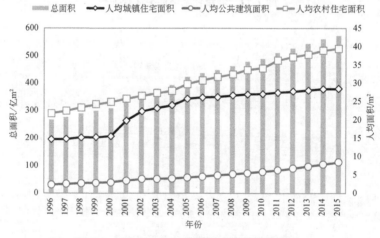

图 8-1　1996—2015 年建筑面积的逐年变化

从能源消耗来看，农村住宅能耗已成为我国建筑能耗的重要组成部分。2013年我国农村住宅商品能耗已高达 1.79 亿 t 标准煤，占建筑商品总能耗的 23.6%。此外，农村地区额外消耗的生物质能折合成标准煤也高达 1.06 亿 t 标准煤。因此，农村无论是在能耗总量还是在能源结构上都已经发生了巨大的转变，不再是一个以消耗可再生能源为主的地区。

综上所述，较大的农村人口规模和人均住宅面积，使农村住宅成为我国最主要的建筑形式之一，相应的住宅能耗也是我国建筑用能的重要组成部分。但由于历史传统、生活方式、自然条件和资源状况等方面的较大差异，城市住宅低碳化发展的模式和措施并不完全适用于农村住宅。因此，如何实现农村住宅的低碳化发展，将是低碳建筑研究中不容忽视的问题。

第二节　传统农宅是低碳建筑的标杆

我国过去是一个传统的农业国家，历经了上千年的经验积累和技术发展，在不同地区逐渐形成了各具特色的传统农宅。这些传统农宅在建筑风格上承载了当地的地域文化，在建筑设计上适应当地的自然环境与功能需求，在用能模式上充分利用当地的气候和资源条件。因此，无论是在建筑设计和建造上，还是在建筑运行过程中，这些传统农宅都是低碳建筑的一个标杆。

一、传统农宅的低碳化设计和建造

传统农宅的建筑设计普遍崇尚和谐自然，充分利用自然环境来改善室内环境并满足功能需求。例如，在我国北方地区冬季室外气温较低，提高并维持适宜的室内温度是建筑设计的主要目标，陕甘宁地区的窑洞建筑就是这类农宅的典型代表。当地农民利用高原黄土层较厚的地形特点，凿洞而居，窑洞室内冬暖夏凉。从建筑热工的角度分析，厚重墙体具有较大的传热热阻和热惰性能，能够减少房间围护结构的散热；而门洞处的圆拱和高窗，有助于充分获取太阳辐射，提高房间冬季白天的室内温度。而在南方地区夏季普遍酷热潮湿，为解决这一问题，传统农宅中出现了一种促进通风的建筑结构——天井。天井可以利用农宅的纵向温差形成纵向热压通风，有助于带走室内多余的热量和湿量，营造良好的室内环境。由此可见，传统农宅通过合理的建筑设计，巧妙地利用自然环境实现隔热除湿，在不额外消耗能源的情况下，营造了传统农宅室内良好的热湿环境。

在建筑材料的使用上，传统农宅特别注重建筑材料的就地取材和循环利用，有利于降低建筑材料的运输难度及成本。北方传统农宅中常见的夯土建筑，一般采用当地的生土或石头作为建筑材料，施工过程也较为简单。例如，潮汕地区，当地居民以蚝壳作为建筑材料建造贝灰墙和蚝壳墙。贝灰墙是以贝灰、砂、土为主要原料，将三者按一定比例加水和匀而成的一种夯土墙；蚝壳墙则是在墙体表面粘贴凸出的蚝壳，与遮阳百叶类似，在阳光的照射下，蚝壳可以形成大片阴影，从而减少墙体得热。

因地制宜的建筑设计和就地取材的建筑材料，不仅降低了农宅建造过程中的能源消耗，还给建筑的低碳化运行提供了良好的条件，使利用较少的能源消耗维持相对适宜的室内热湿环境得以实现。

二、传统农宅的低碳化运行

农村地区丰富的可再生资源，如太阳能、风能和生物质能等清洁能源，为农宅的低碳化运行提供了支撑。例如，生物质能作为我国农村的传统能源，总量非常丰富，其中可收集利用的生物质资源总量折合约 4.28 亿 t 标准煤/a；我国大部分北方地区处于太阳能资源丰富的一、二类地区，全年日照总数在 3 000h 以上，全年辐射总量在 $5.9 \times 10^5 J/cm^2$ 以上，可以满足农宅采暖和生活热水的需求。广泛分布的可再生能源资源，对解决我国农村地区生活用能具有非常重要的作用。与此同时，农村地区地广人稀，具有充足的面积进行能量收集，因此也具备更好的可再生能源使用条件。太阳能、生物质能等可再生能源虽然总量巨大，但能量密度较低，在使用过程中需要具备充足的空间来进行收集：太阳能需要充足的集热面积，生物质能需要足够的种植面积和较小的收集半径。这些条件都是城市地区所不具备的。

与城市住宅相比，农村地区特有的生活模式形成了一些特殊的室内热环境需求，也有助于实现农宅的低碳化运行。清华大学针对北京郊区典型农户的日常活动规律进行了调研，如图 8-2 所示，该户居民在白天的 11 小时（7:00—18:00）内虽然有 70%以上的时间都停留在起居室内，但却需要进出起居室 16 次，以进行炊事、采暖添煤、院落维护、喂养牲畜等生活生产活动，每次离开居室的时间为 2~60min。频繁地进出居室使穿脱衣服变得不便，因而当地农户形成了冬季室内的衣着水平以室外短期活动不会感到冷为标准的习惯，这导致农村住宅的室内热环境控制温度比当地城市住宅低。一般而言，北方城镇住宅的冬季供暖设计温度是 18℃，部分地区的供暖温度甚至高达 20℃以上，而北方农村住宅的室内供暖设计温度达到 14~16℃即能满足要求。因此，农村住宅需要维持的室内温度更低，所需要的能源消耗也更少，从而使农宅低碳化运行更容易实现。

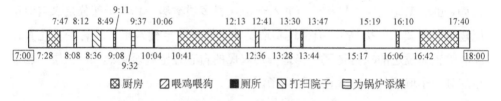

图 8-2 典型北方农户日常活动规律调研结果

总的来说，在过去较长时期内，农村住宅具备的以上优势使农村住宅在住宅总能耗和商品能耗上都远低于城市住宅，形成了独有的"自给自足型"能源供应方式，为农村住宅的低碳化运行提供了保障。

第三节 农村住宅发展新趋势

2005 年召开的十六届五中全会上，"社会主义新农村建设"这一理念被正式提出，农村开始进入发展的快车道。在农村经济和生活水平快速提升的过程中，农村住宅形式开始发生变化，农村住宅用能迎来了新的挑战。

一、农宅建筑形式的变迁

在我国大部分农村地区，农民以农业（林业）等分散型活动为主，同时辅助以家庭手工业和养殖业。农村住宅不仅是农民的生活空间，也是重要的生产资料和生产辅助空间。例如，农户必须有足够的室内空间用于储存自家生产的粮食，也需要有足够的院落空间存放农具、拖拉机等生产资料，还需要在院落或室内进行蔬菜种植、禽畜养殖、轻工业生产等小型生产活动。由于农村地区人口密度较小，人均土地占有量大，因此传统的农村住宅建筑以含有独立院落的单层农宅为主。但随着农村经济的发展，生产活动的形式更多样，导致农村生产生活开始出现分离，农村住宅的形式也开始发生变化。从图 8-3 中可以发现，1996—2008 年的 12 年时间内，我国农村住宅总面积呈现逐年稳定增长的趋势，但增长的主要是钢筋混凝土结构的农宅，传统砖木结构的农宅面积变化极小，而其他类型的传统农宅（如窑洞建筑、生土建筑、石结构建筑等）的建筑面积则呈现逐年萎缩的趋势。虽然钢筋混凝土结构建筑并不全都代表多层楼房（其中一部分是来自对房屋建造质量要求的提高），但也切实地反映了农村住宅建筑形式的转变。尤其在江浙等较为发达的农村地区，当地一户农民的自有住宅甚至可达 4～5 层，已经与部分中小城镇的集中式住宅相当了。

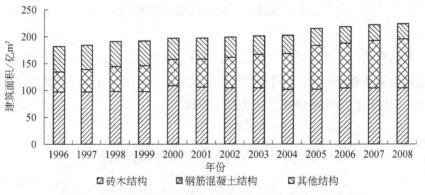

图 8-3　我国农村地区不同结构农宅建筑面积逐年变化情况

　　传统农宅逐渐被各种形式的砖混、钢筋混凝土结构房屋所取代，原因可能包括以下三点：①在住宅维护或重建时，有经济实力的家庭往往会优先选择看起来更为洋气、接近城市风格的砖混、钢混结构房屋，以体现优越性；②传统住宅在水电供应、卫生设施、照明采光等配套设施上存在不足，导致生活不便，因此人们更倾向建造配套设施更完善的新式住宅；③农村青年劳动力向城市流动，逐渐适应了城市的生活方式，返回农村生活后直接照搬了城市的建筑形式和用能模式。

农村住宅形式发生变化的同时，也开始影响农村的生活模式和能源供需，在一定程度上破坏了传统农宅在低碳化建造和运行上所具有的优势，导致农村"自给自足型"的能源供应模式受到冲击。

二、生活模式和能源需求的改变

城乡经济的互动使越来越多的农村居民往返于城市与农村之间，城市地区的生活方式和用能模式给农村带来了巨大的冲击。

在用能模式上，城市地区由于缺乏可再生能源的利用条件，普遍采用电能、燃煤和天然气等商品能源作为主要的住宅能源形式。该模式与农村地区以秸秆、薪柴等生物质能为主的用能模式相比，并不具有绿色可持续发展的优势，但由于方便快捷，开始被越来越多的农村居民所接受。以炊事为例，生物质柴灶过去是农村主要的炊事形式，但近些年农村家庭的炊事用能呈现"多管齐下"的发展趋势，有烧生物质的大灶，有烧煤的炉子，还有相对清洁的液化气灶、沼气灶、电炊事用具等。这些变化直接导致农村商品能耗急速攀升，生物质资源被逐步废弃，无处消纳的秸秆甚至被直接焚烧，不仅导致资源的浪费，更造成严重的大气污染。

在新的生活模式下，农村居民对于室内的舒适性要求也开始趋同于城市住宅。在北方地区，农村住宅的室内热环境控制目标约为15℃，而且允许昼夜间室内温度有较大波动，北方农宅通过配备火炕、火墙等传统供暖设备，即可满足采暖需求。但现在越来越多的农村家庭开始使用小型燃煤锅炉、电暖气等采暖设备进行全时间、全空间采暖，由于绝大部分农宅的围护结构保温性能依然较差，因此室内温度接近城市住宅的同时，采暖能耗也节节攀升。南方地区的室外气候条件比北方地区好，传统农宅主要依靠遮阳隔热、自然通风和绿色植被等进行夏季降温，几乎不需要人工调节室内温湿度。但近些年，随着空调等高能耗家电在农村的推广和普及，整个南方地区的总耗电量已经达到了北方地区的两倍以上，并呈现出加速增长的趋势。如果任由这种趋势自由发展，农村庞大的人口基数和住宅面积可能会导致我国建筑能耗的成倍增长，给我国能源供应造成更大的压力。因此，如何在新时代背景下，继续维持并实现农村住宅的低碳化发展具有重要的意义。

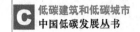

第四节　农村住宅低碳化的关键措施分析

一、改善北方农宅围护结构热工性能

清华大学 2006—2007 年大型农村能源环境调研结果显示，北方地区农村住宅采暖能耗折合到单位建筑面积已经达到了 14.4 kg 标准煤/a。扣除农村住宅中的非采暖建筑面积后（根据调研，非采暖面积比例约为 40%），农宅单位采暖面积的采暖能耗高达 24.0 kg 标准煤/a，高于当前北方城镇地区采用燃煤锅炉采暖的能耗水平。但在营造的室内环境上，农村住宅冬季室内温度普遍不足 12℃，远低于城市住宅 18℃的最低室内温度标准。农村住宅消耗了更多的能源，却不能够保障较好的冬季室内热环境，农宅围护结构热工性能较差是主要原因之一。

城镇建筑节能经过十几年的研究，已经建立了完善的建筑热指标体系，为城镇地区开展建筑节能工作提供了重要的参考依据和评价指标。而农村地区一直由农民自由建房，缺乏相应的指导和约束。农村住宅以单体农宅为主，建筑体形系数（指建筑外表面积与建筑体积之比）可达 0.8~1.2，是城市多层住宅建筑体形系数的 3~4 倍。在外围护结构材料的选取上，农村住宅以实心砖为主，且墙体一般无任何保温措施，导致围护结构传热系数偏高。此外，大部分农宅门窗的密封性能差，冷风渗透严重，房间换气次数普遍大于 1 次/h，为城镇住宅的两倍以上。在这样的条件下，要将农宅冬季室内采暖目标温度维持到城镇住宅的同等水平，农宅冬季采暖热负荷将可达同地区城镇住宅的 2~3 倍以上。因此，改善北方农宅围护结构热工性能、降低冬季采暖热负荷，是保障农村住宅低碳化发展的关键措施。

近几年，清华大学、中国建筑标准设计研究院和中国建筑科学研究院等单位，针对农村住宅的特殊环境，通过研究先后制定了《农村单体居住建筑节能设计标准》（CECS 332：2012）和《农村居住建筑节能设计标准》（GB/T 50824—2013）等行业标准和国家标准，对不同气候条件下的农村住宅建筑围护结构传热系数限值、南向窗墙比、建筑热指标数值和最终的节能率均提出了要求，可以作为指导低碳农宅的建设依据和评价标准。

2006—2008 年,在北京市郊区农村开展了 506 户单体农宅围护结构被动式节能改造示范,通过改善农宅的围护结构保温性能,增加被动式太阳能热利用措施,大幅度降低了农宅的燃煤消耗,并提高了冬季室内热环境舒适程度。实测结果显示,冬季室内平均温度提高了 5~10℃,采暖季采暖耗煤量反而减少了 1/3 以上,综合节能率可达 45%~61%。基于以上成果,北京市推出了《新农村"三起来"工程建设规划(2009—2012 年)》,大力推进农村住宅围护结构的被动式节能改造。据北京市住房和城乡建设委员会统计,截至 2012 年,北京市已累计完成节能农宅新建和改造约 33.2 万户,每个采暖季的节约燃煤折合成标准煤约为 46 万 t,减少二氧化碳排放约 110 万 t。由此可见,改善农村住宅围护结构热工性能可以为农村住宅低碳化发展奠定坚实的基础。

二、建立合理的生物质能源利用模式

生物质资源是我国农村地区分布最广泛、潜在储量最大的可再生能源之一。从我国农村地区的资源条件、经济水平和生活习惯等各方面来看,生物质应该作为目前和未来很长一段时期内,农村住宅用能(尤其是炊事和采暖)的主要能源,同时也是实现农村住宅低碳化发展最切实际的选择。

虽然我国农村生物质资源总量巨大,但实际上并没有得到充分合理地利用。一方面,生物质的资源化利用程度较低,导致大量秸秆等被遗弃或就地焚烧,浪费严重;另一方面,已利用的生物质资源以分散式直接燃烧为主,热利用效率低、污染排放高,不能充分发挥其作为可再生能源的优势。因此,建立合理的生物质资源利用模式,是实现农村住宅用能低碳化的另一个关键。

生物质固体压缩成型技术是目前较为成熟且具有应用价值的生物质资源化利用技术。它通过专用的加工设备,将松散的生物质通过外力挤压成为密实的固体成型燃料,压缩后的体积仅为压缩前的 1/10~1/5,从而解决了生物质堆积密度低等问题,既减少了生物质的储存空间,也有利于生物质的长期存放。配合相关炉具的使用,能保证生物质的充分燃烧,综合热利用效率可达 70%左右,且污染排放强度低,基本不会对室内环境造成污染。

但经过多年的努力，生物质固体压缩成型技术在农村地区并未推广成功，其主要原因是应用模式存在缺陷。目前，国内主要通过集中加工销售模式进行生物质的利用，典型的有"农户+秸秆经纪人+企业"或"农户+政府+企业"等形式，即通过中间人或政府从农民手中收购生物质秸秆，然后统一出售给大型加工企业集中加工，生产出的固体成型燃料再以商品的形式进入流通渠道出售给终端用户使用。由于集中加工厂的生产规模较大，使生物质资源的收集半径过大，收集、运输和储存的成本较高；同时，市场流通的环节较多，层层加码导致终端售价较高，也丧失了生物质资源廉价易得的最大优势。例如，农民以 150～250 元/t 的价格出售秸秆，再以 600～800 元/t 的价格从加工厂购买固体成型燃料，购买的实际成本约为 450 元/t，折合到当量热值后的价格甚至高于煤炭价格。该运行模式中，秸秆和生物质燃料两次进入商品流通，再加上高昂的运输和存储成本，抬高了生物质成型燃料的价格，农民用不起，大部分燃料都运往城市消耗。因此，相当于耗费了农村的资源，却并没有解决农村的用能问题。

生物质能"一村一厂"的发展模式可以较好地解决上述应用模式存在的问题，是具有发展前景的生物质资源化利用模式。其具体实现方式是以具有 100～200 户农户的中小规模自然村、组为基本单位，由政府出资集中建立一处占地 200～400 m^2 的小型生物质颗粒燃料加工点，并统一购买一套加工能力约为 500 kg/h 成品燃料的小型化加工设备，租给村里承包人进行运营和管理。按照"来料加工、即完即走"的方式由承包人为农户进行代加工，并收取 200～250 元/t 的加工费，用于支付设备电费（约占 50%）、加工人员的工资（约占 40%）和设备租金（约占 10%）等基本开支。这种应用模式可以避免生物质在农村地区被商品化，保留了生物质廉价易得的特点，让其真正成为农户用得了、用得起、用得好的可再生资源。"一村一厂"的代加工模式应注意以下几点：

（1）燃料加工厂和设备应由政府统一建设和购买，然后租给村里的承包人，政府不应以营利为目的，只负责对加工厂后续运行维护进行监督和管理；

（2）厂房建设应位于村内交通便捷的位置，使农民可以将原料和成品通过手推车、小型农用车等自行送到加工点进行加工，降低运输成本；

（3）农户分批适量地将燃料运往厂房，采用"来料加工、即完即走"的模式，取消原料和成品储存环节，从而降低厂房的建设和存储成本。

"一村一厂"的生物质利用模式，能够较好地推动生物质的资源化利用，在新农村建设的背景下，既为农村住宅提供了低碳化的住宅用能解决方案，也满足了农村居民不断提高的舒适性要求。

三、开发低成本、高效率的可再生能源利用设备

炊事和采暖是我国农村住宅能耗的主要组成部分。在炊事上，传统柴灶是最常用的生物质燃烧设备，但在使用过程中由于秸秆、薪柴等生物质燃料燃烧不充分，热利用效率一般不超过 20%，不仅浪费了生物质资源，燃烧过程还会释放颗粒物、一氧化碳、多环芳烃等大量的污染物，严重影响农宅的室内空气品质，危害农村居民身体健康。在采暖上，北方地区常用火炕、火墙等烟气余热回收采暖系统与柴灶结合进行采暖，南方地区则常用火盆等局部采暖设备。这些系统虽然能够提高农宅的冬季室内温度，但供热能力有限，室内热环境依然欠佳。

随着农村经济水平和居住舒适性要求的不断提高，电炊具、液化气、天然气等炊事设备逐步取代了传统柴灶；小型燃煤锅炉、电取暖器、空调等采暖设备开始替代火炕、火墙等传统采暖设施。这些变化直接导致农村的燃煤、电等商品能源消耗急速攀升。因此，开发利用可再生能源的低成本、高效率炊事采暖设备，满足农村居民提高生活水平的合理需求，将是保障农村住宅低碳化发展的重要措施。

在炊事设备的开发上，应该充分考虑农村生产与生活紧密结合的特有模式，在尽可能保障农户传统的炊事操作方式和使用习惯的基础上，开发具有低成本的低排高效生物质固体成型燃料炊事炉。在采暖设备的开发上，应结合传统柴灶和土暖气的优点，利用生物质固态压缩成型燃料技术，开发并推广适用于农村的生物质锅炉采暖系统，推动生物质的资源化利用。同时，还应重视其他采暖末端的开发，现有的火炕、火墙和火盆等采暖末端在供热能力，尤其是空间供热能力上存在不足，需要加以改善。

此外，太阳能和风能等可再生能源也是部分农村地区较为丰富的资源，可以作为当地解决农宅采暖的能源形式之一。考虑到农村的基本情况，在开发适用于农村住宅的太阳能或风能采暖设备时，需要重点关注三个方面：①因地制宜地选择合适的可再生能源，以保障有充足的太阳能或风能收集强度；②设备具有较好

的经济性能，农村地区的收入水平相对较低，农民对于设备的初投资价格和运行费用极为敏感（其中又对初投资最为敏感），如果不能控制系统成本和运行费用，很难被农民所接受，即使依靠政府的资金扶持政策，也较难维持系统的正常运行；③设备运行简单稳定、易维护，农村地区缺乏专业技术人员，技术服务体系尚不完善，如系统复杂且不易维护，则难以在农村地区得到推广应用。

第五节　农村住宅低碳化的实现模式

一、北方无煤村

我国北方地区冬季气候寒冷，农宅的主要用能集中在冬季采暖和全年的炊事方面。农宅围护结构保温普遍性能不佳、采暖和炊事系统热效率偏低等原因，导致北方农宅总体能耗高且冬季室内温度偏低；同时，采暖和炊事过程中大量使用煤炭或者生物质直接燃烧，不仅影响室内空气质量，危害人体健康，大量 $PM_{2.5}$ 和氮氧化物的排放还会导致室外大气污染，形成雾霾天气。目前，农村已经开始从以生物质为主的"低碳"模式向以燃煤为主的"高碳"模式发展，如果不加以合理的引导，在未来的 10～20 年内，北方农村煤炭消耗有可能以每年 5%～10%的速度迅速增长。

"无煤村"的发展理念是为控制北方农村地区大量使用煤炭而提出的。它并不是单纯追求简单意义上的无煤化，而是将村落作为考量和设计中国北方农村可持续发展的基本细胞单元，紧密结合农村实际，基于合理的建筑设计与可再生能源清洁高效利用，在改善农宅冬季室内环境的同时，大幅降低农宅采暖和炊事能耗等生活能耗，是我国北方大部分地区未来新农村建设的合理模式。"无煤村"主要包括以下三个特征。①无煤：农宅不使用燃煤，而是用生物质、太阳能等可再生能源解决全部或大部分采暖、炊事和生活热水用能；不足时，用少量的电、液化气等清洁能源进行补充，同时采用电网的电力满足农宅用电的正常需要（照明、家电等）。②节能：农宅围护结构具备良好的保温性能，从而大大减少采暖用能需求。一个不满足节能要求的农宅，即使不烧煤，也不是"无煤村"所追求的目标。③宜居：农宅需要满足与农村地区居民相适应的热舒适要求，同时避免由用能引起的室内外空气污染及环境恶化。"无煤村"绝不是以牺牲农宅室内舒适性或环境质量为代价来追求无煤化。

无煤村的实现方式包括三个步骤：

（1）加强农宅围护结构保温，降低冬季采暖用能需求。围护结构热性能差是导致目前北方农宅冬季供暖能耗高、室内热环境差的重要原因，因此改善围护结构保温性能是实现"无煤村"的重要基础。北京市郊区农宅的应用示范结果表明，农宅通过合理的保温，与未改造时相比可降低约 50% 的采暖能耗。

（2）改进用能结构，实现冬季采暖"无煤化"。在改善农宅围护结构热工性能的基础上，充分发挥农村地区生物质、太阳能等可再生资源丰富的巨大优势，即可能实现冬季采暖无煤化，具体的改善方案应根据当地所具有的可再生资源进行针对性设计来确定。以生物质能为例，利用生物质压缩颗粒燃料技术结合相应的采暖炉、采暖炊事一体炉（实测燃烧效率达到 70% 以上，比燃煤小锅炉热效率提高 30%～40%）或灶连炕技术，充分利用炊事余热解决冬季采暖需要，能够完全代替目前的燃煤土暖气采暖。

（3）实现炊事和生活热水用能"无煤化"。与采暖相比，北方农宅实现炊事和生活热水用能"无煤化"相对容易。生活热水可以采用户用太阳能热水器解决，成本低、效果好、使用方便，目前在农村地区已经大量应用。实现无煤、清洁炊事的方式有多种：对于使用传统柴灶的农户，可以改成节能省柴灶或灶连炕，炊事的同时还可以进行采暖，一举多得；对于采用生物质压缩颗粒进行采暖的农户，可另外配置一台小型生物质固体成型燃料炊事炉或利用冬季炊事采暖炉同时解决炊事采暖问题。

目前，"无煤村"发展模式在我国北方农村地区已经具备实施的可行性，但其实施过程依然是一个艰巨的系统工程，面临诸多问题。在单项技术的应用推广模式上，需要进行科学的规划，保证技术优势的充分体现；在国家支撑政策方面，需要进行合理的设计和资金支持，保证农民、企业和国家都能够积极地参与进来。

二、南方生态村

我国南方地区在气候条件、资源环境和生活模式等方面与北方地区都存在显著的差异，因此农村发展所面临以及重点解决的问题也有所不同。南方地区气候适宜，雨量丰富，河流众多，具有更为优越的生态环境。因此，南方农村发展的目标是充分利用该地区的气候、资源等优势，打造新型的"生态村"。

所谓"生态村"，是指在不使用煤炭的前提下，以尽可能低的商品能源消耗，通过被动式建筑节能技术和可再生能源的利用，建造具有优越室内外环境的现代农宅，真正实现建筑与自然和谐互融的低碳化发展模式。该模式不同于以高能耗为代价、完全依靠机械式手段构造的西方式建筑模式，而是在继承传统生活追求"人与自然""建筑与环境"和谐发展理念的基础上，通过科学的规划和技术的创新，所形成的一种符合我国南方特点的可持续发展模式。

实现这种生态宜居的发展模式的关键包括以下几个方面：

1. 改进炊事方式，降低炊事能耗及其引起的空气污染

炊事用能是南方农村生活能耗的最大组成部分，占总能耗的 42%。生物质秸秆、薪柴直接燃烧是南方农村进行炊事的主要方式，但传统柴灶的平均效率不足20%，不仅导致生物质的大量消耗，还会造成严重的室内外空气污染。因此可以考虑采用沼气、生物质压缩颗粒炊事炉、电、液化石油气等能源进行替代。

沼气利用是解决南方炊事用能的优先方式。将禽畜粪便、秸秆薪柴发酵产生沼气后用于炊事，使用方便、燃烧效率高、污染排放小，实现了生物质的清洁高效利用。配合南方农村适宜的气候环境和良好的自然资源，还可以实现沼气的绿色生态循环利用。如"猪-沼-果"的循环经济发展模式，就是将农村的生产生活有机地结合起来，在实现经济创收的同时，改善农村炊事条件，营造良好的室内外环境。对于不具备沼气使用条件的地区，推广使用省柴灶或生物质颗粒炊事炉进行炊事，通过提高燃烧热利用效率可显著降低生物质消耗量，同时减少因不完全燃烧引起的空气污染。另外，根据实际需求少量地使用电、液化石油气等进行炊事，也有利于改善炊事效果和室内外环境。

2. 采用被动方式进行夏季降温

夏季降温也是南方农宅面临的普遍性问题。根据农村的热舒适性调研发现，在保持室内空气流动的条件下，夏季室温低于30℃即可满足农村居民的降温需求。而在大部分南方农村地区，室外温度超过30℃的时间并不长。因此，与城市建筑普遍采用空调降温不同，南方农宅通过充分利用自然条件改善建筑微环境，利用

被动式降温方式，辅之以电风扇等，即可达到降温目的。被动式降温主要依靠围护结构隔热和自然通风两种方式来实现。

墙体和屋顶传热是室内温度升高的原因之一。在建筑结构上，可采用大闷顶屋面或通风隔热屋面以减少屋面传热。在建筑材料上，可使用传统农宅中常见的多孔吸湿材料形成蒸发式屋面。多孔吸湿材料中储存了水分，当太阳照射时会加速水汽蒸发，从而带走部分热量达到隔热的目的。农宅周围还可以栽种绿色攀缘植物或进行屋顶绿化，既能遮阳隔热，还能绿化环境。南方夏季既炎热又潮湿，通风有助于排除室内多余的热量和湿量，同时适当的空气流动也有利于提高人体的舒适度，是南方农宅降温的另一种主要措施。农村地区建筑密度低、前后无遮挡，通过合理的建筑设计，可以在风压作用下形成穿堂风，改善室内环境。通过天井等建筑结构形式，还可以利用热压作用形成纵向拔风，强化室内的通风换气作用。

通过以上被动式降温技术，不需要消耗额外的能源就能够营造出自然舒适健康的室内热湿环境，解决了南方农宅夏季过热的问题，是实现南方"生态村"发展模式的有效措施。

3. 减少冬季采暖用能，改善室内热环境和空气质量

南方采暖问题主要集中在夏热冬冷地区。该地区冬季室外温度一般在 0～10℃，且低温环境持续的时间较短。因此，无论是采暖负荷还是采暖时长都远低于北方农村地区，可以通过合适的建筑围护结构保温，辅之以太阳能、生物质能及少量的商品能来满足采暖需求。

"部分时间、局部空间"采暖是南方最常见的采暖模式，既符合当地的气候条件和自然环境，也有助于实现节能，应该加以保持。但是，南方地区传统的局部采暖措施，如火盆、火炉等，都是通过生物质或燃煤在室内直接燃烧进行取暖，会造成严重的室内空气污染，应该进行改进。为保证室内清新，当地形成了冬季开窗通风的生活习惯。房间通风换气次数的多少对冬季采暖负荷和室内温度的影响较大。因此，改善冬季室内热环境需要根据居民开窗情况分别进行讨论。

如果保持目前冬季开窗的生活习惯，室内通风换气次数较多，室温主要受室外气温的影响，建筑围护结构的保温作用不明显，通过增强建筑围护结构热工性能来改善室内热环境的作用较小。因此，可选用辐射型取暖器、电热毯等局部采

暖方式，提高采暖的热舒适性；避免采用对流型的采暖系统，如热泵型空调等。

实际上，冬季开窗通风与在室内直接燃烧生物质的习惯是相关的。如果不再采用这类炊事或采暖方式，则有可能改变目前冬季开窗通风的习惯，改善房间密闭性能，降低通风换气量。这样就可以通过提高围护结构热工性能来改善冬季室内热环境。传统农宅的墙体一般都采用厚实的土坯墙体或石砌墙体，如福建土楼的墙体厚度甚至达到了 1 m 以上，保温效果较好。同时，较大的热惰性可以抵御室外温度的波动，使室内更加舒适。在不具备采用这种厚重墙体材料的地区，也可采用热阻较大的自保温材料，再辅以局部采暖，也能满足冬季采暖的需求。

第六节　农村住宅低碳化的前景展望

2010 年我国建筑商品能耗总量为 6.78 亿 t 标准煤，对应的总碳排放约为 23 亿 t，其中城镇和农村住宅用能的碳排放分别约 16 亿 t 和 7 亿 t。从未来减排潜力看，城镇地区由于其基础设施和用能习惯难以发生根本性转变，若要全面更改已经形成的能源结构，需要引进大量可再生能源利用技术，需要舍弃或改造现有基础设施，投资巨大；同时，城市土地空间极其稀缺，也不具备收集和使用可再生能源的空间条件。因此，受以上条件的制约，城市住宅的减排主要通过节能来实现。反观农村地区，由于具备丰富的生物质、太阳能等可再生能源资源，同时具备使用这些可再生能源的土地资源和空间资源，能够通过能源结构的调整和控制实现真正意义上的低碳化发展。

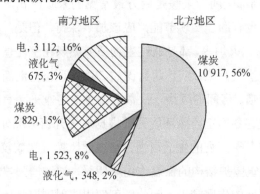

图 8-4　农村住宅消耗的商品能构成（万 t 标准煤，年总能耗量：1.9 亿 t 标准煤）

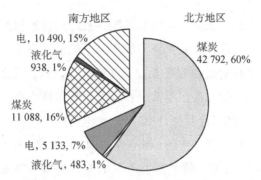

图 8-5 农村住宅用能产生的二氧化碳排放量（万 t，年总碳排放量：7.1 亿 t）

由图 8-4 和图 8-5 给出的我国农村住宅生活用能的商品能源消耗量和碳排放量分布可以看出，如果在全国范围内大力推广北方"无煤村"和南方"生态村"的建设，将会对我国的建筑节能减排工作产生重大的影响。

首先，北方农宅采暖和炊事用煤分别占全国农村住宅总商品能耗及由此产生的碳排放的 56% 和 60%，因此在北方实现"无煤村"将会产生最为明显的节能减排效果。我国北方地区共有 32 万个农村，若有 50% 的村落成功推广无煤村生态模式，则每年可节省燃煤 0.54 亿 t 标准煤，减少二氧化碳排放 2.14 亿 t；若有 80% 的村落成功推广无煤村生态模式，则每年可节省 0.87 亿 t 标准煤，减少二氧化碳排放 3.42 亿 t，如表 8-1 所示。

表 8-1 我国北方农村推广"无煤村"后的二氧化碳减排潜力预测

无煤村比例	10%	30%	50%	80%
节能量/亿 t 标准煤	0.11	0.33	0.54	0.87
减排量/亿 tCO_2	0.43	1.28	2.14	3.42

注：碳排放折算系数：煤—2.8 kgCO_2/kg；液化气—2.38 kgCO_2/kg；电—1.18 kgCO_2/kWh。

南方地区农村住宅用能中煤炭和电分别占全国农村住宅能耗的 16% 和 15%，在这一地区推广"生态村"，除减少煤炭消耗以外，还需要控制农村电耗的快速增长。据估算，目前南方地区城镇和农村户均年用电量分别为 1 737 kWh 和 842 kWh，按照推广"生态村"可以避免南方地区人均用电量从现在的水平发展到城镇水平来估算，那么就可以避免增加 945 亿 kWh 的电耗，由此每年能够避免产生 1.1 亿 t 的碳排放。

因此，通过一系列政策指导，大力发展并推广适宜农村的住宅节能和可再生能源利用技术，就可以在提高农村住宅服务水平的前提下实现大幅度节能和降低二氧化碳排放，将能耗总量控制在 1.32 亿 t 标准煤以内。反之，如果不对农村住宅碳排放量加以控制，使其在保温情况和体型系数保持不变的基础上生物质完全被煤炭取代，室温从 10℃提升到 18℃，户均电耗达到现在的城镇水平，我国农村住宅商品能耗将从现在的 1.9 亿 t 标准煤增加到 3.5 亿 t 标准煤，相应的年碳排放量也将由现在的约 7.1 亿 t 骤增到 13.0 亿 t，会对我国节能减排工作造成巨大压力。我国农村住宅碳排放预测如表 8-2 和图 8-6 所示。

表 8-2　2030 年我国农村住宅碳排放量预测

	情景	能耗变化	碳排放量/亿 t CO_2
1	不加控制	保温和体型系数不变，生物质完全被煤炭取代，室温从现在 10℃提升到 18℃，户均电耗达到现在的城镇水平	13.0
2	推广 10%"无煤村"与"生态村"	"无煤村"与"生态村"取消煤炭的使用，用电量增长 50%，其余村不加控制	11.9
3	推广 50%"无煤村"与"生态村"		7.8
4	推广 80%"无煤村"与"生态村"		4.6

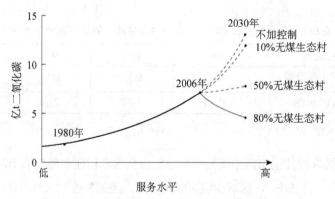

图 8-6　我国农村住宅用能及碳排放变化趋势及预测

结合前面的分析，对农村住宅节能做出如下规划（图 8-7）：

①以被动式节能为主，改善采暖设施并充分利用可再生能源，使北方地区住宅采暖能耗强度控制在 800 kg 标准煤/（户·a）以内；

②充分利用生物质能解决 40%的炊事需求，使人均炊事能耗控制在约 40 kg 标准煤/（人·a）；

③积极发展太阳能生活热水，解决约 40%的用能需求，这一比例在南方地区还可能更高，使人均生活热水能耗控制在 15 kg 标准煤/（人·a）以内；

④推广节能灯具，使照明能耗强度在 3 kWh/（m²·a）左右；

⑤根据农民实际需求引导农村家电市场，避免高能耗家电进入农村家庭，使家电能耗控制在 800 kWh/（户·a）；

⑥积极发展隔热、遮阳和自然通风的技术措施，营造良好的农村住宅周围环境，使南方地区空调能耗强度控制在 3 kWh/（m²·a）左右。

当未来农村人口减少到 4.7 亿人，改善农村住宅质量，使建筑总量控制在 188 亿 m² 时，农村住宅建筑用能总量将控制在 1.32 亿 t 标准煤以内。

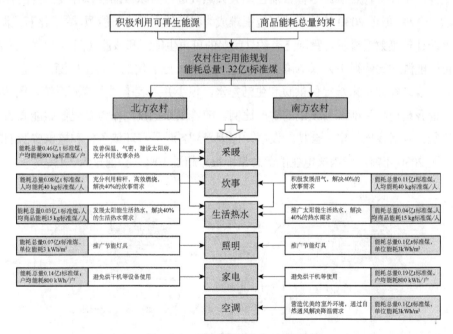

图 8-7　农村住宅建筑节能规划

第九章　城市能源系统

第一节　我国的能源构成和能源系统状况

图 9-1 是我国一次能源的主要构成。从图中可见，煤炭仍然是我国目前最主要的一次能源，提供了我国能源总量的 65.6%。此外，石油占总能源的 17.4%，但主要是提供交通用能和化工原料。天然气目前占总能源的 5.7%，除部分用于化工原料外，作为清洁能源主要用在城市的燃煤替换中，但因为总量不大，目前很难作为主要的化石能源全面替代燃煤。尽管目前在加大天然气进口并积极勘察和开发国内的各种天然气资源，但至 2030 年前天然气也很难成为我国的主要化石能源。除了化石能源，国家统计年鉴数据显示，我国还有约 11.3% 的可再生能源和核能（图 9-1）（光电占可再生能源的比例很小）。太阳能热利用也是我国广泛利用的可再生能源，但它主要是直接安装在建筑末端提供供暖和生活热水，很少并入我国的大能源系统。图 9-2 为目前我国可再生能源与核电的生产比例。随着国家把核电作为发展低碳能源的重要途径，今后我国核电还会持续发展，但因受到各种外界环境条件和核电资源的限制，至 2030 年前，我国核电在能源总量中很难超过 10%（当前仅为 1.1%）。

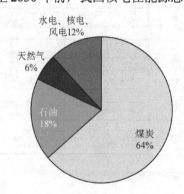

图 9-1　我国能源消费比例（2015 年）

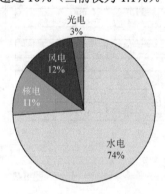

图 9-2　水电、核电、风电和光电生产比例

我国的燃煤、天然气主要产于西北地区，而经济发展快、能源消耗大的地区又多集中于东部沿海，所以北煤南运、西气东输成为我国能源供应系统的特色。我国水力资源集中在西部和西南部地区，其水电发电能力占全国水电的70%以上，并且未来可能继续开发的水力资源也都集中于这一带。我国的陆上风力资源也集中于北部、西北部地区。由于西北部地区日照充分、空间资源充沛，今后大规模的太阳能光电站也将主要布局于这一地区。为了缓解北煤南运，降低能源运输能耗，我国北部、西北部建设了大批的燃煤坑口电站，就地发电后通过输送电力代替输送燃煤。这样，与风电、光电共同形成巨大的西电东输的需要。为此，近年来我国大力建设发展大容量超高压的交流和直流输电系统，形成了世界上容量最大、距离最远的输电系统。尽管如此，仍不能满足西部可再生电力和煤电发展的需要。主要的电力生产地远离主要的电力消费地，成为我国能源领域不同于西方国家的特点。这会使能源系统的模式、面临的问题等与西方国家有很大差别，因此适合于西方国家的能源系统结构不一定符合我国的特点，需要我们根据自然资源与用能地点分布的特点，发展与之相适宜的适合我国特点的能源系统。

目前可再生能源发展中出现的重要问题之一就是大量的"弃风""弃光""弃水"现象。西部大量的风电、水电经常由于不允许接入电网中只得白白弃掉。甘肃省是我国风电场的主要基地之一，但最近几年弃掉的风电高达20%；河北省北部、内蒙古中部的坝上地区是我国又一主要的风电基地，尽管其距离电负荷高密度区的京津唐电网仅300 km，但最近几年的弃风率也高达15%。而西部青海、甘南、川西、云贵高原丰富的水电也经常出现不能上网而"弃水"的现象。这些可再生能源的电力不能上网的部分原因是电力输送通道有限，可再生能源电力与燃煤电力争抢电力输送通道，在当前的电力政策下形成的各地方政府及各能源企业利益间的博弈也是弃掉可再生能源电力的重要原因。对于风电来说，变化无常、难以适应城市用电负荷变化的要求，又缺少可以补偿风电变化的其他可调节电源，是风电不能充分利用、经常出现"弃风"现象的主要技术原因。图9-3是坝上地区风电一天的变化和京津唐电网负荷需求一天内的变化。从图中可以看出，风电几乎对城市电力需求进行"反向调峰"，恶化了电网的供需关系。在这种情况下，这一地区又缺少水电等可以用来进行快速调节的电源资源，只能通过消减周边燃煤火电厂出力的方式去适应电负荷需求的变化。这就使大量并不适合作为电力调峰的燃煤热电厂在部分负荷下低效运行，以随时应对电力负荷需求的变化。这时，强行接入风电只会恶化这种现象，加大燃煤火电厂的调峰压力，进一步降低燃煤火电厂的能源转换效率，在一些情况下，从整体用能效率上看也是"入不敷出"，不如弃掉风电。出现这一现象，根源是城市用电需求在一天内的大幅度变化。怎样改变城市用电负荷的这种变化模式，使其响应风电的变化，从而充分利用风电、避免"弃风"现象、提高城市能源中可再生能源供应的比例，是城市能源系统必须面对的重要问题。

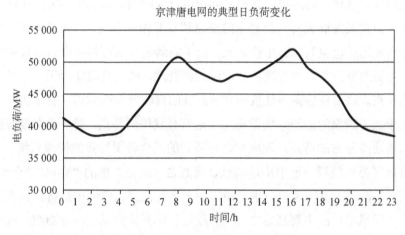

京津唐电网的典型日负荷变化

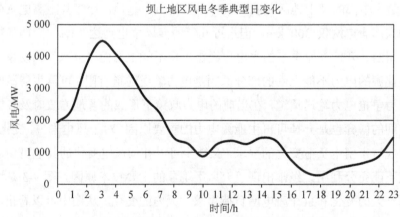

坝上地区风电冬季典型日变化

图 9-3　京津唐电网负荷与坝上风电典型日的日内变化

第二节　城市能源系统面对的需求

我国城镇能源消耗占全社会总能源消耗的 80%以上，同时由于用能所导致的碳排放量也大约占我国能源消耗造成的碳排放总量的 80%。城市是各种社会活动、经济活动、生产活动和文化与政治活动的主要场所，支持这些活动的能源消耗主要为工业生产用能、建筑用能、交通用能以及如城市给排水系统、水处理厂、城市照明、垃圾处理等维持城市基础设施系统运行的能源消耗。城市能源系统就是要为城市提供各类能源供应服务。安全可靠的能源系统是现代化城市的重要标志之一，清洁的城市能源供应系统是实现城市优良大气质量的先决条件，而高效低碳的城市能源系统又是实现低碳城市的前提条件。

城市能源系统为城市提供的能源有以下几类：

（1）电力。这是现代化城市最主要的能源方式，是城市建筑、工业生产和基础设施运行的主要能源，也是地铁、轻轨等现代化城市公共交通所需要的能源。随着电动汽车的推广普及，电力还将成为城市交通的主要动力。

（2）燃气。这是城市可用于直接燃烧的清洁能源的主要形式，是用于炊事和生活热水制备的主要能源，也是一些工业生产过程的主要燃料。为了改善城市大气环境、缓解雾霾现象，各地开展"煤改气"运动，这将加大城市能源中天然气所占的比例，怎样高效地用好天然气也成为城市能源系统的重要问题。

（3）热力。北方城市建筑冬季供暖期高达 4～6 个月，许多工业生产过程也需要热力供应。通过集中式系统高效产生蒸汽或热水为建筑和工业生产供热，在很多情况下是一种高效低碳的方式。目前我国北方的各大中城市基本上都建有不同规模的城市集中供热系统，承担城市建筑和工业生产供热。在南方很多工厂聚集的工业区、开发区，为了满足生产过程中巨大的热力需求，也采用热电联产集中供热的方式以实现能源的高效转换。

（4）燃煤。由于我国的能源构成是以煤为主，所以燃煤仍然是一些城市的主要能源。燃煤在城市中主要有两类应用：①用于燃煤电厂为城市电网供电和通过热电联产同时供热；②用于工业生产和民用建筑供暖锅炉。相比于工业生产用煤和中小型锅炉（50 MW以下），大型燃煤电厂的燃煤得以更高效、更清洁地利用应该作为我国未来能源系统利用燃煤的主要方式，工业用煤、各类民用燃煤锅炉用煤可能会随着城市大气治理工作的深入，通过"煤改气"而被逐渐替换。

（5）油料。这主要是为车辆和飞机提供燃料。目前对于城市能源系统来说，油料供应基本上独立于电力、燃气和热力供应。但随着能源结构的变化，天然气作为清洁能源也被用来作为汽车燃料，电力又成为电动汽车燃料，油料需求可能会逐渐减少。

燃煤、燃气、燃油在使用过程中都产生二氧化碳，除非采用CCS（从烟气中分离二氧化碳并储存）方式，否则在使用过程中排放的二氧化碳都与释放的热量成正比，而与所采用的燃烧方式无关。但是由燃煤、燃气和燃油三类燃料单位热量所产生的二氧化碳是不同的，表9-1给出各类燃料单位热量的二氧化碳产生量。从中可以看出，同样热量的天然气排放的二氧化碳最低。这是由于它所释放的部分热量是通过氢氧反应所生成的，排出的生成物是水，而不是二氧化碳。产生同样的热量，燃烧天然气排放的二氧化碳是燃煤的约60%。所以"煤改气"有一定的低碳效果，但是通过"煤改气"并不能实现零碳排放。

表9-1 不同燃料释放1 GJ热量时所排出的二氧化碳量

能源种类	kg/GJ	能源种类	kg/GJ
无烟煤	98.3	航空煤油	71.5
褐煤	101	柴油	74.1
原油	73.3	天然气	56.1
车用汽油	69.3	水电/核电	0

一个城市对电力、天然气和热力这三种形式能源的需求会随着时间而不断变化。如图9-3所示京津唐电网电力需求的变化，其负荷的变化部分约为平均值的30%。当电力负荷主要源自工厂时，日夜间的负荷变化较小，或者通过对生产过程的管控可以把日夜间对电力需求的变化控制在一定范围内。但对于以政治、文化、金融、贸易等为主要功能的城市，其主要的电力负荷来源于民用建筑。民用建筑的用电时间完全由其提供的功能所决定，在一般情况下很难根据电力供应需

求调整，这就造成日夜间对电力供应需求的巨大峰谷差。电网供需之间是刚性连接，如果没有有效的电力调峰手段，供大于需的这部分电力就会立即被电网和电源无效地消耗掉，必须及时调整电源出力，满足供需匹配，才能避免供需不匹配导致能源的巨大浪费。因此，电力调峰设施是维持供电网正常运行、减少供需不匹配损失的重要保障。水力发电可以实现高效的快速调节，所以是最好的电力调峰手段。北京十三陵附近建有抽水蓄能电站，在电力负荷低下时，开动水泵把水蓄存在山顶水库中，在用电高峰时放水发电，尽管这样的蓄放导致的电力利用效率仅为 60%左右，但已经具有很大的经济效益了。然而我国北方缺少水力资源，也很少有建抽水蓄能电站的环境条件。在发达国家还有另一种广泛使用的方式就是燃气发电机组调峰，由于这类机组也可以实现快速启停和负荷调整，所以也是电力调峰的主要手段。但我国燃气资源短缺，无法支撑电力调峰的巨大需要。因此，目前北方地区的主要调峰方式是依靠燃煤火电厂的调节，但是燃煤火电厂是依靠燃煤锅炉产生蒸汽来发电的，而燃煤锅炉的启停和调节都需要较长时间，并且在部分负荷下效率低下。图 9-4 是目前作为燃煤电厂主力机型的 30 万 kW 燃煤机组不同负荷率下的发电煤耗，图中表明，这种机组在 50%负荷下的单位发电煤耗比满负荷时高出 10%。而为了调峰的需求，大部分燃煤火电厂都只能在这样的部分负荷下运行，时刻准备提高或降低出力，以满足电网需求，这就严重降低了发电效率。如果再介入风电，会进一步恶化电力供需关系，加大电力调峰难度。因此，找到有效的调峰方式是提高电网能源效率和充分利用风电的技术关键。

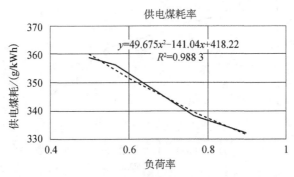

图 9-4　30 万 kW 燃煤发电机组负荷率与发电煤耗

与电力不同，城市对热力的需求是随着季节而变化的，尤其是当热力负荷主要是民用建筑冬季供暖时，热力需求在一天内几乎不变，而是随着气候变化而大幅度变化。图 9-5 和图 9-6 分别是北京市全年供暖负荷的逐日变化和由此统计出的负荷累计分布图。如果按照供暖需要的最大值设置热源和输配管网，就会使大量设备在绝大多数时间闲置，能量转换和输配系统也会在大多数时间低效运行。怎样解决这一问题，使巨额费用投入建成的高效设备尽可能长时间地在其高效工况下运行，而用其他一些方法解决短期出现的高负荷需求，这就构成城市热力供应系统如何适应需求侧峰谷变化的问题。

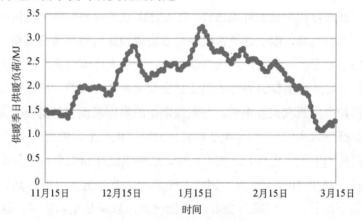

图 9-5　北京逐日供暖负荷曲线

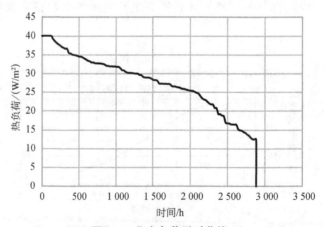

图 9-6　北京负荷延时曲线

对于天然气同样有峰谷差调节的问题。天然气的很大比例用于炊事，而炊事用气在一天内呈现有规律的变化，这就导致一天内天然气使用量出现两次或三次变化波动。然而，与电力波动不同，城市天然气管网本身就具有很大的容积，一天内负荷的波动变化完全可以通过管道中压力的变化而吸收，从燃气供应门站看，燃气一天内几乎可以稳定供应。然而当燃气主要用作供暖时，不同季节间燃气负荷就会存在巨大变化。刘蕾等研究北京全年的燃气用量变化（图 9-7），冬季典型日用量是夏季典型日用量的七倍之多。我国东部沿海城市天然气来源于西气东输，千公里管线从陕甘、新疆及国外输送到东部。气源和长途输送管线是天然气开发成本的主要构成。而这些环节都希望长期稳定地输送燃气，燃气用量的季节性大幅变化会降低天然气系统的效率，大幅增加天然气成本。

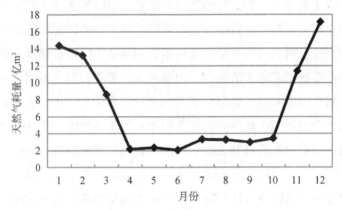

图 9-7   2012 年天然气逐月用量示意图

长途管线输气成本约为天然气开采—输配—最终用户的总成本的 1/3，所以怎样合理规划城市能源系统、尽可能使全年的天然气用量均匀，是降低天然气成本的重要途径。在城市附近建立巨型地下储气库，夏储冬用，也是均衡天然气用量、缓解天然气供需矛盾的有效措施。

第三节   实现低碳城市能源系统的主要途径

要降低城市能源系统的碳排放，需要从四个方面努力：降低用能末端对能源

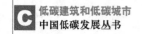

的需求；提高能源转换系统的效率；发展和优化利用可再生能源和核能；综合利用工业生产过程排出的低品位余热。

一、降低用能末端对能源的需求

碳排放的主要来源是使用化石能源，因此降低终端用能的消耗是减碳的最有效措施。然而，终端能源的消费模式不同，会导致对能源的需求有很大不同。对于建筑、交通等消费领域的用能来说，在满足提供基本功能服务的前提下，不同的使用和消费模式所消耗的能源会有数倍的差别，而不同能源系统能源利用效率的差别一般仅为百分之几十，所以与提高能源利用效率相比，坚持节约型使用模式和消费模式更为重要。西方社会近 50 年来，能源系统技术有了显著进步，能源利用效率也有大幅提高，但作为城市用能主导部分的日常生活消费领域的人均能耗也同步增长，而且其增长幅度超出能源利用效率的增长幅度。这一现象的原因就是在能源系统技术进步的同时，用能模式、消费习惯也出现了巨大变化。市场机制下的城市能源系统总是以促进能源消费为目的的，其系统形式一定是为充分满足终端消费者用能，甚至鼓励其多用能。而作为个体消费者的建筑和交通系统的使用者，却缺少有效机制去抵制能源的促销、激励节约能源的行为。中外都有大量案例表明，不同的城市能源系统方式会造成日常生活领域人均能耗的巨大不同，其中最典型的就是居住建筑的生活热水提供系统。很多案例表明社区集中的生活热水系统每提供 1 t 热水消耗的能源为分户燃气或电力热水器能源消耗的 2~3 倍。户均用水量越小，集中系统相对能耗就越高，其原因就是为了保证 24 小时内随时的热水供应，小区庭院热水管网和楼内热水管网需要持续循环运行，而实际上一天内仅有很少的破碎的时间段内末端用户需要热水，这就导致从外网和楼内管网散出的热量比加热末端消耗的热水所需要的热量还要多得多。再如，居住建筑分户分室的独立型空调方式，由于按照"人在开、人走关"的模式运行，所以在华北地区的气候条件下其每个夏季的平均用电仅为 2~3 kWh/m²。而当采用一座公寓楼为一个独立系统的中央空调时，同样气候条件下每个夏季的用电量超过 20 kWh/m²。这是由于作为为整座建筑提供服务的集中式系统，只能采用 24 小时连续提供服务的"全空间、全时间"运行模式，有人无人都要对全部空间开启空调，实际能源消耗量自然就非常高。同样类似的现象是在我国长江流域地区的大型居住社区或更大的区域实行集中供热供冷，就很容易出现大量建筑空间室内无人时也持续供热供冷的现象。尽管这种集中提供用能服务的方式其制冷制热效率有可能高于分散方式，但实际的单位建筑面积能源消耗量却比该地区采用分散的"有人开、无人关"的方式高3~6倍。我国华北地区近年来推广水源热泵、地源热泵的建筑供冷供热系统，实质是一种跨季节地下蓄能方式，冬季向地下蓄冷取热，夏季向地下蓄热取冷。在某些地质条件下采用这种高效的供能系统需要冬夏平衡，为了满足冬季建筑集中供热的需要，在夏季也只好实施集中供冷服务，因而与目前普遍采用的分散式空调方式比，夏季空调用电量大幅提高。这种高效的供能系统在这种情况下反而比常规系统能耗更高。上述诸案例都是由于系统形式、服务模式的改变导致实际用能量的大幅提高。城市能源系统一定要维护节约的用能模式，通过合理的系统形式、能源服务模式和能源供应管理机制避免过量供应，避免不必要的浪费，形成人人想节能、人人要节能的末端消费模式，才能从根本上实现低碳目标。

二、提高能源转换系统的效率

提高城市能源系统的效率包括三方面内容：一是从热力学第一定律出发，减少系统中由于"跑、冒、滴、漏"造成的转换和输送过程中能源的流失；二是从热力学第二定律出发，实现能源合理的转换和品位对口的应用，避免"大材小用"造成的浪费；三是尽可能避免由于系统的不适宜所造成的不合理能源消耗。我国这些年城市基础设施系统已经有了巨大的改善，能源系统的"跑、冒、滴、漏"现象在全国大多数地区已经很少，基本上不再是提高能源系统效率的主要问题。而能源的合理利用、品位对口已成为我国各地能源系统提高效率所要面对的最主要问题。

由于城市能源系统面对的用能末端是电力、燃气、热力等多种用能需求，考虑这些需求要求的能源品位不同，就应该根据需求的特点提供相适应的能源服务，实现"温度对口、梯级利用"，避免由于"大材小用"造成的能源浪费。

例如，电力是最高品位的能源形式，可以通过转换实现各种能源服务。而建筑供暖任务的目的如果是把室温维持在20℃，那么原则上讲任何高于20℃的热源都可以作为供暖热源。因此，建筑供暖要求的是低品位的热源。如果采用直接电热形式，如电热膜、电热缆等电阻式发热体把电力转换为热量用于建筑供暖，就属于严重的"高位低用"，尽管这些电热装置的电—热转换效率可达100%，但用最高品位的电来产生品位很低的供暖用热，相当于用1kg黄金承担1kg铸铁的功能，重量不变，但浪费巨大，如果用电力来驱动空气源热泵或地源、水源热泵，同样的电力就可以获取3~4倍的供暖热量，原来可以满足100 m² 建筑供暖所需要的电力，通过热泵方式就可以提供满足300~400 m² 建筑供暖所要求的热量。这就是3~4倍之差，同样，用电热方式构成"电锅炉"产生热水，再通过集中供热方式为建筑供暖，与电热膜、电热缆等直接电热方式无差异，而且在热水循环输送过程中还会造成一些热量散失，因此还不如直接在建筑内铺设电热膜、电热缆。我国电力主要由燃煤火电厂提供，目前，火力发电的平均效率在1/3左右，也就是热电厂燃煤的三份热量只能产生一份电力。而这一份电力在建筑末端通过直接电热方式也只能产生一份热量，这就相当于效率仅为33%的锅炉。而我们的燃煤锅炉热效率都在60%以上，因此用直接电热的方式替代燃煤锅炉，尽管减少了当地的粉尘排放，却增加了能源消耗和碳排放，是一种高碳的能源方式。

那如果用燃煤锅炉或燃气锅炉产生热水为建筑供暖，是否就是合适的能源转换方式了呢？燃煤燃气的燃烧温度都超过1 000℃，而建筑供暖最终要求的室温是20℃，热源温度在40℃以上就可以完全满足要求，所以仍然是"大材小用"。我们可以采取的方式是，在燃煤火电厂把燃煤锅炉生产出的高温蒸汽送入汽轮机发电，再将做功后已经不再有太多的发电能力的低压低温蒸汽从汽轮机低压缸抽出来作为供热热源加热热网循环水，这就是"热电联产"。如果是纯发电电厂，1kg标准煤可以生产3 kWh电力，而采用热电联产方式，典型工况下1 kg标准煤可以产生2.3 kWh电力和4 kWh热量。这样，与常规的纯发电厂比较，在热电联产工况下减少了0.7 kWh的电力输出而增加了4 kWh的热量输出，相当于一份电力换来了六份热量。因此，一般来说，通过燃煤热电联产方式转换热量的效率要高于热泵方式，更远远高于直接电热方式。目前各地都在大力推广各种热泵供暖方式，其实热电联产在一般情况下是比热泵更适合的为建筑提供供暖热源的方式。

实际上不仅民用建筑供暖需用热源，许多工业生产过程也需要中低压蒸汽。

用燃煤或燃气锅炉提供这些蒸汽，也是把能够产生高于 1 000℃热量的能源用来产生超过 100℃的蒸汽，仍不是最适宜的方式。采用热电联产，锅炉产生出来的高参数蒸汽首先用来发电，然后从低压缸抽出发电能力已经不大的低压蒸汽供应工厂，这才符合温度对口梯级利用的原则。我国南方不少工业区近年来建起的热电联产电厂，为工厂同时供应电力和生产用蒸汽，取得了良好的节能低碳效果，并且产生了很大的经济效益。

在一些城市同时有建筑供暖和工厂生产用气的需要，那么通过热电联产方式生产电力和蒸汽，然后为工厂和建筑统一供应蒸汽怎样呢？实际上这还有一个"温度对口"的问题。如果工厂生产用气需要的温度（如 120℃饱和蒸汽）比建筑供暖（40℃）高，那么在生产用蒸汽降低到建筑供暖温度之间还存在一定的发电能力，所以用同样参数供应工业生产和建筑供暖，对于建筑供暖这部分就还存在"大材小用"。在有可能的条件下，按照需要提供不同的供热参数，可以有效地提高整个能源系统的能量转换效率。

燃气锅炉可以实现 90%以上的热效率，但它的燃烧温度在 1 000℃以上，是高品位能源，简单地用燃气锅炉供热也属于"大材小用"。如果用燃气蒸汽联合循环方式发电，目前成熟技术可以使发电效率达到55%以上。这表明天然气的发电能力比燃煤高，用其发电要比用它来烧锅炉更符合"品位对口、量才而用"的要求。

建筑供暖热源原则上讲只要达到40℃就完全可以满足各地的供暖需求，提供这样的低品位热源可以找到很多高效方式，而提高要求的热源温度，能源转换效率就会降低。例如，水源热泵产生45℃的热水，COP（输出的热量与输入的电力之比，也就是一度电可以转换为多少热量）可以达到 4～5；而当要求产生 60℃热水时，COP 已经很难达到 3 了；而要求产生 80℃热水时，COP 不会超过 2。实际上建筑供暖的热水温度在 40～80℃都可以实现很好的供暖效果，其差别仅仅是需要选择不同换热能力的末端设备。对于较低的供水温度，只要多安装一些末端换热装置（也就是暖气片）就可以获得完全满意的供暖效果，而产生同样热量所消耗的电力仅仅是采用高温热水供暖时的一半。

不合理的能源系统形式也造成能耗高、碳排放高。例如，大规模的建筑生活热水集中供应系统为了保证末端用户在任何用水时不需要放出凉水就可及时得到热水，生活热水都采用如图 9-8 所示的热水循环方式，使热水任何时候都在管网中循环，并且在热源处随时对循环水加热，保证其温度。相当多的场合生活热水的使用往往主要集中在一天内的几个时间段内，其他时间很少使用。但为了避免在使用率很低的时间段偶尔使用时大量放凉水，只好让热水在管网中持续循环，不断通过管网散热，又依靠热源加热来补充其散失的热量。对一些案例的实测和分析表明，当 80% 以上的热水集中在两个两小时的时间段内使用，而其他时间仍然维持热水循环时，通过管网散失的热量可达到热源提供的总热量的一半以上，这就表明在这种使用模式下一般的热量由于管道散热而白白散失掉。因此，根据我国的实际使用状况分析，绝大多数场合都不应该采用集中方式供应生活热水，即使某些情况下集中制备生活热水的能源转换率高，但只有在考虑 50% 以上的热损失之后仍然能维持高效率的场合才可以尝试集中生活热水供应方式。

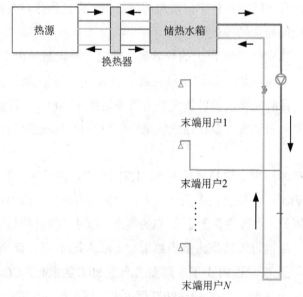

图 9-8　集中生活热水系统

同样的问题还出现在集中供冷方式的评价上。我国北方城镇广泛采用集中供热方式，这被认为是一种高效节能和利于保护大气环境的供暖方式。那么在南方夏季大范围的建筑需要空调降温，是否可以如同北方集中供热一样，集中制备冷水再通过循环管网把冷量送到各座建筑，从而实现"集中供冷"呢？近年来，南方很多城市都在尝试兴建不同规模的为建筑在夏季提供冷量的集中供冷系统，认为这是同北方集中供热一样的节能环保低碳系统，甚至得到节能减排低碳方面的政策与资金的优惠。但实际上供热与供冷从本质上完全不同。集中供冷会使末端需求量大幅度增加，长距离输送冷量成本高、能耗高、损失大，而大容量集中冷源却不能收到任何提高效率、降低排放的好处。本章第四节详细分析了为什么不应该推广区域供冷方式，其中的表 9-2 中详细比较了集中供热和集中供冷的差别。采用区域能源站方式大规模集中供冷绝不是一种低碳的能源方式，只可能增加能源消耗量、增大碳排放。

三、发展和优化各种零碳、低碳型能源

目前，全球的能源系统基本上都是建立在以化石能源为基础的高碳型能源系统上的。我国的能源以燃煤为主，当然也是高碳型能源。只有改变能源结构，转向零碳和低碳型能源结构，才能使城市真正实现低碳和零碳。

如前面表 9-1 所示，由天然气产生同样的热量所排放的二氧化碳约为产生同样热量的燃煤所排放的 60%。因此，天然气是一种低碳能源。但与煤相比只是减少了约 40% 的碳排放，远远算不上低碳、零碳。真正的零碳能源如下：

（1）太阳能：接收太阳发出的辐射，可直接用于干燥、建筑采暖、采光等过程，这称为被动式太阳能利用；通过光电方式使太阳能转换为电能，通过光热方式使太阳能转换为热能，甚至直接利用太阳能制冷，服务于冷藏和空调。

（2）水力能：利用自然界形成的水的位差和流动而做功产生电力。从严格意义上讲，是由于太阳能使水蒸发形成在空中的流动而产生水力能，所以也是一种太阳能形式。水力发电过程不排放任何二氧化碳，所以是严格的零碳能源。

（3）风力能：类似于水力能，由于太阳能在地球表面不均匀的照射形成空气流动。利用其做功发电，也就是风力发电，也是一种太阳能利用方式，其过程不产生任何二氧化碳，是严格的零碳能源。

（4）生物质能：农作物秸秆、林业枝条、畜牧业粪便等都可以通过直接燃烧或发酵产生沼气进而提纯成为生物质燃气来提供能量。尽管在燃烧过程中都会释

放二氧化碳，但由于这些碳是植物生长过程中通过光合作用从大气中获取的，重新释放回到大气属于碳的短周期循环，不会造成大气层中碳的积累，所以不计入碳排放中。这样来看，生物质能源的直接燃烧和生物质燃气都属于零碳能源。但是，如果简单地堆积这些生物质材料，在其腐烂、发酵过程中会释放大量的甲烷、氧化亚氮、二氧化碳等温室气体，这些温室气体可以按照对气候变化的影响折算为等价的二氧化碳。实验和分析表明，生物质材料简单堆积腐烂所产生的温室气体，其等价二氧化碳量为其燃烧所排放的二氧化碳量的 1.5～3 倍。所以，有效采集各类生物质材料使其成为生物质燃料，不仅可以提供零碳能源，还可以避免以其他方式消纳这些材料时产生的温室气体排放。而生物质材料制取沼气后产生的沼渣、沼液又是非常好的有机肥，完全可以等同于秸秆直接还田产生的肥效。

（5）城市垃圾：城市垃圾中有相当比例的生物质垃圾和包装材料等构成的可燃垃圾。用填埋方式处理以餐厨垃圾为主要成分的生物质垃圾时，也会释放甲烷等温室气体，从而造成碳排放。而通过发酵方式将这些生物质垃圾制成生物燃气，则可使其成为零碳能源。同样，如果通过燃烧方式处理各类可燃性垃圾，其热量所提供的能源也可认作零碳能源。

（6）核能：由核材料的核裂变过程释放出的能源，其过程不产生二氧化碳，因此属于零碳能源。我国近年来核电事业发展很快，对降低由于能源消耗导致的碳排放起到了很大的作用。但实际上核能还可以有更广泛的应用，利用核电厂在冬季热电联产，可以在发电的同时得到大量的热能，满足城市供热需求，还可以发展专门为供热提供热源的低温核堆，实现零碳供热。这种低温堆由于温度低，所以具备天生的安全性，大幅度降低为了安全而投入的大量设施。

这样，一个城市或区域的能源完全来自以上各类零碳能源时，才能成为严格意义上的零碳能源城市或区域；只有当这些零碳能源提供 50%以上的能源时，才能成为低碳能源城市或区域。

从以上列举的各种零碳低碳能源可以看出，大多数零碳能源（如核能、风能、太阳能、水力）可以直接转换为电力，这就要求加大电力在终端能源中的比例，从而更好地利用这些零碳能源。对于城市来说，除了工业生产过程根据其工艺要求需要不同的能源形式，建筑、交通和市政设施的绝大多数终端用能都可以高效地由电力驱动。只有大幅度提高城市终端用能中电力的比例，才有可能最终实现城市的低碳能源供给。这就要求城市交通的电气化，普及电力驱动的轨道交通和电动汽车；家庭器具的电气化，实现电炊具和电动热水器（电热或电动热泵型）；电力驱动的分散供暖与空调。除工业生产外的城市能源终端消费中的电力应占到70%以上，这样才能为大规模接纳以电力形式提供的零碳和可再生能源做准备。

在电源侧就要大力提高零碳和可再生能源在电源中的比例。由于可再生电力随自然环境和气候状态的变化而变化，不可能像传统电源那样根据终端使用量随时进行调整，因此在城市推行"需求侧响应"的用能终端方式，根据电源的供应状况改变终端用电状况，甚至通过终端蓄电方式主动参与电网的峰谷调节，也是实现低碳终端的重要任务。如采用电力驱动的空气源热泵在冬季为建筑供暖，就可以根据电网的负荷状况，在电力负荷低谷时启动热泵，在电力负荷高峰期停止热泵运行。智能地实现这种调节，只会使供暖房间温度出现 $1 \sim 2$ K 的波动，但如果一个城市 30%的居住建筑采用这种供暖方式的终端电力调节方式，却可以有效缓解电网的峰谷差矛盾，对有效接纳风电起到巨大作用。

四、回收利用各种工业过程排出的余热

中国是世界上第一制造业大国，目前能源消费总量的65%都用于制造业，其中 60%以上消耗在钢铁、有色、建材（包括陶瓷）、化工和食品这五大高耗能产业中。这些产业根据其生产工艺特点，能源利用的热效率一般仅在 40%~70%，所消耗能源的30%~60%最终以低品位能源的形式排出。这些年各有关部门高度重视工业余热回收工作，利用钢铁、有色、水泥等生产过程的较高温度排热发电已经得到广泛推广。然而，仍有大量的在较低温度下排出的热量由于很难用来直接发电，所以尚没有被充分利用。这些低品位能源的主要形式有以下几种：

（1）30~70℃的冷却水，如化工、冶金、食品等行业的生产过程。这些热量一般都通过冷却塔排出，这就又要消耗大量的水来蒸发排热。蒸发冷却排热耗水同时构成工业生产用水的主要部分，如果能把这部分热量回收利用，还可以节省大量的工业用水。

（2）200℃以下的排烟，如钢铁、水泥、各类窑炉等行业的生产过程。这些热量有可能通过热交换的方式回收，但会带来换热装置的腐蚀、堵塞等各种问题，

也有可能利用烟气与水直接接触的方式回收，这取决于烟气的露点温度。相对于冷却水形式的热量，回收这部分热量的困难要更多一些。

（3）600℃以下的固体表面辐射，如回转式水泥窑表面、金属铸件冷却过程等。尽管这类热量在较高温度下释放，但回收有一定的技术困难，回收装置的成本也相对较高。

以上这些热量得到回收的话可以成为30～70℃的热量，这些热量在室外温度高达30℃的南方地区和北方的夏季基本上没有应用价值，但在我国北方冬季，当室外温度降到0℃甚至0℃以下时，这些热量就具有很大的利用价值了。此时北方城市能源一大部分用于城镇建筑供暖，而如果采暖建筑室内温度要求为20℃，则任何高于20℃的热量理论上都可以作为供暖热源。这样，上述这些低品位工业余热就成为非常合适的冬季供暖热源。我国的上述五大高能耗产业又大多布局在北方采暖地区，根据初步统计分析，如果把分布于北方地区规模以上的上述产业冬季排出余热的70%用于城镇供暖，则可以满足我国北方地区城镇一半以上建筑的采暖基础负荷。因此，回收各类工业生产过程排出的低品位余热作为城镇冬季的集中供热热源，是一种有效的城市低碳供能方式。

由于可以作为集中供热热源的大型制造业基地和具有余热资源的工厂一般都远离城镇居住区，需要供热的城区在地理位置上也不匹配，但是根据对我国工业余热资源的调查，对于北方各大中型城市，一般在半径为100 km以内的范围内都可以找到足够的工业余热热源或热电厂热源。那么，通过热水循环的方式能否把热量输送到长达100 km的距离？这样长距离的热量输送是否会造成过大的热量损失？这种低品位的热量长距离输送是否经济合理？这些问题就成为较远距离工业余热可否跨区域输送和利用的关键问题。这里涉及沿途热损失、输送泵耗、初投资、安全性等诸多问题。近年来，在此方向上已有系列的技术突破，再加上能源价格与各类材料价格之比的变化以及对改善环境的投资力度的加大，上述诸问题都相继得到解决，输送低品位热量的经济可行性距离也就不断加长。这里的主要技术突破是依靠吸收式换热技术而产生的"大温差输热"技术。它使热网返回热源的循环水温度可以降低到20℃，而采用聚氨酯保温允许的循环水温度上限为130℃，则供回水温差可高达110 K，这就使同样循环流量下所输送的热量与以往供回水温差为60～70 K时提高了80%，并且同样的管网热损失也降到原来小温差方式的一半以下。根据目前的若干个已运行的工程实测推算,采用大温差和直埋管技术,对于 1.4 m 管径的长途输热管道,每 50 km 输送距离热损失不到所输送热量的 1%。这样,在 100 km 距离上管网沿途的热量损失可以接受。对于输送循环水泵的电耗,采用 1.4 m 管径、流速达到 3 m/s 时,每 50 km 电耗约为所输送热量的 4%,或每 50 km/GJ 热量需要的水泵电耗为 10 kWh。从这些基础的经济数据再加上输送系统的初投资分析,可以推算出,当可以采集的余热价格为 15 元/GJ 时,100 km 长途输送后的热价可以控制在 40 元/GJ 以内,与燃煤锅炉产热的成本相当,远低于燃气锅炉的产热成本。而长途输送的安全性目前也已有了多项技术突破,可以保证系统的安全可靠运行。

五、北方地区积极发展热电协同技术

针对北方地区冬季弃风问题,应积极发展热电联产电厂的"热电协同",具体方式如图 9-9 和图 9-10 所示:在电厂设施高温供热水箱和低温蓄热水箱的热网末端进行低温回水改造,使回到电厂的回水温度在 30℃以下;在需要电力负荷高峰期,全功率发电,把乏汽转换为热水蓄存在低温蓄热水箱;依靠高温蓄热水箱向热网供热;在电力负荷低谷期,采用最大抽气量并通过抽气提升乏汽余热,实现对热网循环水的加热;设置大型离心式热泵,提升低温蓄热水箱的热量,对高温供热水箱的水进行加热。

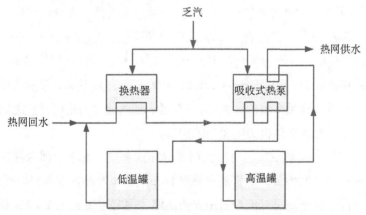

图 9-9　热电联产的热电协同(最大发电量工况)

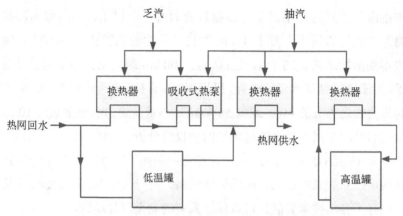

图 9-10 热电联产的热电协同（最小输出电量）

通过这些技术的实施，在实现供电侧快速调节的同时能够实现：①锅炉主蒸汽流量不变时，电力输出可在 55%～100%范围内调节；②改变主蒸汽流量，电力输出可在 45%～100%范围内调节，同时热量输出也可以在 70%～100%范围内调节；③总的热效率超过 90%，平均热电比接近 2；④与全功率发电工况相比，每减少一份电力输出可产生五份热量；⑤由于充分利用了乏汽，日总产热量为常规抽凝机组的 1.2～1.5 倍。

与此同时，在用电终端积极发展需求侧响应技术。建筑本身具有很大的热惯性，冬季停止供暖 3～4 h，室温下降不超过 3 K，可以利用这一性能实现需求侧相应的热泵供热：①空气源热泵供暖，统一设定末端的"强开、强停、自主"模式，可以实现相当于装机总容量 35%的电力调峰能力；②浅层（100 m 以内）地源热泵供暖，间歇运行不会影响地埋管全天出力，停止期间可以恢复地下温度，提高启动后的供暖能力；③中深层（2 000～3 000m）地源热泵，研究表明，3～4 h 的停歇可显著改善这类系统的性能。所以应考虑通过建立与电网调度之间的联动机制，选择适当的时刻启停机为电力系统调峰。

此外，在住宅建筑中发展直流微网和分布式蓄电，对于电网调峰也有重要的意义。现在已经开发出分户的直流微网和分布式蓄电产品，在入户时通过交流/直流转换，户内供电分高压直流和低压直流两路，同时连接 5～10 kWh 蓄电池。户内用电器具设备全部为直流。电池通过无线通信技术可直接由电力部门统一控制。

从投资成本来看：①每户瞬间充放电功率可达 2 kW，10 万户可形成 20 万 kW 的电力调峰能力，包括电池，直流微网产品成本在 2 万/户，10 万套投资 20 亿元；②充放电次数 1 000 次即可使用三年，通过修复后可再使用，投资与 20 万 kW 燃煤电厂接近；③既然燃煤电厂年发电小时数已降到 4 200 h，新建仅是为了调峰，那么发展此类分布式蓄电系统可以起到完全相同的功能。此外，发展电动汽车，在居住小区私人车位建立智能充电桩系统。每个充电桩瞬间充电能力 20 kW，一万个智能充电桩也可以形成 10 万 kW 的调峰能力，同时也促进了清洁能源汽车的发展。

第四节　关于城市能源的部分热点问题评述

一、为什么北方可以集中供热而南方不应该推广集中供热？

北方地区冬季室内外温差可达 30～50 K，这时建筑供暖的主要任务就是补充由于室内外温差导致的通过围护结构的散热和室外冷风渗入的热量散失。此时其他诸因素，如太阳光照、室内各类发热量的影响等，对建筑供暖需求的影响相对较小，决定室内热量需求的主要因素是室外温度。而一个城市或一个区域的室外温度是同步变化的，这就使各座建筑各个房间对供暖热量的需求也是同步变化的，采用集中供热方式，根据室外天气统一调节供热量，基本上可以满足各座建筑各个房间的热需求，由于各处供热不均衡导致的过量供热浪费一般在总热量的10%～30%。反之，南方地区室内外温差在 10～20 K，这时其他诸因素如太阳光照、室内人员数量和设备发热状况等的影响与外温变化的影响成为同一量级。而这些因素的变化完全是由建筑朝向、室内使用状况等因素决定的，各座建筑不同房间、不同时刻对热量的需求相差很大，集中供热系统同步地调整各座建筑各个房间的供热量，就很难避免部分冷、部分热的现象，或者为了保证需求量最大的终端要求，部分建筑或房间就会过量供热，根据分析计算以及目前一些地区的实测结果，过量供热造成的损失有可能高达 50%。室内外温差越小，外温的影响对总需热量的影响就越小，这种不均衡导致的过量供热现象也就越突出，由于过量供热造成的浪费就越大。集中供热的这种供热不均衡问题在实际工程中很难简单地靠控制调节解决，这涉及每个终端用户对温度的需求、热量计量收费方式等诸多问题。北方地区自 21 世纪初就开始"供热改革"，试图通过改变收费方式来促进末端调节，从而减少过量供热现象，但是十多年的努力、投入超过百亿元的经费，热改至今几乎未见任何成效。那么在南方地区，这种供热不均衡的问题很难设想可以通过计量调节有效解决，而很可能会比北方出现的问题更严重。

那么为什么要集中供热呢？新中国成立后北方开始有建筑供暖。当时的燃料是燃煤，只有集中使用才有可能清洁和便利。正因为如此，从 20 世纪 50 年代末我国北方地区开始建设集中供热系统，以后又开始采用热电联产热源，就只能采用集中供热方式。尽管集中供热存在过量供热、浪费热量的问题，但由于采用大容量热源方式的要求，只能维持这种存在严重过量供热的输配方式。"煤改气"之后，燃气供热完全可以采用分散方式，根据终端需求灵活调节，而在很多地方继续维持这种集中供热方式就完全是由于文化和习惯所致。如果采用燃气、电动热泵等方式作为供热热源，没有任何道理去维持集中供热。实际上目前北方地区的大型集中供热网继续存在的唯一理由就是利用各种热电联产、工业生产以及垃圾处理等过程排出的低品位余热，通过集中供热网输送到城市为建筑供暖。我国的大量火电厂、钢铁、有色、化工、建材等有大量低品位余热排出的工厂主要集中在北方地区，所以利用现在的集中供热网收集这些余热，基本上可以满足北方地区城镇建筑冬季供暖的基本负荷。利用集中供热网收集输送低品位热量是集中供热网的唯一目的，也是为什么至今仍然要在北方地区发展集中供热的原因。

然而，在长江流域及其以南地区，从气候特点看，由于室内外温差不再是决定供暖热量的主导因素，集中供热方式就会导致巨大的热量浪费，并且这些地区的电力供应未来将主要依靠水电、核电以及长途的西电东输，从资源分布状况和大气环境治理看都不会大量发展与燃煤相关的火电和高耗能工业，这样也就没有足够的工业低品位余热为城镇建筑提供冬季供暖热源。此外，这一地区冬季供暖期短，如果每年的利用时间不足两个月，工业余热回收装置和集中供热网的巨大投资就很难收回，也是巨大的资源浪费。所以，从气候特性、需求特点、资源状况和经济效益看，在我国长江流域及以南地区都不适合发展集中供热方式。

二、为什么在南方不适合推广区域供冷方式？

如果由于气候原因不适合集中供热，那么南方地区是否可以建设区域供冷网，在夏季对建筑供冷？实际上为建筑供冷和供热是两个完全不同的任务，冷热并非对称，北方地区适合集中供热而南方地区并不适合集中供冷。这也需要从末端需求特点、输送特性和源的性能三个方面来讨论。

南方建筑需要空调供冷的季节室内外温差不到 10 K，而北方冬季供热时室内外温差可高达 50 K。夏季之所以需要供冷是为了排出室内人员、设备以及进入室内太阳光产生的热量。而这些热量完全由房间的使用状态决定，这就导致各座建筑各个房间在同一时刻对供冷的需求千差万别，其差别远大于供热状况。这也是为什么北方供热都要求 24 h 连续供热而南方空调绝大多数采用一天之内仅部分时间运行的方式。建筑围护结构巨大的热惯性使只要一天内供热总量满足要求即可满足室内热舒适要求，因而采用连续供暖无论从能源消耗还是系统容量都是合理的选择；而空调制冷时则由于主要任务是排出室内发热量，建筑围护结构的热惯性所起的作用相对较小，因此空调制冷应该根据室内热状况随时启停和调节，连续运行一般都会导致运行能耗大幅度增加。采用区域供冷，一方面由于各个终端需要供冷的时间不同，为满足各个终端要求就只能采用连续运行的模式，随时为各个末端提供制冷服务。另一方面，区域供冷系统的服务模式可以按照冷量收费，也可以按照供冷面积收费，如果按照冷量收费，则系统运行公司售出冷量越多收益越高，因此一定设法增大供应量，而相对于系统运行者，终端用户处于弱势地位，很难通过调节管理减少消耗量，这就增大了能耗；如果是按照面积收费，终端用户会要求连续供冷，变"部分时间、部分空间"模式为"全时间、全空间"模式，这就大幅度增加了冷量需求。

再看区域供冷的冷量输送性能。与集中供热一样，区域供冷也是通过水在系统中的循环来输送冷量。所输送的冷量和热量都与循环水供回水温差成正比。集中供热系统的供回水温差一般为 50~80 K，为了进一步加大供热能力，提高管网运行效率,目前正在研究推广温差超过 100 K 的大温差输热技术。而区域供冷水温只能在 4～15℃,温差仅为 10 K 左右,这样输送与热量等量的冷量,循环水流量就要大 5～10 倍,这就大幅加大了管网投资和运行能耗。驱动循环水流动需要水泵,水泵消耗的电力绝大部分最终都转为热量进入循环水中。当作为集中供热系统输送热量时,水泵电耗转换的热量进入水中,增加了所输送的热量;而集中供冷时,这些热量同样进入水中,加热了冷水,消耗了冷量。长距离输送管网与外界有传热,导致输送热量或冷量的管道散热损失。这一损失可以用经过长途输送热水降温程度和冷水升温程度描述。如果散热损失温升为 1 K,供热时供回水温差 100 K 时,热损失是 1%;而供冷时供回水温差如果为 10 K,则冷损失为 10%。这样,从要求的循环流量、循环水泵电耗、输送的热量或冷量损失几个方面看,集中供冷的输送能耗和损失都是集中供热的 5～10 倍。这就使集中供热的经济性和运行能耗都在工程可接受的范围内,而集中供冷的经济性与运行能耗就都远超出工程可接受的范围。

集中供热存在的唯一理由是它可以利用各种原本被弃掉的低品位热量,如热电厂和工业生产过程余热等。即使是燃煤锅炉热源,由于只有当单体锅炉容量达到 80 t 以上时才有可能实现高效、清洁,考虑几台锅炉的调节和备份,最小的建筑供暖面积就需要 200 万 m^2 以上。而集中冷源如果仍然采用电动压缩制冷的话,目前最大的单台设备也仅能满足 2 万～3 万 m^2 建筑的空调制冷要求,考虑调节与备用,要求的系统规模不超过 10 万 m^2 建筑面积。一些区域供冷工程的集中冷源安装了几十台大型电动压缩制冷设备,消耗了很大的成本和能耗输送这些冷量。与分散在各处的分散冷源相比,无论是初投资还是运行能耗都没有任何优势可言。采用区域供冷的唯一理由是避免分散在各处安装冷却塔、改善区域景观效果,如果大幅度增加建设投资、付出巨大的运行能耗仅仅为了解决冷却塔布置问题,或仅仅为了改善景观,这就完全背离了生态文明的理念。景观要求应该让位于资源节约,而且实际上通过创新的规划与建筑设计,完全可以妥善协调好建筑景观与冷却塔布局的矛盾。

表 9-2 从末端、输送和冷热源三个方面比较了集中供热和集中供冷的差别。可见,集中供冷并不是节能低碳的供能方式。

表 9-2　集中供热与集中供冷方式的比较

	集中供热	集中供冷
末端需求特性	室内20℃，室外−10℃，温差30 K，供热的主要目的是补偿建筑外墙在30 K温差作用下的热量散失；各座建筑在同样的气候下，需求量同步变化；由于外墙的热惯性，需要持续供暖	室内28℃、室外35℃，温差7 K，不构成主要的用冷需求；空调用冷主要是补偿室内人员设备发热和从窗户进入的太阳辐射，这些用冷需求都与建筑使用状况和朝向相关，各座建筑需求不同，独立变化；由于热量直接产生于室内，供冷与产热同步，因此需要间歇供冷
输送特性	供水温度130℃，回水温度60℃，通过70 K温差输送热量，避免循环水量过大；循环水泵的耗电都转变为热量进入循环水中，加热了循环水	供水温度很难低于4℃（避免结冻），回水温度很难高于15℃，温差仅为11 K，输送与热量相同的冷量需要管道内的循环水流量为输送热量时的6倍，而且建筑的瞬态冷负荷一般为建筑瞬态热负荷的两倍，由此供冷时单位建筑面积需要的循环水量为供热工况的12倍；循环水泵耗电都转换为热量进入水中，加热了循环水，从而消耗了5%～10%的冷量
冷热源的特性	燃煤锅炉房容量越大效率越高，越容易实现烟气净化和环保管理，燃煤锅炉容量的下限为20蒸吨，对应供热建筑面积为30万～40万 m²；热电联产可高效地提供供暖低品位热源，但能保证基本效率的最小容量的热电联产电厂为10万 kW发电量，提供15万 kW热量，供热面积300万 m²	电动压缩制冷机效率随容量增大，但达到制冷量3 MW后效率就不再提高，这时供冷面积为3万 m²；冷电联产用热电厂的余热制冷时，只能利用其低压抽汽通过吸收式制冷机制冷，此时根据抽汽参数不同，每抽出1 kWh热量的蒸汽减少发电量0.17～0.25 kWh，而这些蒸汽可产生冷量约1 kWh，而0.17～0.25 kWh的电力通过大型压缩式电动制冷机可以产生1～1.5 kWh的冷量，也就是说热电厂的冷电联产并不能比常规发电后用电力制冷的方式节能

三、为什么多数场合不适宜推广燃气驱动的热电冷三联供系统？

主张集中供冷或区域供冷的再一个理由就是集中冷源可以采用以燃气驱动的热电冷三联供方式，可以通过天然气在冬季同时发电和供热、夏季同时发电和供冷，对电力供应来说实现"分布式发电"，对冷热来说实现集中供热供冷。这样的模式是否适宜？如果仅是为了冬季的发电和供热，从能源利用效率看，用天然气首先发电再利用发电后的低品位热量供热，要优于把天然气直接燃烧的燃气锅炉供热。但夏季冷电联产就完全不同，采用燃气-蒸汽联合循环的天然气纯发电方式，目前成熟的技术已使发电效率达到55%以上，而各种冷电联产方式的发电效率为30%～45%，同时产生冷量的效率为40%～50%。按照电动制冷机的制冷效率把冷电联产产生的冷量折合为电力，可以得到冷电联产输出的电和冷，折合为电力仅为输入燃料的40%～52%，低于燃气纯发电的55%的发电效率。因此，与天然气驱动的燃气蒸汽联合循环发电相比，冷电联产并非高效的能源利用方式。

冷电联产的分布式发电系统的运行方式也是这种系统是否应该推广的一个重要的考虑因素。一种方式是"以冷定电"，根据空调制冷的需求决定机组的运行，此时多制冷就要多发电，所发电力高于建筑需求量时就要送到电网上；另一种方式是"以电定冷"，根据建筑的电力需求决定机组运行状况，所产生的冷量高于建筑需要量时，就要排出部分发电余热；为了避免上网供电和排出余热，还有一种方式是"电和冷取其小"，按照电和冷的最小需求量运行，不足部分再由外网供电和电动制冷提供。三种方式都是仅从局部出发协调自身或局部系统的电力和冷量需求，而影响城市能源系统效率和充分利用好可再生能源的关键是增加电力调节能力以解决电力供需矛盾，充分接纳风电、光电。冷热联产的分布式发电方式要协调电力需求与冷量需求的关系，无论如何也比不上天然气纯发电电厂对电力需求的灵活调节能力。如果分布式发电的目的是增加电网的调节能力，为什么不利用宝贵的天然气资源建立天然气纯发电电厂，专门服务于电网的峰谷调节呢？

因此，对于天然气占一次能源总量30%以上的国家，发展一些分布式热电冷三联供方式对提高其能源的利用效率有一定意义，而对于我国这样天然气目前占一次能源的总量不到6%、未来也很难超过10%的能源结构状况，同时从建立生态文明的城市能源的目标出发，准备大规模发展可再生能源的能源结构来说，这种天然气驱动的热电冷三联供方式不应作为节能、绿色的方式推广。

四、发展多种热泵供热将是对建筑供暖方式的有效补充

北方地区利用大规模集中供热系统收纳热电厂和各类工业排出的低品位热能，可以为大部分城市提供冬季供暖的基础负荷，再补充少量的天然气或电力热源进行调峰，可以满足北方城市 75% 以上建筑的冬季供暖需求。剩下难以连接集中供热网的建筑以及长江流域及以南地区的建筑可以发展多种形式的热泵技术，以电力为驱动能源提供供热服务。热泵不能产生热量，而是从低温热源提取热量。低温热源的温度越高，一度电可提升的热量也就越多或 COP 越高。低温热源的选择和适应性与当地的地理条件密切相关。

（1）空气在任何条件下都可以获取，空气源热泵可适应性最广。然而当温度太低时，空气源热泵的效率就会很低。所以空气源热泵仅适合冬季室外温度大部分时间不低于-10℃，最低温度不低于-15℃的地区。我国东北、内蒙古、青海、新疆以及甘肃的部分地区由于室外温度过低不适合使用空气源热泵，其他地区都可以通过采用分散的空气源热泵很好地解决建筑冬季供暖的问题，既满足室内热舒适、节能和经济性要求，又不会造成任何当地的大气排放。这些地区一般都有较大的风力资源，把空气源热泵和消纳风电有机结合是实现未来绿色低碳的城市能源系统的重要内容。

（2）发展以中水与污水为低温热源的热泵供暖。当可以获取足够的中水或污水时，可以取其作为低温热源，通过热泵为供暖系统提供热源。由于水源点一般会远离被供暖建筑，为了降低输送成本和输送能耗，就要提高所制备热水的温度。而热水温度越高，要求热泵提升的温度幅度就越高，从而热泵的 COP 就越低。不少工程未能对相关参数进行优化，导致包括输配电耗在内的整个系统用能偏高。而如果精心设计，对整个系统进行优化，可以获得高效节能并满足供热需求的热泵供暖系统。

（3）利用浅层地热的热泵供暖。冬季地下温度高于室外空气温度，因此从地下取热可以获得比室外空气温度更高的低温热源。通过抽取 100 m 左右的地下水，经过热泵提取其热量，再把释放了热量、降低了温度的水回灌到地下。这种方式投资低、能效高，在我国华北以南地区是一种行之有效的供暖方式。这

种方式的难点是如何把用过的水回灌到地下，既不浪费水资源，也不对地下含水层造成污染。这与打井处的地质条件有关，也与取水和回灌技术有关。目前国内有很多成功的工程案例，但也有不少不能回灌、运行能耗高、不能保证供暖效果的工程案例。因此，这种方式并非"只要采用必然节能"，而只有在深入细致的研究论证的基础上，在某些符合要求的地质和气候条件下才能满足绿色节能要求。

再一种利用浅层地热的方式是在地下100 m左右的范围内埋放大量热交换装置，通过循环水在其内循环换热来提取地下的低温热量，再用热泵提升，为建筑供暖。如果地下埋管周围有很好的地下水渗流，这种方式是一种高效节能、清洁的供暖方式。如果地下埋管周围无足够好的地下水渗流，则这种方式实质上就是一种利用地下岩土在夏季蓄热、冬季使用和冬季蓄冷、夏季使用的蓄热系统。因此，就要在夏季用这个系统为建筑空调供冷，在地下蓄积热量，在冬季再利用这些热量供暖。当夏季空调用量不足时会导致地下岩土温度逐年下降，热泵系统的性能也会逐渐变差。对于公共建筑，华北地区冬夏冷热需求大致相当；对于居住建筑，长江流域冬夏的冷热需求大致相当。这就粗略地给出了这种方式对气候和地域的适应性。

（4）利用中深层地热的热泵供暖。这是指钻孔1 000～3 000 m，再置入专门的管状换热装置，循环水在换热装置中循环，从地下提取热量。由于这些热量来自地层深处的热量传递，因此这种规模下的利用可以实现冬季供暖、夏季自然恢复，并且其应用范围基本不受地理位置和气候条件的限制。按照目前的研究结果，这种方式不会对地下生态环境带来任何影响。这样一口换热装置投资超过百万元，可以提供200～400 kW的热量，满足5 000～10 000 m^{2}建筑的供暖需求。精心设计和精心调节可以使这样的系统供暖在整个冬季的平均系统COP达到3～4，在北方地区单位面积冬季供暖用电量低于20 kWh/m^2。但是，初投资过高是这一方式与其他供暖方式相比的最大弱点。

五、为什么要发展充电式电动汽车？

提高电能在终端能源中的比例和可再生能源产生的电力在电力供应中的比

例，是未来绿色、节能和可持续的城市能源系统的发展方向。发展充电式电动汽车、实现城市交通的电气化是向这一方向努力的重要措施。

改变城市交通的能源结构，由燃油驱动变为电力驱动，使交通用能由作为化石能源的燃油变为可能由可再生方式获得的电力，这在提高电力在终端能源中的比例可再生能源在一次能源中的比例这一重大能源革命中有重要意义。我国现在已经是世界上最大的燃油进口国，我国石油的对外依存度已经超过 55%。实现油改电、减少对燃油的依赖，对我国的能源安全又有重要意义。电动汽车在行驶时无任何尾气排放，是最干净的交通方式，"油改电"对改善大气污染也会有显著效果。

从能源利用效率分析，电动汽车的能源利用率也高于燃油汽车。标准的私人轿车百公里油耗典型值为 8 L，而同样档次的电动轿车电耗典型值为 20 kWh/百公里。8 L 汽油至少可以发电 30 kWh，即使扣除电力系统传输损耗 10%，仍可为终端用户提供 27 kWh 电力。这样比较可以得到，电动汽车能耗仅为燃油汽车的 3/4，并且在拥挤的城市道路上，燃油汽车油耗剧增，而由于电动汽车可以有效回收刹车动力，电耗却增加很少，相比燃油车能耗就更低。电力可来源于多种一次能源，如风电、光电、水电、核电等，这些零碳能源都不易转换为燃油。即使是生物质发电、燃煤发电、燃气燃油发电，如上例所示，燃料—电力—车辆动力路径的转换效率也远高于生物质制油或燃煤制油—车辆动力的转换路径。因此，电力驱动交通工具必然是未来节能和低碳能源结构的交通方式。

发展电动汽车的又一重要作用是调节城市电力的供需关系，缓解电力源侧和负荷侧的峰谷差。城市夜间是用电负荷的低谷，对一些消费型大城市，夜间电力负荷不到白天峰值的 70%，而风电往往又在夜间出现最大值。在夜间为各类电动汽车充电，可以有效吸纳风电，消耗谷电，平衡供需。北京市 544 万辆汽车，如果 50% 为电动汽车，则夜间充电瞬态功率可达 1 800 万 kW，接近北京地区最大用电负荷。因此依靠电动车电池的蓄能调节不仅能平衡电力峰谷差，还能有效接纳更多的风电。只要对充电桩实行智能控制调节，就可以有效解决负荷侧的峰谷差，并全单接纳风电、破解发展风电的瓶颈。我国目前的电力瞬态最大负荷不到 13 亿 kW，日夜间的电力峰谷差小于 4 亿 kW，这只需要有 5 000 万～6 000 万辆电动汽车充电，即可平衡峰谷差。即使再考虑未来的 3 亿 kW 风电，靠 8 000 万辆左右的电动汽车也可以完成吸纳风电的需要。促进各类电动汽车发展的关键是建立完备的充电系统，而要使电动汽车为电力削峰填谷，就要在电动汽车的夜间停放处全面布置智能充电桩。作为重要的基础设施建设，由先行一步的充电桩带动电动车的普及，而不是被动地由电动车推动充电桩网络的建设，这应该是新型城市能源系统需要考虑的问题。

第十章 总量控制

建筑用能中各分类用能总量的增长源于用能强度和建筑面积两方面的增长。未来短期内,这两方面因素还将持续增长一段时间,而我国不得不面临的能源与碳排放约束要求建筑部门回答:未来中国建筑用能总量将达到什么样的水平?

如果参考欧美发达国家的建筑能耗水平,我国单位面积建筑用能强度将在当前的水平上再提高两倍,即使建筑面积不变,建筑用能总量也将达到 20 亿 t,相当于2015 年国家总能耗的 50%;假定未来人均建筑面积增加,从当前约 30 m^2/人提高到欧洲的 60 m^2/人,或者美国的 100 m^2/人的水平,建筑用能总量将再乘以 2~3 倍。那么,即使将全国的能源都用来为建筑运行服务也是不够的。

从国家用能总量的角度来看,近年来,我国能源消耗迅速增加,其中工业、建筑、交通用能,甚至农业用能均在逐年增加。2001 年以来,我国总的终端能源消耗及各部门用能变化如图 10-1 所示:

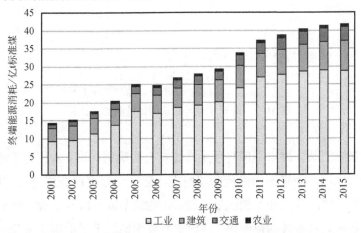

图 10-1 各部门能耗发展情况(2001—2015 年)

注:农业和交通能耗数据来源于中国统计年鉴,建筑能耗依据 CBEM 模型计算结果,工业能耗在此基础上根据总量计算得到。

各部门用能增长的原因，一是工业部门的用能增长，我国作为制造业大国，工业生产产量快速增加，即便工业生产的能效有所提高，工业用能总量还是成倍的增加了；二是交通能耗的增长，与汽车拥有量及人们日益增加的出行量有关；三是建筑用能的增长，伴随着城镇化率和生活水平的提高，建筑面积有所增加，生活和工作用能强度也在增加，总量自然也随之增加。

建筑用能属于消费领域能源。工业生产用能的能效可以通过比较生产同一产品的能耗体现，而建筑用能无特定的产品，服务量和服务水平可以根据使用者的需求而变化，用能量随着服务量和服务水平同步增长，但两者并不是线性的关系。通过研究发现，认为建筑用能跟服务量的关系可定性表示如图 10-2 所示，即初期能耗的少量增加可大幅提高建筑的服务水平，当建筑服务达到一定水平，要想进一步提高则需要消耗大量能源，如基本的降温手段（电扇、短时间的空调）可有效改善建筑使用者的感受，而想要达到"恒温恒湿"的室内环境则需要消耗几倍甚至更多的能源。

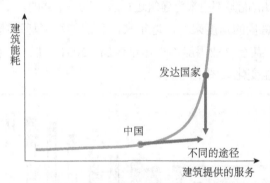

图 10-2　建筑用能与建筑提供的服务量关系

消费领域的服务需求不像物质生产那样有明确的标准，人们对于服务量的需求可以永无止境，如果不加以控制和约束，建筑运行可能造成巨大的能源消耗。正是由于建筑用能与工业用能性质的差异，建筑节能也应与工业节能有不同的思路——不是从提高能效的角度出发（建筑所要求的服务量的确定本身存在争议），而应该是从能源资源的供应角度出发，在制定公平合理的分配方案的前提下，提出切实的技术措施，以追求相当能源条件下的最优服务水平。这应该是建筑节能区别于工业节能的基本出发点。

能源消耗总量受到全球资源和环境容量的限制，从地球人拥有同等的碳排放和能源使用的权利出发，可以得出未来全球人均碳排放量和化石能源利用量的上限；而从我国的能源资源、经济和技术水平以及可能从国外获得的能源量等情况来分析，也可以得到我国未来发展可以利用的能源上限。从这一总量出发，进一步结合我国社会与经济发展的用能状况，可以得出我国未来能为建筑运行提供的能源总量。本章分别从这样几个分析角度出发，"自上而下"地对我国未来可以容许的建筑能耗上限进行估计。这应该是我们建筑节能工作要实现的用能上限控制目标。

第一节　总量控制的背景与研究现状

一、总量控制的重要意义

自 2012 年党的十八大提出"生态文明建设"以来，能源消费总量控制的思路逐步明晰。生态文明建设要求，"推动能源生产和消费革命，控制能源消费总量，加强节能降耗，支持节能低碳产业和新能源、可再生能源发展，确保国家能源安全。"能耗总量控制既是确保国家能源安全的必要举措，也是尊重自然、顺应自然，建设生态文明的必然要求。

近年来与节能相关的宏观发展规划整理如下：

①《"十二五"建筑节能专项规划》（建科〔2012〕72 号，2012 年 5 月）中提出的建筑节能总体目标是"到'十二五'期末，建筑节能形成 1.16 亿 t 标准煤节能能力"；

②《节能减排"十二五"规划》（国发〔2012〕40 号，2012 年 8 月）提出的建筑节能目标为扩大北方采暖地区既有居住建筑改造面积和提高城镇新建绿色建筑标准执行率，而"公共机构单位建筑面积能耗由 23.9 kg 标准煤/m^2 降至 21 kg 标准煤/m^2，公共机构人均能耗从 447.4 kg 标准煤/人降至 380 kg 标准煤/人"；

③《能源发展"十二五"规划》（国发〔2013〕2 号，2013 年 1 月）中提出了国家能源消费总量控制在 40 亿 t 标准煤，用电量 6.15 万亿 kWh 的目标；

④《国家应对气候变化规划（2014—2020 年）》（发改气候〔2014〕2347 号，2014 年 9 月）提出，到 2020 年，一次能源消耗控制在 48 亿 t 标准煤；

⑤《中美气候变化联合声明》（2014 年 11 月）中提出，中国计划 2030 年左右二氧化碳排放达到峰值且将努力早日达峰，并计划到 2030 年非化石能源占一次能源消费的比重提高到 20%左右；

⑥《"十三五" 控制温室气体排放工作方案》（国发〔2016〕61 号，2016 年 10 月）中提出，到 2020 年，能源消费总量控制在 50 亿 t 标准煤以内，煤炭消费总量控制在 42 亿 t 左右；

⑦在 2016 年签署的《巴黎协定》中，我国承诺到 2030 年，单位 GDP 二氧化碳排放要比 2005 年下降 60%～65%，到 2030 年，非化石能源在总能源当中的比例提升到 20%左右，碳排放尽早达到峰值。

这些规划逐步明确了总量控制的目标，对未来发展提出了方向性的要求。尽管这些规划中已有一些用能强度控制指标，然而尚未针对工业、交通和建筑等各类终端能源消费总量提出控制目标。进一步分析，整体的总量控制目标有助于通过能源供应控制侧约束消费总量，但难以支持从上而下地推动各类终端能源消费总量管控。确定工业、交通和建筑用能上限，是制定发展规划、明确节能技术路径和落实指标管控的必要条件。

在当前快速城镇化发展的背景下，建筑能耗总量控制有着极其重要的意义。一方面，城镇人口的增加和建筑面积总量的增长都将促使建筑用能需求大幅增长；另一方面，人们对室内环境质量与舒适度的要求提高，对生活热水用量及办公与家用电器设备使用的需求都有较大的增长趋势。在现有技术条件下，建筑能耗将随着这些需求的增长而大幅增加。

与发达国家相比，我国人均或者单位面积建筑能耗强度都处在较低的水平，如果我国建筑能耗强度达到发达国家水平，建筑能耗总量就将数倍增长。在《增长的极限》一书中指出，"人口和资本的增长必然导致人类生态足迹的增长，除非或直到人类的消费倾向发生深刻改变或资源的使用效率戏剧性地得以提高。"也就是说，如果沿袭发达国家建筑用能方式，未来人口和经济的增长必将导致建筑能耗总量的大幅增加。当出现供应能力难以满足消费需求时，能源价格飙升，加剧资源分配不均，降低大部分人的生活质量，进而可能出现区域内不稳定甚至战争的局面。

这样来看，在建筑能耗增长趋势明显而能耗总量控制要求日益明确的情况下，确定建筑能耗上限，加强对建筑用能的总体规划并制定节能路线图，对于国家能源的长远发展、人们生活健康幸福和社会稳定有着至关重要的意义。

二、建筑运行能耗总量与碳排放研究

建筑运行用能主要用于满足空调、采暖、通风和照明等室内环境营造的需求，以及生活热水、炊事、家电、电梯和办公插座等功能使用的需求；建筑运行过程中的碳排放主要与运行能耗相关，能耗量、能源结构以及电力生产的排放因子是影响建筑运行碳排放的重要因素。

控制建筑运行能源消耗量，一方面要减少建筑室内环境营造的冷、热量需求，另一方面在不增加供应量的前提下提升设备效率，达到减少能源消耗的目的。

控制建筑运行过程中的碳排放，一方面尽可能减少建筑运行的能耗量，另一方面需要优化建筑能源结构，尽量多使用零碳的可再生能源，包括生物质能、风电、水电、核电和光电等。而优化电力生产结构、提高发电效率、降低电力碳排放因子，是电力生产部门的重要职责，建筑运行碳减排工作与其间接相关。

因而，分析建筑能耗和碳排放总量控制的重点在研究建筑运行能耗的总量和构成。

目前，国内外研究机构对未来建筑能耗总量的研究主要用情景分析的方法对未来进行预测。例如，美国能源信息署（EIA）按照石油价格不同给出了五种未来建筑能耗情景，认为到 2030 年，中国建筑能耗应在 11 亿～13 亿 t 标准煤。此外，国家发改委能源研究所和美国劳伦斯伯克利国家实验室（LBNL）根据能源政策和技术发展趋势对未来能耗进行了预测研究。

国际能源署（IEA）根据不同节能减排政策的执行强度和能源使用的二氧化碳排放，指出在当前各项政策不调整的情况下，未来由于能源使用产生的碳排放将使全球温度升高约 6℃，大大超出 IPCC 提出的温度不能超过 2℃的控制目标。为此，IEA 提出了加强节能政策和技术措施情景（450 Scenario）。为实现全球气温升高不超过 2℃，各国都应控制能源消耗量。中国到 2030 年建筑能耗应控制在 8.35 亿 t 标准煤。这个总量并非一次能源消耗量，未考虑集中供暖热源侧能耗与农村用户散煤使用等情况。对于建筑能耗总量控制的目标，中国工程院从能源供应和对环境影响的角度研究认为，到 2020 年中国能源消耗总量不宜超过 40 亿 t 标准煤。江亿等结合工业、交通和建筑的发展需求，认为建筑能耗总量应控制在 10 亿 t 标准煤以内。

综上所述，现有的研究主要存在以下两方面问题：①情景分析的研究是根据当前建筑能耗量并假定一些政策或技术给出的预测，未充分考虑我国能源供应能力和能源消耗对环境的影响；②IEA 和 LBNL 等研究机构对总量做的研究，未基于中国建筑能耗特点和需求进行分析，而是以发达国家对建筑能耗分析的视角来研究中国的建筑能耗，存在认知的偏颇。这些分析研究未能解决中国未来建筑能耗总量上限的问题。本书参考现有研究，综合考虑我国能源供应能力、能源使用对环境的影响，以及各用能部门的能耗现状和发展需求，确定建筑能耗总量和各类能源的需求，为确定《民用建筑能耗标准》的能耗强度控制水平提供依据。

第二节　我国能源消耗与碳排放发展趋势

一、我国能耗消费现状与组成

2015 年，世界能源消费总量为 195 亿 t 标准煤（图 10-3），我国能源消费约占世界的近 22%。发展中国家能耗的增加是世界能源消费总量增长的主要原因，而日本、欧盟和美国等发达国家和地区的能源消费量已基本维持稳定。

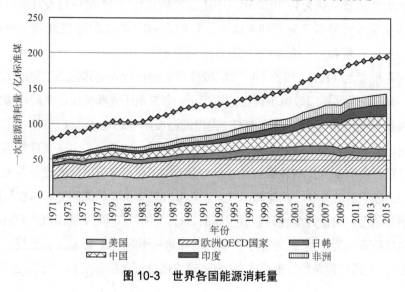

图 10-3　世界各国能源消耗量

国家统计局的数据显示，2015 年我国能源消费总量为 43 亿 t 标准煤，其中，工业能耗 28.7 亿 t 标准煤，约占我国能源消费的 68.8%，交通能耗约占 9.2%，建筑能耗约占 20%，农林业等约占 2.0%。工业用能主要用于人们工作和生活所需要的各类物质生产、基础设施与房屋建设等，交通用能服务于客运和货运，建筑用能服务于住宅和公共建筑中各项终端用能的需求（包括空调、供暖、照明和设备等）。工业能耗属于生产领域能耗，交通和建筑能耗绝大部分属于消费领域能耗。我国工业能耗比重高于世界平均水平，大大高于美国、英国、法国、德国等发达国家水平，这与我国经济结构以制造业为支撑密切相关。

2001 年以来，工业、建筑和交通等各类能耗都在持续增长，各类用能的增长率见表 10-1。经济发展和人们生活水平的提高，是各类能耗增长的主要原因。从能源消费的用途分析，工业能耗的增加与物质生产和各项建设的增加密切相关；交通能耗由车辆保有量和人们出行量的增加而快速增长；建筑能耗受建筑面积和人口增加、室内环境服务水平与其他用能需求提高的影响而大幅增长；农业能耗受机械化程度提高，以及农产量提高等因素影响而增长。

如果保持当前的能耗增长率，到 2020 年我国能源消费总量将达到 66 亿 t 标准煤，大大超出能源供应和二氧化碳减排所确定的能耗上限。结合各类用能的特点及发展需求提出相应的总量目标，是实行国家能耗总量控制的必要步骤。

表 10-1　各类用能增长与比例

	2001 年能耗/亿 t 标准煤	2015 年能耗/亿 t 标准煤	年增长比例/%	2015 年比例/%
工业	9.2	28.7	8.5	68.8
建筑	3.6	8.4	6.2	20.0
交通	1.2	3.8	8.9	9.2
农业等	0.4	0.8	5.1	2.0

二、建筑能耗与碳排放发展的趋势

国家建筑能耗由人口、建筑面积与能耗强度等要素共同影响决定。在社会和经济发展的条件下，我国建筑能耗有较大的增长趋势。如果沿着发达国家建筑用能

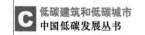

技术的发展路线,未来我国建筑能耗将数倍增长,甚至超过当前国家能源消费总量。下面从人口、建筑面积,与各类建筑能耗强度分析我国建筑能耗可能的发展趋势。

（一）人口与建筑面积的影响

周伟等认为,人口总量与城乡人口构成将对建筑能耗产生明显的影响。根据统计部门公布的数据来看（图 10-4）,我国人口总量仍将保持稳步增长的态势。2013 年国家实施"单独二孩"政策,将在一定程度上提高人口总量增长率。人口增加也就意味着居民用能需求的增加。此外,当前城镇居民生活水平较高,其人均商品用能明显高于农村居民。城镇化发展使城镇人口大幅增加,即使人口总量不增加,建筑能耗也将显著增加。

图 10-4　我国人口与城镇化率发展

人口总量与结构是影响国家发展的重要内容,在当前人口政策和自然增长的情况下,我国未来人口还将有所增长。有研究指出,到 2030 年,我国人口总量将达到 14.5 亿人。

2015 年,我国建筑面积总量为 573 亿 m^2,当年建筑企业房屋竣工建筑面积为 42 亿 m^2（不含工业厂房等）,已开工未竣工面积约 123 亿 m^2。自 2001 年以来,竣工面积总量逐年增加,一方面是城镇化建设的需要,另一方面也是市场的利益驱动所致。自 2001 年以来,年竣工面积增长率在 12%,如果继续保持这个增长速度,到 2020 年年竣工面积将达到 78 亿 m^2,是 2013 年竣工量的两倍。如果按照 2015 年年竣工量建设，2030 年房屋面积将达到 1 200 亿 m²，是当前建筑面积的两倍。建筑面积的增加将直接导致空调、供暖和照明的服务量增加，建筑能耗也将大幅增加。

比较来看，我国人均建筑面积已接近资源条件相近的日本、法国等发达国家。近年来，各地都有报道房屋空置率高的问题，一定程度上反映了房屋过度建设的问题。过量建造房屋既是对资源和环境的浪费，运行过程中的空调、供暖和照明能耗也将随之增加。因此，控制建筑面积的总体规模，对建设生态文明、实施总量控制有着十分重要的意义。

（二）各类建筑能耗强度

已有研究对北方供暖、公共建筑、城镇住宅和农村住宅四类建筑用能的发展历史进行了分析。除北方供暖外，其他三类建筑用能都有明显的增长趋势。能耗强度受技术水平和使用行为的影响，通过对空调、照明、电器、生活热水、采暖和炊事等各终端用能项进行分析得到表 10-2：

表 10-2　影响建筑能耗的技术因素和使用与行为因素及趋势

终端类型	技术水平	趋势影响	使用和行为	趋势影响
空调	建筑构造	不显著	使用时间	增加
	围护结构性能	降低	使用空间	增加
	设备能效	降低	设定温度	增加
照明	灯具效率	降低	使用时间	不显著
电器	设备能效	降低	计算机使用时间	增加
	种类	增加	洗衣机频率	增加
生活热水	效率	不显著	热水用量	增加
	种类	降低	使用频率	增加
采暖	建筑构造	不显著	使用时间	增加
	围护结构性能	降低	使用空间	增加
	设备能效	降低	设定温度	增加
炊事	效率	不显著	频率	不显著

注：降低，指该因素变化趋势将促使该项耗强度降低；增加，指该因素变化趋势将促使该项能耗强度增加；不显著，指该项因素变化趋势不明显，对能耗影响变化趋势不显著。

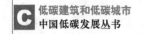

整体来看，技术因素主要促进建筑能耗强度降低，而部分用能项的使用和行为因素将促使建筑能耗强度增加。推动建筑节能，应重视使用和行为因素变化趋势的引导和控制。在对宏观建筑能耗量的分析中，也应充分考虑使用和行为的因素。

第三节 建筑能耗与碳排放总量上限

一、能源供应与环境容量的限制

（一）能源供应总量约束

国家统计局的数据显示，2015 年能源供应包括国内生产和进口两部分，比较我国能源消费量与国内能源生产量，2000 年以后，国内生产的能源难以满足能源消费需求，进口能源量逐年增长，2011 年能源进口量占能源消费量的 17.9%。

我国目前仍是以化石能源为主要一次能源，约占总一次能耗的 92%，其中煤占化石能源消费的 74%。不同类型能源使用的系统和设备不同，从历史发展来看（图 10-5），短期内这样的能源消费结构难以发生大的改变。下面从国内能源生产和能源进口两方面，分析我国能源供应的约束。

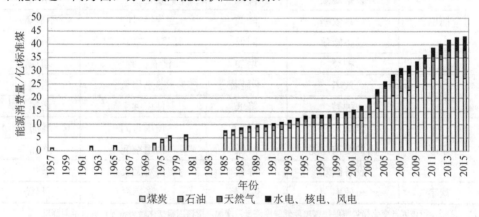

图 10-5 1957—2015 年我国能源消费量

1. 国内能源生产

化石能源的供应主要受资源储量、生产技术水平、生产安全、生产及运输经济性等因素制约。

首先，从各类化石能源的储量分析，我国煤炭储量丰富，按照能源含热量折算，煤炭剩余技术可采储量约占我国总化石能源剩余技术可采储量的 89%，占世界煤炭储量的 13%。石油和天然气的技术可采储量不到世界总量的 2%，油气资源相当匮乏。虽然煤炭总储量丰富，人均拥有量却只有世界平均水平的 68%，而且开采速度快，储产比不到世界平均水平的 1/3。石油和天然气的人均储量仅为世界平均水平的 7% 和 11%，储产比也远低于世界平均水平。由于资源储量的限制，我国化石能源生产供应形势不容乐观。从维持国家长远发展的角度看，我国人均储量远低于世界平均水平，人均化石能源消耗至少应该维持在世界平均化石能源消耗水平。

其次，从生产安全和经济性的角度看，能源产量也受到限制。煤炭生产的安全问题是我国能源生产必须重视的问题，2013 年煤矿百万吨死亡率为 0.293，与发达国家比还有非常大的差距（发达国家的产煤百万吨死亡率在 0.02～0.03）。为减少煤炭生产安全事故，一方面应尽可能降低煤矿百万吨死亡率，另一方面应尽可能避免大幅扩大煤炭生产。此外，化石能源生产的生态环境污染以及经济成本也是制约其产量的重要因素。黎炜等指出，煤炭开采会污染和破坏大气、水、土地和生物资源，引发一系列的地质灾害。煤炭、天然气主要分布在华北和西部地区，生产和运输成本较高。

可再生能源的供应量与资源条件、技术水平、经济性以及相应的环境影响有关。据国家统计局数据显示，我国可再生资源与核能主要以电力形式供应，在电力供应中，水电、风电和核电的比例不到 20%（2011 年），约占总一次能源生产的 9%。

水力发电方面，水力资源理论蕴藏量年发电量为 6.08 万亿 kWh，经济可开发装机容量为 4.02 亿 kW，年发电量 1.75 万亿 kWh。2011 年，水力发电已达到 0.70 万亿 kWh。水能资源分布极不均匀，未开发的水力资源主要集中在西南地区，库区移民以及相应的环境影响问题制约着水力资源的开发利用。与水力资源相似，风电资源大多分布在西北地区，这些地区的电力负荷有限，且风力发电还有不连续性，经济性和电网接入条件是制约风电发展的主要因素。2011 年，风电发电量仅 700 亿 kWh，仅为电力生产量的 1.5%。核电发展需考虑铀资源的可供性、安全生产、核电建设速度和可以达到的规模水平。2011 年，核电发电总量为 863.5 亿 kWh，为当年全国电力生产量的 1.8%，不及三峡水电站 2012 年的发电量，核电大规模发展还需要较长的时间。

综合以上分析，国内化石能源供应受资源储量和分布、技术水平、生产安全以及经济性等因素制约，难以满足持续增长的能源消费需求。而可再生能源主要受资源条件、技术水平以及经济性等因素的制约，在近期内难以大幅度提高可再生能源与核能的产量。国内能源供应难以满足大幅增长的能源需求。

2. 能源进口

2001—2011 年，我国进口能源总量从 1.3 亿 t 标准煤增长到 6.2 亿 t 标准煤。而从进口能源类型来看，2011 年石油进口量超过 4.4 亿 t 标准煤，我国原油对外依存度接近 60%；尽管煤炭资源丰富，但从 2001 年开始我国煤炭进口量逐年增加，到 2011 年已超过 1 亿 t 标准煤。

作为能源消费大国，依靠进口能源来满足能源需求，不利于保障我国的经济发展和社会稳定。增加能源进口量，将威胁到我国能源供给的安全。2012 年，国务院发布的《中国的能源政策（2012）》白皮书指出，中国作为一个人口大国，需要依靠自身力量发展能源，使能源自给率始终保持在 90%左右。提高能源自给率，不仅可以保障国内经济社会的发展，也是世界能源安全的重要保证。未来我国也不宜扩大进口能源的比例，能源自给率应尽量维持在 90%左右。

综合考虑我国能源的生产与进口，近期内能源供应量难以大幅提升。中国人均化石能源储量远低于世界平均水平，人均能耗至少应维持在世界平均水平（2.31 t 标准煤/人，2013 年）。从供应侧分析，为保障可持续发展和能源安全，到 2030 年前后人口达到 14.7 亿人、可再生能源与核能占比 25%～30%时，能耗总量应控制在 45 亿～49 亿 t 标准煤。

（二）环境容量限制

2015 年，我国二氧化碳排放量达到 90.8 亿 t，超过美国成为世界第一大二氧化碳排放国；我国人均二氧化碳排放量（6.6 t/人）也超过世界平均水平（4.4 t/人）。

2001 年以来，我国的二氧化碳排放量以年均近 10%的速度增长，中东国家和印度碳排放量也有所增长，而美国、英德法意四国、日本和俄罗斯等发达国家，二氧化碳排放量基本稳定甚至有所下降（图 10-6）。

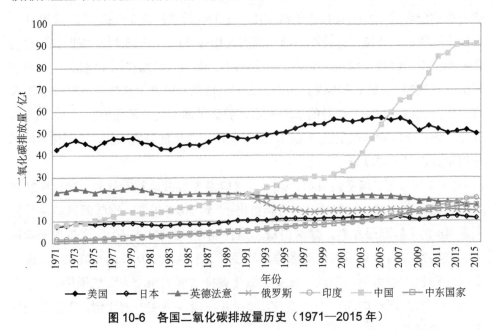

图 10-6　各国二氧化碳排放量历史（1971—2015 年）

为履行大国责任，我国政府在 2009 年提出了到 2020 年单位国内生产总值温室气体排放比 2005 年下降 40%～45%的行动目标，并于 2011 年发布《中国应对气候变化的政策与行动（2011 年）》白皮书，二氧化碳减排已成为我国当前社会和经济建设过程中的一项重要任务。2014 年 11 月，中美两国政府发布《应对气候变化联合声明》，中国首次正式提出 2030 年中国碳排放有望达到峰值，并将于 2030 年将非化石能源在一次能源中的比重提升到 20%。

IPCC 研究指出，为了保证人类在地球上的生存环境，全球温度升高不能超过 2℃。为实现这个目标，应对二氧化碳的排放进行控制，到 2050 年，大气中二氧化碳的含量应该控制在 450×10^{-6} 以内。考虑到发展中国家经济发展的需要、人民生活环境的改善和公共服务的建设等多个方面的共同影响，碳排放量还将有所增加，这是发达国家曾经经历过的发展阶段。全球碳排放总量到 2020 年前还

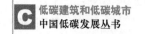

将有所增长，大气中的二氧化碳浓度还将有所增加。

由于化石能源的燃烧是人类活动产生二氧化碳排放的主要来源，为实现二氧化碳排放控制的目标，应逐步控制化石能源的使用量：到 2020 年，二氧化碳排放总量达到峰值 400 亿 t，由于能源使用产生的碳排放约为 348 亿 t。到 2020 年，我国争取将人均碳排放维持在当前欧洲的人均碳排放水平（6.8 t），按照我国目前化石能源消费结构，相当于 2.87 t 标准煤/人，如果人口增长到 14 亿人，化石能源消费总量约 40 亿 t 标准煤。如果大力发展核能和可再生能源，2020 年核能和可再生能源占一次能源消费的 20%左右，我国能源消费总量应控制在 50 亿 t 标准煤以内。未来除非调整能源结构，大量使用可再生能源或核能，否则化石能源使用量还需要大幅度降低。

2014 年 6 月，国务院办公厅印发了《能源发展战略行动计划（2014—2020年）》（国办发〔2014〕31 号），明确指出："到 2020 年，一次能源消费总量控制在 48 亿 t 标准煤左右，煤炭消费总量控制在 42 亿 t 左右。"这是基于我国国民经济发展需求和尽快实现碳排放峰值的目标考虑。从长远发展来看，由于我国能源供应能力的限制以及减少二氧化碳排放要求两个方面的原因，未来我国应该大力发展核能和可再生能源，增加其在能源供应中的比例，严格控制化石能源的消耗量。

二、建筑能耗上限目标和碳排放量讨论

推动建筑能耗总量控制要明确总量控制的目标。在未来我国能源消费总量确定的情况下，确定建筑能耗的上限，应充分考虑国家经济稳步发展和人民生活水平提高的需求，平衡工业生产、交通运输和建筑三个主要能源消费部门的增长需求。

下面先从我国各部门能耗现状以及发展趋势的角度分析未来我国建筑能耗总量应控制的上限，再结合建筑面积规模控制的讨论，自下而上结合各类建筑用能现状，分析建筑能耗总量上限的整体可行性，从而给出我国建筑能耗总量控制的整体目标。

（一）工业、交通用能需求

1. 工业用能

工业是支撑我国国民经济发展的主要动力。2013 年，国家统计局公布的工业能耗 29.1 亿 t 标准煤，占当年我国能源消费总量的 69.8%，建筑和交通分别占 18% 和 12%，这是由我国以工业（尤其是制造业）为支撑的经济结构所决定的。对于未来我国工业用能需求总量，可以从两个角度进行分析。

（1）与发达国家工业能耗比较

2013 年，我国人均工业能耗为 2.14 t 标准煤，美国人均工业能耗强度为 3.58 t 标准煤，而德国人均工业能耗强度为 1.06 t 标准煤，英国、法国和意大利等国家人均工业能耗均低于 1 t 标准煤。德国、美国同样属于工业大国。从节能减排的目标出发，我国应尽可能提高工业能效，在工业产值大幅增长的情况下，尽可能维持人均工业能耗强度不显著增长，甚至有所降低。

到 2020 年，人均工业能耗强度在 2.0～2.2 t 标准煤，使国家工业能耗总量维持在 30 亿 t 标准煤左右。未来更进一步提高工业能效，尽可能向德国水平发展，还有望降低工业能耗总量。

（2）依据国民经济结构及发展需求测算

工业是支撑我国国民经济发展的主要动力。近 10 年来，我国工业 GDP 占三大产业的比例维持在 45% 左右，而世界平均水平约为 30%，美国工业 GDP 占三大产业的 20%。

考虑到未来我国产业结构调整、工业 GDP 比重下降，同时降低单位 GDP 能耗的情况下，到 2020 年全国人口约 14 亿，情景分析可得：①我国人均 GDP 达到当前世界平均水平（约 1.07 万美元）；②相比于当前，单位工业 GDP 能耗降低 30%；③工业 GDP 占三大产业 GDP 的 35%～40%，与目前相比下降 5%～10%。这样分析计算，到 2020 年左右，我国工业能耗有望控制在 30 亿 t 标准煤以内。

2. 交通用能

2013 年，我国人均交通能耗约 0.37 t 标准煤，大大低于发达国家平均水平（图 10-7）。比较来看，欧洲四国（英德法意）人均交通能耗约 1 t 标准煤，美国人均交通能耗超过了 3 t 标准煤，而世界平均交通能耗强度约为 0.52 t 标准煤/人。

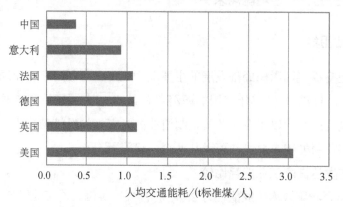

图 10-7 2013 年各国人均交通能耗对比

我国人均交通能耗低，可以认为是由人均汽车拥有量低、出行量少以及出行方式特点等原因所致。根据国家统计年鉴公布的数据，2013 年，我国人均汽车拥有率不到 9.3%，而美国人均轻型拥有率约为 71.4%，欧盟、日本小汽车拥有率在 40%～60%。未来我国小汽车保有量还有很大的增长空间。另外，我国人均铁路长度明显低于欧美发达国家。截至 2015 年年底，我国铁路营业总里程达 12.1 万 km，人均不到 10 cm；对比而言，美国人均铁路长约 68 cm，加拿大人均长约 127 cm，俄罗斯人均长约 89 cm，德国人均铁路长约 51 cm。相比之下，我国铁路建设仍有较大的增长空间。

比较当前发达国家的交通用能水平，如果未来人均交通能耗达到美国人均水平，仅交通能耗一项就达到 47 亿 t 标准煤，超过我国能源消费总量上限。如果达到世界平均水平，我国交通能耗总量将达到 7.2 亿 t 标准煤。

考虑交通用能的需求，未来我国交通用能将有较大的增长潜力。为推动交通节能，一些城市采取了大力发展公共交通、逐步发展公共自行车系统等措施，减少交通出行能耗。在我国能源和资源条件限制下，交通能耗应尽可能控制在世界平均水平以内，即未来交通能耗总量维持在 7 亿 t 标准煤左右。

（二）建筑用能上限讨论

2013 年，我国建筑能耗总量约为 7.56 亿 t 标准煤。根据前面的分析，在能耗总量不超过 48 亿 t 标准煤的情况下，工业能耗控制在约 30 亿 t 标准煤，交通能耗总量约 7 亿 t 标准煤，建筑能耗总量应控制在 11 亿 t 标准煤以内，人均建筑能耗约 0.79 t 标准煤。在当前建筑能耗总量下，大概还能增长 3.5 亿 t 标准煤。这里需要讨论的是，这个建筑能耗总量控制目标能否实现？

比较来看，我国人均或单位面积建筑能耗强度大大低于发达国家水平。以 2013 年为例，美国人均建筑能耗是我国人均水平的 8 倍，欧洲四国人均建筑能耗强度约是我国的 2.5 倍。如果延续发达国家建筑用能模式，建筑能耗总量将成倍的增长，仅建筑能耗一项就可能突破国家能源消费总量的控制目标。而按照未来规划的 11 亿 t 标准煤上限，我国人均建筑能耗强度约为美国当前人均建筑能耗的 18%，为欧洲人均建筑能耗的 57%，明显低于发达国家建筑能耗水平现状。这也表明，我国不能延续发达国家依靠"提高能效"实现节能的道路，室内环境营造或者其他用能需求的增加，使通过提高能效来控制能耗难以实现。现有研究指出，我国建筑节能应以实际能耗数据为导向，借鉴发达国家经验教训，发展出适应生态文明建设需求的路线。

根据《巴黎协定》，我国的碳减排的目标是到 2030 年碳排放总量在 30 亿～35 亿 t 以下，这样来看，建筑运行相关的碳排放应控制在 10 亿 t 以下。因此，不仅要把能耗总量控制在 11 亿 t 标准煤以下，还必须考虑能源结构的低碳化。从建筑用能需求和我国能源供应结构来看，我国未来有很大的发展核电、水电、风电和光电的计划，建筑用能应加大其中电力的比例，同时北方供暖要进行巨大调整，热源改为工业余热、核电、核能、热电联产与多种热泵方式结合，大幅减少建筑用能碳排放。具体来看，建筑能耗总量由人口、建筑面积和能耗强度决定。在我国当前的人口政策下，未来人口总量峰值应该在 15 亿人以内。要实现建筑能耗总量控制，在政策机制和技术方面应对建筑面积规模和建筑能耗强度予以高度重视。

案例 11：新疆吐鲁番新型能源系统示范区

整个新能源示范区的太阳能光电光热系统、微网系统、水源热泵系统等均已投入实际运行，并且整体发电效果良好。

根据龙源电力提供的运行数据，2015 年示范区太阳能光伏总发电量已达到

1 000万kWh,年总用电量为2 900万kWh,太阳能光伏基本满足需求的34%。在此基础上,如果改进集中供冷系统所存在的问题,夏季取消电制冷,改用地下水直供并且改进末端的计量收费方式——多用多收费,则至少可以将现有的26 kWh/m² 供冷能耗降低到10 kWh/m² 以下;改进现有的太阳能集中热水系统,采用呼叫直连式系统,则可以基本实现生活热水能耗全部由太阳能提供,由此可使目前电加热生活热水的用电量比目前状况下降约100万kWh,供冷电耗降低到400万kWh以下,估算居民用电总量为284.6万kWh(除空调采暖生活热水),冬季供暖总用电1 307万kWh,则整个社区由太阳能光电和光热提供的能源可以占到全社区总用能的50%以上。

进一步研究显示,如果充分利用吐鲁番周围丰富的风电资源,实现太阳能与风电的互补,则整个社区就能够成为全部由可再生能源供应的零碳社区,这在我国和世界上都是一个创举,也为我国通过提高可再生能源比例实现减碳目标指明了道路。

1. 控制建筑面积规模

建筑面积规模对空调、供暖和照明等用能项能耗量有着直接的影响。

比较各国居住建筑面积,美国人均住宅面积超过70 m²,大大高出世界其他国家的水平;法国、德国、英国和日本等国家人均住宅面积约为40 m²,中国人均住宅面积约为30 m²,在金砖各国中面积最大;而俄罗斯、韩国等发达国家人均住宅面积也只有约20 m²。比较各国公共建筑面积,美国人均公共建筑面积最大,为24 m²/人;公共建筑面积超过20 m²/人的国家还有丹麦、挪威和加拿大;其他发达国家人均公共建筑面积主要分布在10~20 m²;中国人均公共建筑面积约为12 m²,接近日本、法国、以色列等发达国家水平。

从节约土地、能源和资源的角度,同时考虑居民期望、实际经济承受能力和不同年龄对住房需求的差异,未来我国人均居住面积应维持在40 m²左右,而人均公共建筑面积则维持在当前水平略有增长。这样,未来我国建筑面积总量应控制在 800 亿 m² 以内。

2013 年我国建筑面积总量约 545 亿 m²，在建未竣工面积约 110 亿 m²，未来每年维持在 20 亿～30 亿 m² 的竣工面积，并逐步减少到 15 亿 m² 以内（按照建筑寿命 70 年计算，未来年维修或拆除重建面积约 12 亿 m²）。在这个目标下，建设规模不会骤然减少，以免影响建筑业及相关产业的发展，以确保经济稳定发展和经济结构转型。

2. 加强对建筑能耗强度的控制

在建筑面积总量控制的情况下，建筑能耗强度同样应予以控制，才能实现建筑能耗总量控制的目标。《民用建筑能耗标准》（以下简称《标准》）中的各项指标，即是为能耗强度控制提供依据。

确定我国建筑能耗强度控制目标的主要思路：一方面，根据我国建筑能耗特点，分别对北方城镇供暖、公共建筑（不含北方城镇供暖）、城镇住宅（不含北方城镇供暖）和农村住宅四类建筑能耗现状与趋势进行分析，依据 11 亿 t 标准煤总量目标，在 800 亿 m² 建筑总量的情况下，进行初步分解；另一方面，依据现有的能耗统计数据与实际工程案例，分析可以实现能耗控制目标的技术条件，确定不同功能建筑的能耗强度约束值，结合各类建筑面积规模，对约束值下的建筑能耗总量进行测算，从而分别从自上而下和自下而上两个角度，得到《标准》中各类建筑能耗的约束值。

整体来看，《标准》能耗指标值明显低于发达国家各类建筑能耗水平，这也是我国当前建筑能耗水平的现状。

从住宅能耗来看，我国当前城镇居民户均用电约为 2 100 kWh，而美国户均能耗超过 11 000 kWh，欧洲四国的户均能耗在 3 000～6 000 kWh。美国居住建筑能耗高，与其每户居住面积大、家庭常用电器能耗高（如大型号冰箱、烘干机和洗碗机）等因素相关。在建筑能耗总量控制的要求下，城镇住宅用电应控制在 3 000 kWh/（户·a）的水平。从现有的调查数据来看，北京、上海、广州等地居民案例调查中，户年用电 3 000 kWh 能够维持比较满意的生活水平。只要不完全改变生活习惯，不崇尚美国居民的消费模式，不显著改变建筑和系统形式，居民户均能耗就不会增长到 1 万 kWh/a 的水平。《标准》中居住建筑能耗指标充分考

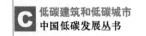

虑了各项用电需求，同时也参考了阶梯电价选取的指标值。

而公共建筑能耗指标则是根据北上广等地大量能耗统计数据分析及实际案例研究得出的。从我国公共建筑二元分布特点和与发达国家实测案例比较来看，建筑与系统形式、运行和使用方式是造成能耗强度差异的重要原因，在满足人们正常使用需求的情况下，可以保证在当前大部分建筑都能满足《标准》中提出的各类能耗指标。对于北方城镇供暖，建筑需热量参考各地区建筑节能标准的要求，关于输配与热源的指标值，则是依据大量调研数据与现有技术分析得出。

总体而言，《标准》中各项指标值的确定是基于现有实际数据与案例研究，在满足正常使用需求的情况下，当前技术条件完全可以实现大大低于发达国家能耗强度的控制指标，而生活方式与使用模式及与之相适宜的技术应用，是实现能耗强度控制的关键。这样可以形成基于我国实际用能特点的建筑节能技术体系，推动我国建筑节能事业的发展，将建筑能耗总量控制在 11 亿 t 标准煤以内。

三、建筑能耗与碳排放总量控制的整体思路

由能耗与碳排放关系来看，建筑能耗和碳排放的总量控制工作是密切相关的。建筑能耗的总量控制，主要从建筑面积和单位面积能耗强度的角度设计；建筑碳排放的总量控制，则需要结合能耗的控制、能源供应结构和方式进行讨论。这里讨论的基础是建筑面积总量和建造速度得以有效控制，建筑建设和拆除量基本维持平衡，建筑的主要能耗和碳排放都来自运行过程。

（一）控制建筑能耗总量

从系统的角度来看，推动能耗总量控制涉及财税政策、工程建设、技术产品和消费文化等方面的内容，目标可以拆分为建筑面积总量控制与能耗强度水平控制两部分，这两部分工作又包括确定目标与具体落实两个步骤（图10-8）。

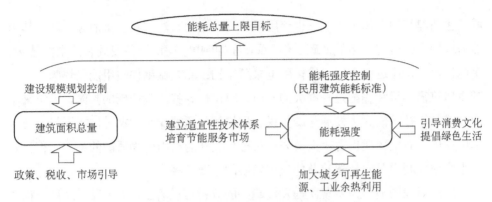

图 10-8　能耗总量控制的整体思路

　　建筑面积总量的控制目标，可以通过参考与我国人均资源环境条件接近的发达国家发展水平，结合人口规模与城乡结构确定。在此基础上，根据不同地区人口分布与未来发展规划，对各类建筑面积进行规划控制，通过政策、税收以及市场引导等方式，建立起面积总量控制的政策与市场工作体系，包括重视建筑文化内涵而避免盲目扩大，精细化设计、施工与运行建筑，增加投资性购房成本，引导资金向实业领域流动。

　　实现能耗强度指标的控制，可以在从设计到运行使用的各个环节开展工作：①建立能耗强度控制的标准体系，涵盖设计、施工、验收、运行和评估等各环节内容；②建立适宜性技术体系，避免盲目追求"高效率，高科技"的产品，以服务实际需求为原则，引导技术开发与应用；③培育节能服务市场，以数据说话，拿数据交易，以实际经济或社会效益激发市场需求；④积极开发并推广农村生物质利用技术、可再生能源利用与建筑集成技术、工业余热供热技术等，增加非化石能源在建筑能源消费中的比例；⑤引导符合生态文明要求的消费文化，提倡"绿色生活、绿色办公、绿色校园"等，培养节能低碳的消费风尚。

　　在以上整体思路下，以《标准》中各项指标为依据，结合各类建筑用能的特点，针对重点环节开展政策与市场机制的研究与试点及技术研究、应用，逐步推进建筑能耗总量控制。

　　建筑中主要使用的能源包括电、煤炭、天然气、液化石油气等，不同类型建筑用能的主要能源类型构成不同，其节能和低碳工作的侧重点也不同。公共建筑、城镇住宅建筑用能以电为主，也使用天然气、液化石油气和少量的煤，基于其用能需求特点开展建筑节能低碳工作，重点在控制电力消耗，并发展智能电网技术、蓄电技术等，通过电力调配优化用电来源结构；北方城镇供暖用能以煤为主，在减少建筑需热量和输配过程损失的同时，应积极寻找高效低碳的热源，近年来工业余热利用技术的大力发展是减少供暖碳排放的重要渠道；农村住宅用能主要包括电和煤，而生物质也占较大部分，农村有很好的利用生物质能的条件，积极发展生物质能利用是农村建筑节能低碳发展的重要途径。

通过对我国能源消费现状与发展趋势的分析可以看出，由于我国经济结构的特点，工业能耗占比较大，建筑能耗强度大大低于发达国家水平，未来有较大的增长空间，对其开展总量控制十分重要。

未来人口总量和建筑面积的发展趋势将有可能大幅增加建筑能耗和碳排放总量，建筑用能相关技术、使用方式等的发展对各项终端用能的能耗强度可能出现两个方向的作用。从能源供应约束、环境容量限制等方面分析，未来我国能源消耗总量应维持在 48 亿 t 标准煤左右。考虑经济发展和人们生活水平的提高，未来建筑能耗应尽可能控制在 11 亿 t 标准煤以内。

（二）控制建筑碳排放总量

到 2030 年，我国碳排放总量应控制在 30 亿～35 亿 t 以下，推动低碳能源发展是实现这个目标的必要条件。研究发达国家能源结构发展历史，20 世纪 50 年代以前，大部分发达国家能源以煤炭为主，煤炭占这些国家能源比例的 80% 以上；自 20 世纪 50 年代到 70 年代中期，欧洲各国开始进行能源结构改革，从煤炭向油气时代过渡，煤炭比例下降到 40% 以下；在此之后，大部分发达国家煤炭占能源供应的比例趋于稳定。

由于我国富煤、少油、贫气的资源特点，我国目前仍是以煤炭为主要能源，如果参照发达国家由"煤炭"时代向"油气"时代过渡再发展低碳能源，一方面要进一步增加油气的进口比例，影响国家能源供应的安全，另一方面需要耗费 10～15 年的时间消耗巨额的资金投入能源系统建设。因此，应集中人力、物力直接向低碳能源转型，变我国"缺气少油"的不利条件为促进可再生能源发展的有利条件，避免"油气能源"基础设施的重复建设和重复投资。

从能源需求来看,未来我国工业、建筑和交通等每年大概需要 9 万亿 kWh,燃料约 17 亿 t 标准煤。电力需求中,建筑用电需求约 2.5 万亿 kWh/a,交通需求约 1.5 万亿 kWh/a,工业需求约 5 万亿 kWh/a。通过大力发展水电、核电、风电和光伏发电等低碳能源,可以减少煤炭和油气等化石能源消耗,从资源条件和技术可行性来看,各类低碳能源发展现状和目标见表 10-3,低碳能源提供 4.5 万亿 kWh。达到规划目标的情况下,燃气、燃煤电厂提供 4.5 万亿 kWh 电力,产生碳排放约 22 亿 t。

表 10-3　低碳能源发电现状及规划

类型	现状	目标
水电	1 万亿 kWh	1.5 万亿 kWh
核电	1 500 亿 kWh	1 万亿 kWh
风电	2 000 亿 kWh	1 万亿 kWh
光伏发电	1 000 亿 kWh	1 万亿 kWh

从燃料供应来看,未来生活消费需要 1 亿 t 标准煤,交通需要 3 亿 t 标准煤,工业需要 13 亿 t 标准煤。通过大力推动生物质能源利用,包括农、林业秸秆约 9 亿 t,动物粪便约 2 亿 t,餐厨垃圾约 1 亿 t,制备成生物燃气、压缩颗粒燃料等,此外,在戈壁滩、盐碱地种植能源作物生产生物质燃料 2 亿 t,共生产 8.5 亿 t 标准煤的生物质燃料。另外,还需 8.5 亿 t 煤炭、天然气和石油燃料,形成 15 亿 t 碳排放。考虑生物质燃气的负碳排放,未来我国能源消耗总的碳排放在 35 亿 t 左右。

从碳排放总量控制目标看,未来建筑碳排放总量应控制在 10 亿 t。为实现碳排放总量控制目标,在能源供应结构方面推动低碳转型,同时也应从建筑用能的特点和发展需求进行规划,一方面尽量控制能源消耗量,前面已经进行深入讨论;另一方面加大低碳能源的比重,这里主要是指安装在建筑上或者建筑可直接利用的低碳能源,响应我国能源结构从"煤炭"时代向低碳能源转型。分析我国各类建筑用能的能源类型见表 10-4。

表 10-4　我国各类建筑用能的能源类型

建筑用能类型	主要能源类型	可直接利用的低碳能源
公共建筑	电、燃气	太阳能、水源/地源热能等
北方城镇采暖	燃煤、燃气、电	工业余热、核能、水源/地源热能等
城镇住宅	电、燃气、LPG	太阳能、水源/地源/空气源热能等
农村住宅	电、燃煤、LPG	生物质能、空气源热能等

公共建筑用能类型以电为主，用于空调、通风、照明、电梯和电器设备，燃气消耗主要用于生活热水、餐饮中炊事、部分空调或采暖。从利用低碳能源的角度看，充分利用水源/地源热泵技术能够满足空调和采暖的需求，利用太阳能生活热水技术能够解决大部分热水需求，在公共建筑屋顶或立面安装光伏板，再加上蓄电技术，在各项控制能耗技术的基础上，尽可能减少燃料需求，使未来公共建筑中的用电比例进一步提高。

北方城镇采暖中，在前面讨论的降低末端采暖需求、减少输配过程中的各种损失等技术措施外，充分利用热电厂低温余热、工业生产低品位余热和核能，建立城市间互联管网相互调剂，建立基于低品位余热热源的供热系统，发展各种热泵技术，提高低碳能源的利用比例。

城镇住宅中，除炊事和生活热水使用燃气或 LPG 外，大部分用能需求可以靠电力保障。针对生活热水需求，可以通过发展太阳能光热利用技术，以实际用热需求作为优化对象减少常规能源消耗量。此外，在城镇住宅的屋顶和立面也有条件安装光伏板，加上蓄电技术，能够满足大部分居民家庭基本用电需求，在控制城镇住宅能耗增长趋势的同时，提高电力使用比例和太阳能光热有效利用量。

农村住宅中还使用了大量的散煤，南方地区也有使用罐装液化石油气。农村中有较好的可再生能源（生物质燃料、光热/光电、风电）生产的基础条件，通过大力发展农村生物质能利用技术、太阳能热水和光伏技术，发展秸秆、沼气等生物质燃料，减少散煤和其他商品能源的需求，实现农村住宅用能的低碳发展。

总的来看，在结合能耗总量控制的基础上，推动建筑低碳发展需要着重把握以下四个方面：

（1）大力提高建筑中的用电比例，结合供给侧低碳转型，提高建筑中低碳能源比例。按照发电煤耗法折算，当前建筑能耗中电力占比仅约为 50%，燃料主要包括煤、天然气和液化石油气等。从末端需求来看，炊事、生活热水和采暖需要热力。其中，通过大力发展太阳能光热技术，减少甚至不使用燃气制备生活热水；发展各种形式的热泵技术，满足南方地区的采暖需求，使未来建筑能耗中的电力消耗占比提高到 80% 以上（发电煤耗法），总量不超过 2.5 万亿 kWh。

（2）积极推动建筑用能电力需求侧响应。相对于工业和交通用能，建筑用能存在波动变化的特点和弹性调节空间，为电力需求侧响应提供了条件；另外，建筑用能主体较为分散，各类蓄能技术和产品能够较好地满足建筑用能需求。积极发展建筑用电需求侧响应技术、蓄能技术和相应的市场机制，能够有效减小电网负荷峰值，提高风电和光电等可再生能源的利用量。

（3）采用天然气或者生物质燃气为炊事用能提供燃料。由于一些食物烹调方法需要明火，因而炊事用能有明确的燃料需求，再加上其他需求，未来生活用能中的燃气消耗量应控制在 1 亿 t 标准煤以内。此外，炊事中的电饭煲、微波炉和电高压锅等也有用电需求。

（4）大力推动北方供暖热源改革。一方面，消除燃煤或燃气锅炉房，杜绝各种形式的直接电采暖；另一方面，通过热电联产、工业余热、核能供热等满足基础供热需求，通过各种形式的热泵技术满足末端调峰需求，从而使供暖消耗的化石能源大幅减少，控制在 1 亿 t 标准煤以内。

通过上述各方面的努力，在能耗总量控制的同时，实现建筑碳排放总量控制在 10 亿 t 以内的目标。

参考文献

［1］何小赛. 中国城镇住宅生命周期环境影响及城市区划研究［D］. 北京：清华大学，2013：22.

［2］熊宝玉. 住宅建筑全生命周期碳排放量测算研究［D］. 深圳：深圳大学，2015.

［3］谷立静. 基于生命周期评价的中国建筑行业环境影响研究［D］. 北京：清华大学，2009.

［4］张又升. 建筑物生命周期二氧化碳减量评估［D］. 台南：台湾成功大学，2003.

［5］韩颖，李廉水，孙宁. 中国钢铁工业二氧化碳排放研究［J］. 南京信息工程大学学报，2011，3（1）：53-57.

［6］徐荣，吴小缓，崔源声. 中国水泥工业的二氧化碳排放现状和展望［C］. 2012 年中国水泥技术年会论文集，2012：124-128.

［7］朱江玲，岳超，王少鹏，方精云. 1850—2008 年中国及世界主要国家的碳排放——碳排放与社会发展［J］. 北京大学学报，2010，46（4）：497-504.

［8］欧阳晓灵. 中国城市化阶段建材工业的节能与碳排放研究［D］. 厦门：厦门大学，2014.

［9］杨德志，张雄. 建筑固体废弃物资源化战略研究［J］. 中国建材，2006，1.

［10］崔素萍，涂玉波. 北京市建筑垃圾处置现状与资源化［C］. 中国硅酸盐学会房建材料分会学术年会，2006.

［11］王茜. 中国建筑平均寿命 30 年年产数亿吨垃圾［J］. 共产党员，2010，10：40.

［12］林衍. 北京年产 4 000 万吨建筑垃圾 仅 4 成获回收［N］. 北京青年报，2010-05-14.

［13］陈百明. 中国土地资源生产能力及人口承载量研究（概要）［M］. 北京：中国人民大学出版社，1992.

［14］贾绍凤，张豪禧，孟向京. 我国耕地变化趋势与对策再探讨［J］. 地理科学进展，1997，16（1）：24-30.

［15］李秀彬. 中国近 20 年来耕地面积的变化及其政策启示［J］. 自然资源学报，1999，14（4）：329-333.

［16］倪绍祥，谭少华. 江苏省耕地安全问题探讨［J］. 自然资源学报，2002，17（3）：307-312.

［17］谈明洪，李秀彬，吕昌河. 20 世纪 90 年代中国大中城市建设用地扩张及其对耕地的占用［J］. 中国科学：D 辑，2005，34（12）：1157-1165.

[18] 朱建达. 控制城市住宅建筑面积标准 [J]. 住宅科技, 2000, 1: 12-16.

[19] 朱一丁. 对我国住宅套型建筑面积大小的研究 [J]. 四川建筑科学研究, 2011, 37 (2): 222-225.

[20] 中国指数研究院. 中国房地产统计年鉴 2000—2012 [M]. 北京: 中国统计出版社.

[21] 陈彦斌, 邱哲圣. 高房价如何影响居民储蓄率和财产不平等 [J]. 经济研究, 2011, 10: 25-38.

[22] 冯玉军. 权力、权利和利益的博弈——我国当前城市房屋拆迁问题的法律与经济分析[J]. 中国法学, 2007 (4).

[23] 杨秀. 基于能耗数据的中国建筑节能问题研究 [D]. 北京: 清华大学建筑学院, 2009.

[24] 张斌. 真实的印度贫民窟 [EB/OL]. (2012-02-10) [2013-10-26]. http: //finance. ifeng.com/news/hqcj/20120210/5562860.shtml.

[25] 刘玉惠. 居住质量层面下的城市住宅发展之路 [J]. 工程建设与设计, 2008 (S1).

[26] 毛寅, 刘嘉莹. 中等城市居民住宅面积需求分析 [J]. 中国西部科技, 2005, 03A: 33-34.

[27] 于富昌. 住宅面积不宜盲目攀大 [J]. 有色金属加工, 1999, 3: 4-5.

[28] 赵和生. 家庭生活模式与住宅设计 [J]. 江苏建筑, 2003, 1: 5-8.

[29] 窦吉. 住房: "中庸之道", 幸福之本 [J]. 市场研究, 2006, 6: 13-14.

[30] 李婧. 我国城镇家庭适宜住房面积定位研究[D]. 重庆: 重庆大学管理科学与工程学院, 2007.

[31] 汤烈坚. 多建"小户型"住宅圆工薪阶层"住宅梦"[J]. 中国房地信息, 2003, 1: 16.

[32] 国家发展和改革委员会能源研究所课题组. 中国 2050 年低碳发展之路 [M]. 北京: 科学出版社, 2009.

[33] 孙扬. 李克强: 要让人民过上好日子, 政府就要过紧日子 [EB/OL]. (2013-03-17) [2013-10-26].http://news.xinhuanet.com/2013lh/2013/03/17/c_115053622.htm.

[34] 黄孟黎. 图书馆建筑面积越大越好? ——从现代图书馆的发展趋势看图书馆建筑面积 [J]. 图书馆建设, 2004, 1: 75-77.

[35] 王罡, 刘云, 龙叶. 基于节能减排的高校图书馆建筑面积探讨 [J]. 山东图书馆学刊, 2012, 3: 20-22.

[36] 刘洪玉. 房产税改革的国际经验与启示 [J]. 改革, 2011, 2: 84-88.

[37] 况伟大, 朱勇, 刘江涛. 房产税对房价的影响: 来自 OECD 国家的证据 [J]. 财贸经济, 2012, 5: 121-129.

[38] 傅樵. 房产税的国际经验借鉴与税基取向 [J]. 改革, 2011, 12: 57-61.

[39] 刘成璧, 张晓蕴. 法国住宅类税收及其对中国的借鉴 [J]. 北京工商大学学报: 社会科学版, 2007, 22 (2): 27-31.

[40] 伊安·麦克哈格. 设计结合自然 [M]. 天津: 天津大学出版社, 2006.

[41] 江亿，燕达. 什么是真正的建筑节能？[J]. 建设科技，2011，11：15-23.

[42] 清华大学建筑节能研究中心. 中国建筑节能年度发展研究报告 2010 [M]. 北京：中国建筑工业出版社，2010.

[43] 发展改革委征求对居民生活用电实行阶梯电价意见[EB/OL]. [2017-12-01]. http://www.gov.cn/gzdt/2010-10/09/content_1717950.htm.

[44] 李兆坚. 我国城镇住宅空调生命周期能耗与资源消耗研究 [D]. 北京：清华大学，2007.

[45] 清华大学建筑节能研究中心. 中国建筑节能年度发展研究报告 2017 [M]. 北京：中国建筑工业出版社，2017.

[46] 周欣，燕达，邓光蔚，等. 居住建筑集中与分散空调能耗对比研究 [J]. 暖通空调，2014（7）：18-25.

[47] 李哲. 中国住宅中人的用能行为与能耗关系的调查与研究 [D]. 北京：清华大学，2012.

[48] 李兆坚，江亿. 我国城镇住宅夏季空调能耗状况分析 [J]. 暖通空调，2009，39（5），82-88.

[49] 清华大学建筑节能研究中心. 中国建筑节能年度发展研究报告 2013 [M]. 北京：中国建筑工业出版社，2013.

[50] 中华人民共和国国家统计局. 中国统计年鉴 2012 [M]. 北京：中国统计出版社，2012.

[51] 苏铭，杨晶，张有生. 敞口式能源消费难以为继——试论我国合理控制能源消费总量的必要性 [J]. 中国发展观察，2013（3）：24-27.

[52] 丛威，屈丹丹，孙清磊. 环境质量约束下的中国能源需求量研究 [J]. 中国能源，2012，34（5）：35-38.

[53] 李晅煜，赵涛. 我国能源系统发展现状分析 [J]. 中国农机化，2009，6：52-55.

[54] 史丹. 中国能源安全的国际环境 [M]. 北京：社会科学文献出版社，2013.

[55] 2017 年世界摩天大楼排名前 100，竟有 60 栋在中国！[EB/OL]. [2017-12-01]. http://baijiahao.baidu.com/s?id=1581361453991422883&wfr=spider&for=pc.

[56] 丰晓航，燕达，彭琛，等. 建筑气密性对住宅能耗影响的分析 [J]. 暖通空调，2014，44（2）：5-14.

[57] 刘贵文，雷波. 欧洲能源服务公司发展对中国的启示 [J]. 节能与环保，2009，9：25-28.

[58] 葛继红，郭汉丁，窦媛. 建筑节能服务市场发展问题分析与对策 [J]. 建筑科学，2011，27（2）：17-20.

[59] 刘兰斌，江亿，付林. 基于分栋热计量的末端通断调节与热分摊技术的示范工程测试 [J]. 暖通空调，2009，39（9）：137-141.

[60] 刘兰斌，江亿，付林. 末端通断调节与热分摊技术中热费分摊合理性研究 [J]. 建筑科学，2010，26（10）：15-21.

[61] 方豪，夏建军，宿颖波，等. 回收低品位工业余热用于城镇集中供热——赤峰案例介绍 [J]. 区域供热，2013，3：28-35.

[62] 周耘，王康，陈思明. 工业余热利用现状及技术展望 [J]. 科技情报开发与经济，2010，20（23）：162-164.

[63] 原新，邬沧萍，李建民，等. 新中国人口 60 年 [J]. 人口研究，2009，33（5）：42-67.

[64] 国家统计局能源统计司. 中国能源统计年鉴 2014 [M]. 北京：中国统计出版社，2014.

[65] 胡姗. 中国城镇住宅建筑能耗及与发达国家的比较 [D]. 北京：清华大学，2013.

[66] 李兆坚，江亿. 北京市住宅空调负荷和能耗特性研究 [J]. 暖通空调，2006，36（8）：1-6.

[67] 清华大学建筑节能研究中心. 中国建筑节能年度发展研究报告 2008 [M]. 北京：中国建筑工业出版社，2008.

[68] 任晓欣，胡姗，燕达，彭琛. 基于实测的家用电器用电模型研究 [J]. 建筑科学，2012，28（增刊 2）：223-231.

[69] 清华大学建筑节能研究中心. 中国建筑节能年度发展研究报告 2012 [M]. 北京：中国建筑工业出版社，2012.

[70] 国家统计局. 中国统计年鉴 2013 [M]. 北京：中国统计出版社，2013.

[71] 中国农村能源年鉴编辑委员会. 中国农村能源年鉴 [M]. 北京：中国农业出版社，1997.

[72] 刘蕾，武建. 北京发展天然气分布式能源的利弊浅谈 [J]. 建筑节能，2014，6：24-27.

[73] 德内拉·梅多斯，等. 增长的极限. 北京：机械工业出版社，2013.

[74] 周大地. 2020 中国可持续能源情景 [M]. 北京：中国环境科学出版社，2003.

[75] 中国能源中长期发展战略研究项目组. 中国能源中长期（2030、2050）发展战略研究（综合卷）[M]. 北京：科学出版社，2011.

[76] 江亿，彭琛，燕达. 中国建筑节能的技术路线图 [J]. 建设科技，2012，17：12-19.

[77] 国家统计局. 中国统计年鉴 2016 [M]. 北京：中国统计出版社，2016.

[78] 中国城市能耗状况与节能政策研究课题组. 城市消费领域的用能特征与节能途径 [M]. 北京：中国建筑工业出版社，2010.

[79] 周伟，米红，余潇枫，等. 人口结构变化影响下的城镇建筑能耗研究 [J]. 中国环境科学，2013（10）：1904-1910.

[80] 国家统计局固定资产投资统计司. 中国建筑业统计年鉴 [M]. 北京：中国统计出版社，2015.

[81] 国家统计局. 中国统计年鉴 2012 [M]. 北京：中国统计出版社，2012.

[82] 刘燕. 我国煤矿百万吨死亡率首次降至 0.3 以下与先进国家差距仍大新华网 [EB/OL]. （2014-01-09）[2014-01-15]. http://news.xinhuanet.com/politics/2014/01/09/ c_118896955.htm.

[83] 黎炜，陈龙乾，赵建林. 我国煤炭开采对生态环境的破坏及对策 [J]. 煤，2011，13（5）：

35-37.

[84] 国家统计局能源统计司. 中国能源统计年鉴 2012 ［M］. 北京：中国统计出版社，2012.

[85] 国家发展和改革委员会能源研究所课题组. 中国 2050 年低碳发展之路 ［M］. 北京：科学出版社，2009.

[86] 刘欢，牛琪，王建华. 中国首次宣布温室气体减排清晰量化目标 ［EB/OL］.（2009-11-26）［2013-10-22］. http：//news.xinhuanet.com/politics/2009-11/26/content_12545939.htm.

[87] 世界银行. 经济与增值［DB/OL］.［2014-01-23］. http：//data.worldbank.org.cn /indicator#topic-3.

[88] 中国科学院可持续发展战略研究组. 2009 中国可持续发展战略报告 ［M］. 北京：科学出版社，2009.

[89] 傅志寰，朱高峰. 中国特色新型城镇化发展战略研究，第二卷 ［M］. 北京：中国建筑工业出版社，2013.

[90] 江亿，魏庆芃，杨秀.以数据说话——科学发展建筑节能 ［J］. 建设科技，2009，7：20-24.

[91] 朱颖心. 绿色建筑评价的误区与反思——探索适合中国国情的绿色建筑评价之路［J］. 建设科技，2009（14）：36-38.

[92] 百度百科. 巴黎 ［EB/OL］.（2014-01-08）［2014-01-08］. http：//baike.baidu.com /subview/11269/5044037.htm?fr=aladdin.

[93] IEA CO_2 Emissions from Fuel Combustion，OECD/IEA，Paris，2017.

[94] U.S. Department of Energy，Energy Efficiency & Renewable Energy Department. Buildings energy data book 2011.Maryland：D&R International，Ltd，2011.

[95] Wikipedia. London ［EB/OL］.（2014-01-06）［2014-01-08］. http：//en.wikipedia.org/wiki/London.

[96] Un-habitat. State of the World's Cities 2010/2011：Bridging the Urban Divide. New York：UN-HABITAT，2010.

[97] Mankiw N G，Weil D N. The baby boom，the baby bust，and the housing market. Regional science and urban economics，1989，19（2）：235-258.

[98] International Energy Agency. World Energy Outlook 2012 ［M］. Paris：Organization for Economic Cooperation & Devel，2012.

[99] Bernstein L，Bosch P，Canziani O，et al. Climate change 2007：synthesis report. Summary for policymakers. Geneva：IPCC，2007.

[100] Ivan Scrase. White-collar CO_2-Energy Consumption in the Sercice. London：The Associarion for the Conservation of Energy，2000.

[101] Ivan Scrase. White-collar CO_2-Energy Consumption in the Sercice. London：The Associarion

for the Conservation of Energy, 2000.

[102] EuroHeat & Power. District Heating and Cooling country by country Survey 2013. Vienna: EuroHeat & Power, 2013.

[103] Michael Grinshpon, A Comparison of Residential Energy Consumption Between the United States and China, Master thesis of Tsinghua University, 2011.

[104] US Energy Information Administration (EIA). International Energy Outlook 2012. Washington, DC: EIA, 2012.

[105] Nan Zhou, Michael A. McNeil, Fridley D, et al. Energy Use in China- Sectoral Trends and Future Outlook. Berkeley: Lawrence Berkeley National Laboratory, 2007.

[106] International Energy Agency. World Energy Outlook 2012. Paris: Organization for Economic Cooperation & Devel, 2012.

[107] Bernstein L, Bosch P, Canziani O, et al. Climate change 2007: synthesis report. Summary for policymakers. Geneva: IPCC, 2007.

[108] U.S. Energy Information Administration. International energy outlook 2013. [EB/OL]. http: //www.eia.gov/oiaf/aeo/tablebrowser/#release=IEO2013&subject=1-IEO2013&table=15-I EO2013&region=4-0&cases=HighOilPrice-d041110, Reference-d041117.

[109] Leung G C K. China's energy security: perception and reality. Energy Policy, 2011, 39(3): 1330-1337.

[110] International Energy Agency (IEA). CO_2 Emissions from Fuel Combustion (2012 Edition). Paris: Organization for Economic Cooperation & Devel, 2012.

[111] The Intergovernmental Panel on Climate Change (IPCC). Working Group III Fourth Assessment Report. Geneva: IPCC, 2007.

[112] Enting I G, Wigley T M L, Heimann M. Future emissions and concentrations of carbon dio xide: Key ocean/atmosphere/land analyses. Australia: CsIRO, 1994.

[113] John Theodore Houghton. Climate change 1994: Radiative forcing of climate change and an evaluation of the IPCC IS92 emission scenarios. Cambridge: Cambridge University Press, 1995.

[114] Allen M R, Frame D J, Huntingford C, et al. Warming caused by cumulative carbon emissions towards the trillionth tonne. Nature, 2009, 458 (7242): 1163-1166.

[115] International Energy Agency (IEA). Energy Technology Perspectives 2012. Paris: Org anization for Economic Cooperation & Devel, 2012.

[116] U.S. Energy Information Administration. Annual energy outlook 2015. [EB/OL]. http: //www. eia.gov/oiaf/aeo/tablebrowser/#release=AEO2015&subject=2-AEO2015&table=2-AEO2015&r

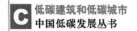

egion=1-0&cases=highmacro-d021915a，ref2015-d021915a.

［117］European Commission. Eurostat/data/database. ［EB/OL］. http：//ec.europa.eu/eurostat/data/database.

［118］U.S. Energy Information Administration. International energy outlook 2013. ［EB/OL］. http：//www.eia.gov/oiaf/aeo/tablebrowser/#release=IEO2013&subject=1-IEO2013&table=15-IEO2013&region=4-0&cases=HighOilPrice-d041110，Reference-d041117.

［119］The World Bank. Data/total population. ［EB/OL］. http：//data.worldbank.org/indicator/SP.POP.TOTL.

［120］U.S. Energy Information Administration. Annual energy outlook 2015. ［EB/OL］. http：//www.eia.gov/oiaf/aeo/tablebrowser/#release=AEO2015&subject=15-AEO2015&table=49-AEO2015&region=0-0&cases=highmacro-d021915a，ref2015-d021915a.

［121］US Energy Information Administration（EIA）. International Energy Outlook 2012. Washington，DC：EIA，2012.